U0309469

航天科技图书出版基金资助出版

航天器在轨服务技术

陈小前 袁建平
姚　雯 赵　勇　著

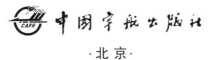

中国宇航出版社

·北京·

图书在版编目(CIP)数据

航天器在轨服务技术/陈小前等著. —北京:中国宇航出版社,
2009.1

ISBN 978－7－80218－447－3

Ⅰ.航... Ⅱ.陈... Ⅲ.航天器－在轨服务－技术 Ⅳ.V448.22

中国版本图书馆 CIP 数据核字(2008)第 202209 号

责任编辑　马　航　封面设计　03 工舍　责任校对　祝延萍

出　版
发　行　中国宇航出版社

社　址　北京市阜成路 8 号　　　　邮　编　100830
　　　　(010)68768548
网　址　www.caphbook.com / www.caphbook.com.cn
经　销　新华书店
发行部　(010)68371900　　　　　(010)88530478(传真)
　　　　(010)68768541　　　　　(010)68767294(传真)
零售店　读者服务部　　　　　　　北京宇航文苑
　　　　(010)68371105　　　　　(010)62529336
承　印　北京画中画印刷有限公司
版　次　2009 年 1 月第 1 版　　　2009 年 1 月第 1 次印刷
规　格　880×1230　　　　　　　开　本　1/ 32
印　张　14.375　彩插　4 面　　　字　数　398 千字
书　号　ISBN 978－7－80218－447－3
定　价　75.00 元

序

在人类历史上,每一种新的运输工具的出现,无论是古代的马车和帆船,还是现代的汽车和飞机,都会大大增强人类开发利用新的空间区域的能力。但只有在具备了对这类交通工具进行维护与补给的能力之后,这类运输工具才能够真正发挥其最大的潜力。联想一下古代的驿站和今天的汽车加油站/维修站对于运输工具的重要作用,就不难认识到这一点。

世界航天技术发展半个多世纪以来,人类已经向空间发射了几千枚航天器,实现了对空间的初步开发和利用。但在这么多的航天器中,能够进行在轨维护与补给等操作的航天器屈指可数,以至于对其中的大多数航天器而言,一旦在轨出现遥控无法修复的故障或者是燃料耗尽等情况,则除了放弃别无选择。因此,从历史的发展规律来看,人们有理由相信,今天的航天器技术还远远没有达到成熟的地步。

未来的航天器技术如何发展,这是一个非常值得今天的航天工作者思考的问题。本书作者认为:航天器在轨服务技术将是今后航天器技术最重要的发展方向之一。在未来,一旦对于航天器的在轨装配、在轨维护和后勤支持等服务,能像今天对于汽车的维修与加油那样变成常规操作,那将意味着航天器技术本身走向了成熟,人类将成为更广阔宇宙空间的主人。

航天器在轨服务技术在我国航天领域属于一个新的研究方向。本书作者在对国内外大量研究计划及实例进行归纳和总结的基础上,分析了在轨服务的概念与任务,研究了有人在轨服务与自主在轨服务的特点;并重点针对自主在轨服务讨论了可接受在轨服务航天器技术、服务航天器技术以及在轨服务操作技术等。作为我国第一部系统论述航天器在轨服务技术的学术著作,具有非常重要的意义。

本书的出版恰逢我国神舟7号飞船成功发射,我国航天员成功地进行了舱外活动，这是我国航天史上一个新的里程碑，同时也意味着我国的航天器有人在轨服务技术有了坚实的基础。正如本书所介绍的那样，美俄等航天大国最初的在轨服务技术研究与应用都是以航天员的舱外活动为基础的。我由衷地希望，在这样一个灿烂的新起点上，我国的航天器在轨服务技术能得到更加快速的发展，愿相关领域所有的航天工作者共同为之不懈努力！

中国工程院院士

西北工业大学教授

2008 年 12 月

前　言

2007 年 3 月 8 日,美国的大力神 5 号运载火箭携带着轨道快车计划的航天器 ASTRO 和 NEXTSat 从佛罗里达州卡纳维拉尔角空军基地发射入轨。在此后的 3 个月中,这两个航天器之间先后进行了自主交会与接近、自主捕获与对接、燃料在轨传输、电源和姿控计算机在轨更换等一系列在轨服务技术试验。2007 年 7 月,在宣布试验达到预期目标、取得圆满成功之后,美国国防高级研究计划局(Department of Advanced Research Project Agency,DARPA)宣布结束轨道快车计划,为这项历时近 8 年、耗资 3 亿多美元的计划画上了圆满的句号。

与前几年国外的其他各种空间计划相比,这一计划的成功引起的反响并不算巨大,一个很突出的例证就是,这一计划并未能进入我国每年由两院院士投票评选的"世界科技十大进展"中。而在此之前,2006 年美国的星尘号飞船将彗星样本带回地球、欧洲的智能 1 号探测器成功撞击月球,2005 年美国的惠更斯号探测器成功登陆土卫 6 号以及"深度撞击"计划获得成功,2004 年勇气号和机遇号火星车登陆火星以及卡西尼号飞船进入土星轨道,等等,均成功入选当年的"世界科技十大进展"。

但作者认为,相比于以上提到的各飞行器计划,轨道快车计划的成功作为"航天器在轨服务技术"发展的一个里程碑,其设计思想和设计方法对于未来航天技术的发展必然会产生深远而更加重要的影响。

与一般的单航天器技术不同,航天器在轨服务技术本质上是一个体系的概念,它既要考虑提供服务的能力,还要考虑接受服务的能力。因此,在开展在轨服务技术研究的时候,必须综合考虑服务系统、客户系统、在轨服务操作技术,以及相关的辅助系统等。以轨道快车计划为例,ASTRO 作为提供服务的航天器,具备提供"在轨加注"和"在轨部件更换"等在轨服务的能力,而为便于接受这种在轨服务,专门设计了可接受在轨服务的航天器 NEXTSat,其中包括接受上述服务的接口、可在轨更换的模块等。值得一提的是,该计划的倡导者认为,"可接受在轨服务"代表了未来航天器的发展方向,因此在该计划中,将上述接受在轨服务的航天器命名为"下一代航天器"(NEXTSat)。此外,在该计划的长远规划中,还设计了能在轨道上长期驻留的燃料和配件仓库,作为后勤支持的辅助系统。这也正是本书的第 1 个观点:必须按照体系的观点来规划和研究航天器在轨服务技术。

事实上,"在轨服务"本身并不是一个新概念,美国和苏联早在 20 世纪 60 年代载人飞船发射成功之后不久就已经开始了"在轨服务"相关技术的研究。而从 20 世纪 90 年代开始,美国航天员利用航天飞机对哈勃空间望远镜进行在轨维修以及对国际空间站的在轨组装与维护都已经成为人们耳熟能详的例子。但以往成功的在轨服务例子都是由航天员直接参与进行的,轨道快车计划的重要意义就在于,它代表了另一种思路,即以空间机器人为主体的自主在轨服务技术。在轨道快车计划中,所完成的在轨试验大部分是全自主完成的(地面人员仅对试验操作过程进行监视,不进行干预控制,可参看本书第 2 章)。从试验的效果来看,这一计划证明了自主在轨服务技术的可行性与优越性,必然会在全世界范围内掀起"在轨服务技术"研究的高潮。这也就是本书的第 2 个观点:在未来,"自主在轨服务"将可能成为航天器在轨服务更重要的一种形式。

本书的第 3 个观点是:"在轨服务技术"将对未来的航天器设计理念带来革命性变化。由于不考虑接受在轨服务的需求,加上现有的航天器大多为一次性使用,因此,航天器的核心设计理念就是尽可能提高其可靠性,常用的方法包括采用冗余设计、尽量采用成熟部件和成熟技术等。但是,冗余设计降低了航天器设计的灵活性,同时增加了质量和成本;采用成熟部件和成熟技术则大大限制了新技术的应用和发展。更重要的是,由于航天器设计、制造、运输、发射和空间运行存在各类不确定性因素,因此,即使采用高可靠性设计也难以保证航天器百分之百可靠,在轨运行的过程中出现各种故障及意外情况不可避免。对于部分故障问题,可以通过地面遥控进行恢复解决。而对于大部分硬件损坏、燃料耗尽问题,则地面遥控也无能为力,往往只能靠制造和发射新的航天器来取代原有航天器，由此造成极大的经济损失。航天器在轨服务技术是解决这些问题的最有效途径之一。一旦航天器可以低成本地接受日常保养、定期维护、维修加注等在轨服务，将对于航天器的设计理念带来巨大的冲击，例如：可以适当降低可靠性的要求从而减少冗余部件，可以提高先进技术在航天器中的应用比例，快速响应市场和技术的变化，可以增强任务的灵活性和运行的简易性，可以降低对航天器元器件的寿命、可靠性等要求，甚至直接应用商用器件，从而降低研制周期和成本等。

　　本书的第4个也是最核心的一个观点，即"在轨服务技术"将带来航天技术的巨大飞跃。目前，有人在轨服务技术已经比较成熟，但成本高、风险大。例如，进行一次哈勃空间望远镜的维护需要花费近3亿美元。因此，在轨服务技术的巨大价值尚未得到展现。但随着技术的进步，特别是自主在轨服务技术的快速发展，在轨服务体系将不断完善，在轨服务将逐步成为一种常规技术，其服务的成本与风险也将随之不断降低。在轨服务将能够对故障或失效航天器进行维护维修，从而大大降低航天任务的风险；在轨服务能够对航天器进行保养补给，从而延长航天器的在轨寿命，降低全寿命周期费用；在轨服务能够对航天器软、硬件进行更新升级，从而保持航天器的技术先进性，提高航天器执行任务的能力；在轨服务能够对航天器进行在轨组装，由此摆脱当前发射运载器对航天器规模的限制，从而提高发展大型空间系统的水平。人们有理由相信，就像"加油站"和"汽车维修站"的普遍出现为汽车的普及和汽车行业的蓬勃发展带来巨大推动作用一样，在轨服务也将为航天器的推广应用和航天领域的飞跃发展插上前进的翅膀，为全人类的生存发展带来巨大利益。

　　本书的撰写正是围绕着以上4个观点展开的。全书共分为10章：第1章介绍了在轨服务的背景与基本概念；第2章概要介绍了国外在轨服务技术的研究进展；第3章进行了在轨服务典型任务的分析与规划；第4章对在轨服务的轨道动力学基础问题进行了探讨；第5章和第6章分别阐述了有人在轨服务和自主在轨服务两类在轨服务方式；第7章～第9章则重点分析了自主在轨服务的三项核心技术，即可接受在轨服务航天器设计技术、服务航天器设计技术和在轨服操作技术;第 10 章对于在轨服务未来的发展进行了展望。

本书的完成是集体智慧的结晶,除作者之外,黄奕勇、李京浩、李悦、杨维维、欧阳琦、魏月兴、傅娟等同志也做了大量工作,在此一并表示感谢。感谢侯建文、李果、孙富春、敬忠良、段广仁、谭春林、陈小武、李智、张守华、师鹏等同志给予的大力支持。最后,特别感谢中国宇航出版社邓宁丰社长与马航编辑为本书的出版所付出的大量工作。

本书可供从事飞行器设计的工程技术人员参考,也可作为高等院校飞行器设计及相关专业研究生和本科高年级学生的辅助教材。希望本书的出版对于推动航天器在轨服务技术在我国的研究与应用起到良好的作用。

著 者
2008 年 12 月

目 录

第 1 章　绪　　论

1.1　航天器在轨服务技术的研究背景

随着对空间研究、开发与应用能力的不断提高，各国相继研制并发射了大量面向各种任务要求的航天器，航天器的结构、组成日趋复杂，性能、技术水平不断提高。在这种情况下，如何保证航天器在复杂的空间环境中更加持久、稳定、高质量地在轨运行，已成为目前航天技术领域亟待解决的重要问题。

现有的航天器大多设计为一次性使用，航天器能否在轨正常工作主要取决于其发射前在地面上采取的一系列提高可靠性的措施，如采用冗余设计、尽可能采用成熟部件及成熟技术等。但由于航天器设计、制造等自身因素以及空间环境的影响，航天器在轨运行的过程中，各种故障及意外情况仍无法完全避免；随着技术的进步，航天器上的仪器设备可能变得陈旧落后，无法达到理想性能；同时，航天器的规模扩大受到当前发射运载器的极大约束；航天器寿命也受到其可携带推进剂总量的限制。为了解决上述问题，对在轨服务提出了需求，具体包括：

1) 部分航天器发射入轨后可能会出现部件失效、轨道偏离、燃料耗尽等问题，如果通过地面遥控不能恢复运行，则航天器报废，损失巨大。由此提出了对其进行在轨维修、燃料加注以及辅助机动进入预定轨道的需求，使其恢复正常运行，挽回损失。

2) 部分航天器在完成预定任务或达到寿命终期时其主要结构和部件仍能正常运行，由此提出了通过部分组件更换或燃料加注使其寿命延长，或通过载荷替换使其具有执行其他任务能力的需求。

3) 随着技术的不断进步，提出了将新的科研成果应用于在轨运行航天器的需求，一方面可以用于新技术的演示验证，从而减少专门用于新技术飞行试验的航天任务费用，另一方面则可以升级在轨航天器的功能，增强其完成指定任务的能力。

4）对于复杂大型航天器平台（如大型空间望远镜），在当前运载器发射条件下还不能进行整星一次发射，由此需要将大型结构分块发射入轨，通过在轨组装实现大型航天器的搭建。

综上所述，为了增强航天器的性能、延长航天器使用寿命、降低费用和风险，对于以在轨燃料加注、维护修复、功能更换和升级、在轨组装等为内容的在轨服务技术的需求越来越迫切。

实际上，"在轨服务"的概念早在 20 世纪 60 年代就已经提出了，但限于当时的技术水平，"在轨服务"的内容仅限于通过航天员对部分航天器故障部件进行在轨维修与更换。在随后的 40 多年中，各国研究机构进行了一系列地面、空间实验和应用研究，使在轨服务的方式、内容和对象都有很大的拓展。研究结果表明：航天器在轨服务不仅在技术上是可行的，而且在应用上具有巨大的价值。

最早的完整的在轨服务试验完成于 1973 年，当时，美国的航天员在天空实验室（Skylab）空间站上利用太空行走技术进行了太阳帆板的释放和临时太阳防护罩的展开等维护操作，演示了在轨服务的可行性。这种利用航天员进行在轨服务的方式在美国的航天飞机出现以后达到了高峰，其中，航天员基于航天飞机对哈勃空间望远镜进行在轨维修和对国际空间站的在轨组装与维护都是非常著名的例子。

随着航天技术的发展，考虑到航天员舱外活动存在的生理限制和巨大风险，在轨服务渐渐向无人自主的方向发展。服务航天器除已有的航天飞机外，还出现了空间机器人、微小服务卫星等新概念服务航天器，服务内容也由最初的故障维修向在轨加注、功能模块更换、系统升级、功能扩展等多种服务项目发展。与其对应，为支持在轨服务，出现了在设计中将"可接受在轨服务"作为重要内容的新型目标航天器。

2007 年 3 月,由美国 DARPA 负责的轨道快车计划进行了飞行试验,成功地进行了电源和姿控计算机可替换单元（Orbital Replacement Unit,ORU）的在轨更换,以及燃料的直接传输,综合演示验证了无人自主在轨服务的各项内容,这一事件标志着自主在轨服务已经突破主要的关键技术,并即将走向工程实用。

此外,在轨服务技术还有着极强的军事背景,能为未来的空间军事化提供快速、高效的后勤保障,并可直接对目标实施捕获、攻击,从而大幅度提高空间作战能力。在 2001 年 1 月 22 日至 26 日美国空军的"施里弗 2001"空间作战演习中,美军特别模拟了使用载人航天器的机械臂、空间机器人和军事航天员直接破坏和劫持敌方卫星和军事航天器的情景。在美国 2003 年 2 月举行的"施里弗 II"空间作战演习中,这部分内容得到了进一步加强。

正因为在轨服务技术巨大的应用价值,目前许多航天大国纷纷制订研究计划,开始了在轨服务技术的研究。

1.2 航天器在轨服务的概念

目前,对于航天器在轨服务还没有统一的定义表述。在国内外的文献中,引用较多的是 1986 年在美国国家航空航天局（National Aeronautics and Space Administration,NASA）的支持下,美国 TRW 公司和洛克希德导弹与航天公司（Lockheed Missiles and Space Company）所完成的"在轨服务技术"研究报告中提出的概念[1]:航天器在轨服务（On-Orbit Servicing,OOS）是指在空间通过人、机器人或两者协同完成涉及延长各种航天器寿命、提升执行任务能力的一类空间操作。

根据上述定义,从内容上来说,航天器在轨服务主要包括在轨装配、在轨维护和后勤支持（Space Assembly,Maintenance and Servicing,SAMS）3 类任务:

1) 在轨装配是指在空间中,将不同的部件连接起来构建成一个结构、子系统或子系统的单元体等空间设施，它包括航天器、空间系统或空间结构的在轨连接、构建或组装，小到电池阵、天线等的安装与展开，大到大型独立舱段的在轨对接，以及更大规模的大型空间结构的构建。在轨装配在空间系统实现可工作能力之前进行。

2）在轨维护是指按照必要的或指定的计划程序进行的保养和维修，用以维持和延长空间设施或设备的工作寿命。它包括观察、监视、检查、诊断、表面修补、维修、部件替换、污染物清除、测试、检验等维护性活动。在轨维护在空间系统实现可工作能力之后进行。

3）后勤支持是指保证空间系统正常运行和能力扩展所需的后勤和补给支持，包括航天器消费品和消耗品的在轨补给，以及空间系统的在轨发射、在轨转移、轨道清理等后勤工作。

从在轨服务的实现方式上来说，航天器在轨服务主要包括有人在轨服务和自主在轨服务两类：有人在轨服务是指由航天员主导或有航天员参与的在轨服务活动；自主在轨服务是指无人现场参与服务操作的在轨服务活动。

1.3 航天器在轨服务体系的组成

航天器在轨服务本质上是一个体系的概念，它既牵涉到提供服务的服务航天器和接受服务的目标航天器，也牵涉到支持服务操作的各类辅助系统。根据目前国内外提出的各类研究计划及其发展趋势，可归纳和总结出航天器在轨服务体系的组成情况，如图1－1所示。

根据其在服务操作过程中的作用，可将航天器在轨服务体系分成3大组成部分：

1）服务系统。服务系统是指在轨服务的提供者，主要指直接与目标航天器进行交互、执行服务操作的航天器。

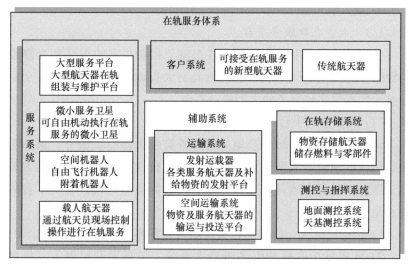

图1-1　在轨服务体系结构示意图

2）客户系统。客户系统是指在轨服务的目标，主要指接受各类在轨服务的航天器。

3）辅助系统。除服务系统和客户系统之外，其他支持和保障在轨服务进行的系统统称为辅助系统。

1.3.1　服务系统

服务系统由直接与目标航天器进行交互、执行服务操作的航天器组成。该类航天器具备提供在轨服务的能力，包括：轨道机动、准确接近、伴/绕飞和自主交会对接；根据任务需求进行监视检查、部件更换、故障维修、软件升级、在轨组装和燃料加注；通过自身动力系统辅助目标航天器进行轨道机动和姿态调整等。

根据服务对象、服务方式以及服务内容的不同，服务系统进一步分为以下4类服务航天器：

1）大型在轨服务平台（Large Servicing Platform）；

2）微小服务卫星（Servicing Micro Satellite）；

3）空间机器人（Space Robot）；

4）载人航天器（Manned Spacecraft）。

1.3.1.1　大型在轨服务平台

大型在轨服务平台既包括为各类航天器提供在轨组装和维修维护等服务的大型空间平台，也包括具有大机动能力，能够为多个目标航天器提供在轨服务的大型机动平台。

（1）大型空间平台

该类平台作为空间的基地，可为各类航天器提供服务，服务对象既包括近地轨道大型航天器，也包括运行在中远地外轨道的大型航天器，如运行在地月轨道拉格朗日点的深空望远镜。该类平台的特点是：

1）结构尺寸大，能够储存大量燃料和零部件等补给物资；

2）具有复杂多样的服务机器人系统，包括附着机器人（机械臂）系统和自由基飞行机器人系统，能够进行复杂在轨组装操作、大型航天器的检查维护操作等；

3）能够在指定轨道间或轨道地球间往返飞行，或者能够接受其他航天器的物资补给；

4）不具备灵活自主的大范围机动能力，对目标航天器的服务主要通过将目标航天器转移至平台进行服务操作；

5）具有航天员生命支持系统、紧急救援系统，支持航天员的入住和工作；

6）寿命长，能够长时间在轨运行。

目前，国际空间站（International Space Station，ISS）即属于该类航天器。

（2）大型机动平台

该类平台具有一定的轨道机动能力，能够对一颗卫星完成服务后，根据需求进行自主轨道机动，继续为其他卫星提供服务。服务对象包括星座及各类卫星。该类平台的特点是：

1）结构尺寸大，能够储存大量燃料和零部件等补给物资。

2）自主性强，能够自主进行轨道规划和机动。

3）任务响应快。由于其一直在轨运行，因此，当接到新的任务命令时，可以迅速进行轨道转移并执行任务，时间效率大大高于从地面准备、发射入轨、再进行轨道机动的服务方式，从而形成快速响应能力。

4）寿命长，能够长时间在轨运行，完成一次在轨服务后，可以在附近安全轨道或者指定停泊轨道运行，等待执行下次任务。

该类大型机动平台的典型代表为美国提出的轨道转移飞行器（Obital Transfer Vehicle，OTV）。该类飞行器具有大承载、大机动能力，能够在目标航天器轨道、物资存储航天器轨道、大型空间服务平台之间进行灵活机动，为多个目标航天器提供服务。

1.3.1.2　微小服务卫星

微小服务卫星通过轨道机动、与目标航天器交会对接为其提供服务，如对航天器进行检测、维护、加注、升级以及营救等。

微小卫星体积小、质量小、操作敏捷，具有携带服务硬件和燃料进行轨道机动的能力，能够安全可靠地与目标航天器对接，进行模块替换、设备检测、辅助调姿变轨等，也可以通过近距离伴飞对目标航天器进行拍摄检测，或者通过携带喷射装置对目标航天器进行镜头清洗和对表面材料进行修补等。该类服务卫星的主要特点如下：

1）体积小、质量小，可一箭多星或搭载发射，发射费用低。

2）操作敏捷，可以灵活进行伴、绕飞操作。

3）机动能力有限，服务目标航天器的轨道范围有限，一次在轨服务的目标航天器数量有限。但由于其体积和质量小，因此，可以根据需要通过轨道运输系统进行搭载辅助变轨。

4）不具有机械臂系统，因此，服务内容有限，主要提供燃料加注、模块替换、近距离监视检查、辅助调姿变轨等操作。此处模块替换指功能替换，即在不移除被替换模块的条件下，通过插入新增模块取代原模块的功能。

5）服务对象包括已经在轨运行的航天器。如果该目标航天器没有采用模块化的设计方式，不支持新增模块的功能集成，则不能对其进行模块替换服务，因此，服务内容受到限制。主要的服务内容包括：在轨推进剂直接传输加注；通过对接进行辅助调姿和变轨；服务小卫星作为发动机模块与目标航天器永久连接集成，成为组合体的动力分系统，延长目标航天器寿命。

目前，该类航天器的部分关键技术已经通过许多项目计划展开了研究，典型的例子如美国的试验卫星系统（XSS）系列、自主交会技术验证卫星（DART）等。该类服务微小卫星的应用十分广阔，是目前重点发展的一类服务航天器。

1.3.1.3　空间机器人

由于服务微小卫星的服务对象、服务内容和服务能力有限，因此，还需发展空间机器人，以完成特定的服务。空间机器人主要从事的工作有空间建筑与装配、航天器的维护与修理、空间生产和科学实验等。

由于空间环境和地面环境差别很大，空间机器人工作在微重力、高真空、超低温、强辐射、照明差的环境中，因此，空间机器人与地面机器人的要求也必然不同。从总体上来看，空间机器人具有如下一些特点：

1）体积比较小，重量比较小，抗干扰能力比较强；

2）智能化程度比较高，功能比较全；

3）消耗的能量要尽可能小，工作寿命要尽可能长；

4）由于太空工作环境的特殊性，因此，可靠性要求非常高。

目前发展的在轨服务空间机器人主要包括以下两类：自由飞行空间机器人，安装有机械臂系统，具有自主机动能力，能够灵活执行多种服务操作；附着机器人，既包括固定于航天飞机、空间站或者其他服务平台上的机械臂系统，也包括可以在飞行器平台内部进行科学实验、科学载荷维护服务和其他管理的机器人，以及在飞行器表面根据预定滑轨进行移动"爬行"的小型机器人系统。

（1）自由飞行空间机器人（Free Flying Space Robot）

自由飞行空间机器人是目前空间机器人领域的主要研究方向之一，它由机器人本体（卫星）和搭接在本体上的机械臂（包括机械手）组成。携带喷气装置，可以在宇宙空间自由飞行或浮游，代替航天员完成舱外作业。对该类具有移动功能的空间机器人有多种称谓，如机器人卫星（Robot Satellite）等。

自由飞行空间机器人与微小服务卫星相似，具有体积小、质量小、发射成本低以及操作敏捷等优点，能够对己方航天器进行检测、维护、加注、升级和营救等，对敌方航天器进行监视、软/硬杀伤等。同时，由于自由飞行空间机器人安装有先进的机械臂系统，因此，具有更强的服务能力，能够执行更多更复杂的服务操作，如目标捕获、在轨模块更换等。该类服务航天器的主要特点如下：

1）体积小、质量小，可一箭多星或搭载发射，发射费用低；

2）操作敏捷，可以灵活进行伴飞和绕飞操作，但是机动能力有限；

3）具有机械臂系统，能够执行多种复杂的服务操作。由于机械臂操作的精确性和灵敏性，因此，能够替代航天员进行舱外货物搬运、在轨组装与拆卸、有毒或危险品处理等操作。

该类服务航天器的关键技术，包括自主交会对接技术、先进机械臂技术等，已经得到了快速发展，尤其是大量的研究项目和计划对机械臂技术进行了重点研究。目前已经取得成功飞行演示验证的如日本的 ETS-VII 计划，服务航天器通过机械臂对目标航天器成功进行了捕获和软对接，并进行了机械臂替换 ORU 模块的试验，为进一步发展更先进的机械臂技术奠定了基础。但正是由于机械臂的强大功能，因此，对其技术要求很高，再加上太空环境的特殊性和运行操作的复杂性，因此，还有很多难点需要攻克和解决。就目前达到的水平而言，只是处于机器人发展的初级水平，还远不能达到预期的操作智能化和精确化要求，因而还需要较漫长而艰难的发展过程。

（2）附着机器人（Attached Space Robot）

附着机器人主要包括三类服务机器人：

① 外部机械臂系统

外部机械臂系统主要指固定于航天飞机、空间站或者其他服务平台外部的机械臂系统，能够辅助航天员进行舱外活动操作，如结构组装、目标捕获、检查维修等。其主要特点是：

1）基座固定或者可以沿航天飞机或空间站表面的固定滑轨进行移动，因此，服务操作范围有限；

2）由于机械臂操作的精确性和灵敏性，因此，能够在一定范围内替代航天员进行舱外货物搬运、在轨组装与拆卸、有毒或危险品处理等操作。

该类系统已经得到大量应用，发展相对比较成熟，如应用于航天飞机和国际空间站的机械臂已经多次执行任务，并取得了极大的成功。但目前的机械臂系统在操作精确性和灵活性方面还有待进一步提高。

② 舱内管理机器人系统

用于在飞行器平台内部进行科学实验、科学载荷维护服务以及其他管理的机器人系统。该类机器人能够通过地面遥操作或者智能自主运行进行舱内的无人管理和维护，从而简化飞行器的生命支持和救生系统，降低结构复杂度和任务费用。NASA 在 20 世纪 90 年代的空间遥操作机器人（STP）计划中制定了相关研究项目，如舱内活动机器人技术和密封实验室自主管理机器人技术，但由于技术复杂等多种因素而被终止。但是，随着相关技术的进步和具体应用需求的明确，该类机器人必将得到发展和应用。

③ 表面爬行机器人系统

该类机器人主要指能够在航天器表面"爬行"的小型机器人，主要用于进行精确定位和维修，如对表面裂缝和热涂层进行修补、对指定区域进行检测等；它还具有视觉系统和手臂系统，可灵活解决其他可能出现的问题；能够自主运行，也可以根据遥控指令进行操作，因此，对测控窗口的大小以及通信带宽没有特殊要求。

1.3.1.4　载人服务航天器

载人服务航天器特指能够搭载航天员进行飞行机动、为客户系统提供在轨服务的航天器，既包括大型有人在轨服务平台，如国际空间站等，也包括小型载人服务航天器，如航天飞机、飞船等。

自载人航天开展以来，航天员通过舱外活动（Extra Vehicular Activity，EVA）已多次出色地完成了维修和回收故障航天器等在轨服务任务。例如美国航天员在轨道上 4 次修理"哈勃"空间望远镜，使它起死回生"重见天日"，在载人航天史上留下浓墨重彩的一笔；国际空间站的建造也成功体现了 EVA 的重大应用价值。通过航天飞机和航天员舱外操作还成功执行了许多其他在轨服务任务，包括卫星维修、回收和轨道重新配置等。总之，该类在轨服务技术相对成熟，具有的主要特点是：

1）航天员舱外操作具有很强的灵活性。航天员能够充分发挥主观能动性，运用智能、身体上的优势进行一些复杂精细的操作，并能够灵活应对各种情况和突发问题。因此既可以完成预定维护升级任务，也可以执行未预先安排的临时任务。

2）由于生理方面的限制，航天员不能长时间、高强度、高负荷地进行舱外操作，因此其服务能力有限。

3）一般情况下，载人航天器的飞行轨道范围有限，如航天飞机的飞行范围为：轨道高度 250～1 000 km，倾角 28.5°～57°，因此，服务范围有限。

4）航天员舱外活动存在安全性问题。一方面由于地球周围存在内外辐射带，航天员只能在低轨道上工作；而航天器广泛使用的轨道，如太阳同步轨道、大椭圆轨道和地球静止轨道等，都还是"游客止步"的有人在轨服务禁区。另一方面，航天员舱外活动本身具有很大的风险。

5）费用高。以航天飞机为例，一次任务费用需花费 3 亿～4 亿美元。

综上所述，通过载人服务航天器和航天员舱外活动进行在轨服务，一方面具有机器人无法比拟的优点，同时又存在高成本和高风险的问题。特别是经过严格选拔、精心培养的高素质航天员是人类的精英，让其冒着生命危险从事太空装配、拆卸和维修等简单重复劳动，不仅大材小用，而且一旦发生意外，其损失不可估量。因此，目前大量开展了各类空间机器人和服务卫星研究项目，通过让机器人在轨道上工作，从而把航天员从危险、重复和简单的劳动中解放出来，进而实现"快、好、省"地发展航天技术，开发太空资源。例如：未来空间太阳能发电站第二轮方案的创新点之一，就是电站的太空建造由原方案中的航天员装配改为由机器人装配。但是，正因为通过载人航天器进行在轨服务有着空间机器人无法取代的优势，因此，仍然有存在与发展的必要性：一方面，通过技术的进一步发展与成熟，降低费用和风险；另一方面，通过航天员与空间机器人配合工作的方式，能够结合两者的优势，从而大大提高操作能力和在轨服务水平。

1.3.2　客户系统

在轨服务客户系统的目标航天器可以根据不同的标准进行分类。从广义上讲，根据目标航天器的归属不同，可分为己方目标航天器和敌方目标航天器两大类。根据设计方法和设计技术的不同，可将其分为可接受在轨服务的下一代新型航天器（Serviceable Satellite，SerSat）和传统航天器两大类。根据轨道位置的不同，可以划分为近地轨道、中地轨道、地球同步轨道和地外轨道四大类。在不同的划分方式下，不同的目标航天器类型对在轨服务的实现有不同的要求和影响。下面重点对后两种划分类型进行介绍。

（1）根据目标航天器设计方法的不同进行分类

可接受在轨服务的下一代新型航天器采用了面向在轨服务的设计方法，具有许多传统设计航天器不具有的能力，主要特点有：

1）采用模块化、标准化、系列化设计，能够快速组装检测，能够根据任务要求进行模块裁减；

2）具有先进星务管理系统，能够进行自主故障检测、诊断、隔离等操作，并能够对新插入模块自主识别和启用，在模块间进行功能切换等操作；

3）模块化结构支持在轨的模块替换和功能重构；

4）标准化接口支持插入模块与星体间进行光、机、电、热和数据信息的交换；

5）具有与服务航天器相适应的结构组件、信标以及对接机构；

6）热控和姿轨控等分系统具有多种运行模式，能够适应模块结构改变前后的不同构型条件下热控和姿轨控要求。

己方目标航天器如果为可接受在轨服务的下一代新型航天器，则可根据需求接受多项在轨服务，包括在轨加注、模块替换等，实现在轨维修维护、功能升级和寿命延长。

传统航天器不具有上述新型航天器的特点，因此，目前条件下对其进行在轨服务存在一定的限制与困难，主要体现为：

1）传统航天器一般采用面向任务的设计模式，设计方案针对具体的任务目标进行确定。分系统间存在高度耦合，难于进行功能模块的切换和替代。即使采用了模块化卫星平台和载荷的设计模式，模块的组织结构也难于支持模块更换和功能重构。

2）不具有用于模块与星体间进行光、机、电、热和数据信息交换的标准接口，难于支持模块即插即用。

3）热控和姿轨控等分系统的运行模式固定，一般不支持可变结构的多种构型条件下的控制任务。

因此，在目前开展的面向在轨运行的传统航天器在轨服务项目计划中，服务内容不包括在轨加注、模块替换等复杂操作，而是进行简单的回收、辅助调姿变轨等操作，或者将服务航天器与目标航天器对接，使服务航天器成为组合体的单个动力分系统单元，从而延长目标航天器寿命。对目标航天器进行在轨维修也是在航天员直接参与条件下完成的。

目前，在轨运行的卫星绝大部分均采用传统设计方式或模块化公用平台设计方式，面向在轨服务的下一代新型航天器尚处于研究阶段。随着在轨服务的发展，新型航天器的重要性逐步引起了航天界的重视，并展开了许多相关研究计划，如轨道快车计划中的目标航天器 NEXTSat 即体现了下一代航天器（Next Generation Satellite）的设计思想，它在飞行试验任务中担当可接受在轨服务目标航天器的角色，演示验证接受在轨加注、模块替换等服务。

（2）根据目标航天器轨道位置的不同进行分类

不同轨道位置的目标航天器对服务航天器和运载器的选择有较大影响。NASA 戈达德航天飞行中心（GSFC）把目标航天器轨道位分为五类，并对各个轨道类型的典型目标航天器、对应服务航天器及服务轨道进行了总结，如表 1−1 所示。

表 1−1　GSFC 定义的目标航天器轨道类型

用户位置	用户位置参数	用户实例	服务航天器	服务自主程度	服务轨道
航天飞机直接能获取的近地轨道	高度 [250,1000 km] 倾角 [28.5°∼57°] 近圆轨道	国际空间站（ISS）、哈勃空间望远镜（HST）	航天飞机或一次性使用运载器（ELV）	航天员参与、现场遥操作机器人，自主机器人	与用户相同
航天飞机在辅助下能获取的近地轨道	高度几百千米，倾角为 [0°∼57°] 近圆轨道	侦察卫星、通信卫星	航天飞机或 ELV 辅以 OTV 或上面级	遥操作或自主机器人	与用户相同，可停泊于稍低轨道
航天飞机无法获取的近地轨道	极地轨道、莫尼亚轨道、大倾角中地轨道	地球观测卫星、海洋观测卫星、GPS 卫星、铱星等	ELV，辅以 OTV 或上面级	远程遥操作，自主机器人	与用户相同，可停泊于稍低轨道
同步轨道	35 789 km，低倾斜度，近圆轨道	商用通信卫星	ELV，辅以 OTV 或上面级	自主机器人	与用户相同

续表

用户位置	用户位置参数	用户实例	服务航天器	服务自主程度	服务轨道
拉格朗日点	太阳一地球 L2,距离地球 1.5×10^6 km	深空望远镜	ELV,辅以 OTV 或上面级	自主机器人	为太阳一地球 L2 服务的航天器可停泊于地球一月球 L1 点

航天飞机飞行范围的轨道高度为 $250 \sim 800$ km，轨道倾角为 $28.5° \sim 57°$。因此，在这些范围内运行的卫星或星座都可以通过航天飞机直接获取并进行在轨服务。这些范围内的卫星同时也在一次性发射运载器（ELV）的飞行范围内，可通过 ELV 运载空间机器人进行在轨服务，且该方法比通过载人航天飞机进行在轨服务更为经济。对于运行在航天飞机飞行范围以外轨道的卫星，航天飞机无法对其进行直接获取，则服务航天器需首先通过航天飞机或 ELV 搭载发射进入太空，然后分离变轨转移到目标轨道，或通过 OTV 和太空拖船将其转移到指定轨道。对于部分运行在某些特殊轨道上的卫星，如太阳同步轨道和大椭圆轨道（如俄罗斯的"闪电"通信卫星），即使通过航天飞机搭载上面级进行分离变轨也无法达到，则需要采用大型运载器或 OTV 等轨道转移飞行器对服务航天器进行轨道运输转移。对于运行在地球同步轨道的卫星，对其进行访问的难度远远大于近地轨道卫星；但是，一旦服务系统发射至该轨道后，则可以对运行在该轨道上的大量卫星进行在轨服务。由于服务对象数量大，因此需要发展在轨燃料存储平台，并部署于 GEO 附近，以便于进行一对多的服务。对于未来部署于地球轨道以外的航天器，如地日或地月系拉格朗日点的深空观测望远镜等，则需要发展可往返地球并可提供人员临时生活和工作的大型平台，以提供大型结构的部件运输与组装、加注与维护等在轨服务。

1.3.3　辅助系统

辅助系统主要包括运输系统、在轨存储系统和测控与指挥系统。

1.3.3.1　运输系统

运输系统主要用于将服务航天器和在轨服务所需的物资发射进入空间，并根据任务需求将其运输到指定轨道。运输系统主要包括发射运载器和空间运输航天器两大类。

发射运载器的选择一方面与客户要求服务的紧急程度有关，另一方面也涉及整个服务任务的费用问题。现在已经掌握了多种发射方式，包括可进行快速响应发射的运载方式、能够一箭多星搭载发射微小卫星的发射方式等。发射方案的选择应根据任务响应时间和任务执行费用两方面进行综合权衡。目前使用的发射运载器主要包括各类一次性运载器和航天飞机，正在进行研制将来计划投入使用的包括可重复使用运载器等。

空间运输航天器主要用于辅助服务航天器和目标航天器进行轨道机动，或者将在轨服务所需物资投送到指定轨道或运输到指定的存储航天器和大型平台。目前空间运输系统的典型代表包括日本研发的 HTV（H－II Transfer Vehicle）、欧洲研发的 ATV（Automated Transfer Vehicle）等，其中 ATV 已经成功实现为国际空间站自主提供物资补给的货物运输任务。在服务航天器中提及的轨道转移飞行器也能够执行部分货物转移和运输任务。

1.3.3.2　在轨存储系统

在轨存储系统是提供在轨存储物资的平台，一方面存储在轨服务所需的燃料与零部件等物资，担当"仓库"角色，另一方面能够为服务航天器提供燃料加注和硬件维护，充当"加油站"的角色。

物资存储航天器（Commodities Spacecraft，CSC）是构建在轨存储系统的重要组成部分。物资存储航天器的概念源于轨道快车计划，在该项目的飞行试验中演示向服务航天器提供推进剂加注、服务航天器从其上获取服务任务所需的 ORU 等。目前还没有其他相关的专门研制计划。实际上，由于其功能简单，目前的空间站等具有大型存储能力的平台即可实现物资存储航天器的功能。随着在轨服务体系的发展与完善，专用物资存储航天器系统必将得到研究与发展，并进行科学合理的轨道部署，从而使在轨服务系统的结构得到优化，效能得到增强。

1.3.3.3　测控与指挥系统

根据空间地理位置的分布不同，测控与指挥系统主要包括两大部分：地面测控系统和天基测控系统。

（1）地面测控系统

地面测控系统主要由三大部分组成，具体包括：

1）地面测控站。地面测控站指设置在地球上适当位置，具有对在轨运行航天器进行跟踪测轨、遥测、遥控能力的地面站。地面站一般包括跟踪测轨的接收和发送设备，遥测接收、解调和处理设备，遥控发射设备，编码和调制设备等。

不同轨道的卫星所需要的地面站布局和数量不同，例如对于低轨道卫星，地面站覆盖卫星轨道的范围小，测控范围小，要求地面站数目多一些。由于在轨服务的对象包含各个轨道类型，因此，应根据不同的轨道测控需求进行布点组网，以满足在轨服务任务的测控要求。由于国土有限，增大测控范围的一个重要方法就是在国外租用或设立地面站，但由于政治等诸多因素，该方案的实现具有很多不确定性因素，也存在较大困难。

2）远洋跟踪测量船队。由于地面测控站的区域局限性，同时为了保证关键测控能够实时地实施，发展远洋跟踪测量船队是有效的解决途径。通过船队在广阔的海洋机动测控，能够极大增强测控站的灵活性，从而满足更多航天器的测控要求。

3）航天测控中心。测控站点分布广、数量多，需要由一个航天测控中心对其进行统一管理，包括数据的统一处理、命令的统一编排等，以此保证测控任务的有序进行。

(2) 天基测控系统

由于地面测控系统的全球布网受到国土、政治、经济等诸多因素的影响，因此，难以构建满足本国所有航天器测控任务需求的全面的测控网。以美国为例，该国自 20 世纪 50 年代后期以来耗时 20 余年，耗费大量人力、物力在世界各地建立了跟踪测控网，但对于载人飞行器和部分卫星的跟踪测控只有不到 20％的覆盖率。这对于在轨服务任务的执行，特别是有人在轨服务和遥操作在轨服务是远远不能满足要求的。解决这一技术困难的一种趋势就是发展天基测控系统。

天基测控系统包括各类能够支持对其他航天器进行跟踪、测控和数据信息传输的卫星系统，目前在轨运行的该类典型系统包括中继卫星网、通信卫星网和全球导航定位系统。通过天基信息系统网的辅助数据传输，能够支持服务航天器和目标航天器与地面的实时数据传输，从而满足在轨服务任务对数据高速传输、实时测控的要求。

1.4　航天器在轨服务的效益分析

航天领域一直是一个高风险、高投入的领域，其成本收益是必须考虑的因素。成本收益既包括商业市场的经济利益需求，也包括国防安全等需求。航天行为必须考虑成本收益上的平衡，这也有利于其自身健康、可持续地发展。因此，进行在轨服务技术的研究，需要首先从多个角度综合考虑在轨服务的功能和效益。

在轨服务的经济效益分析需要回答以下几个问题：

1) 需求问题。一个最基本的问题就是完成任务是否一定需要使用在轨服务系统。如果不使用在轨服务也能保证完成任务且成本和风险更低，那么在轨服务就是不必要的。

2) 目标航天器能否正常运行，或是否具有可维修的价值。这是在轨服务的必要条件。如果还没有实施在轨服务之前目标航天器就完全报废了，或者维修难度和成本非常大，远远超出接受服务后带来的效益，则在轨服务就无从谈起。

3）必要的前期投资。在轨服务所需的基础设施包括服务体系的建设、相应航天器设计标准的制定等，在建设前期需要大量投资。这些投资不会有立竿见影的回报，所以需要国家制定一个长远的投资计划，进行前期投入和统一协调组织。

4）保证在轨服务的有效性。摆在用户面前的一个最根本的问题是在轨服务的可靠性。在进行服务时，系统必须保证不会发生重大运行事故。在轨服务系统和后勤保障装备必须能够解决目标航天器的设备故障，使其恢复正常工作状态。

美国 TRW 公司的空间技术研究小组对在轨服务的经济效益进行了深入研究。研究表明，在正常状态下某些系统利用可接受服务设计可以节省大约 33% 的寿命周期成本，在少数特殊情况下这一数据可以达到 30%～50%；但有些系统不能通过在轨服务获得经济效益，所以在轨服务不适用于所有系统。同时，数据显示，在轨服务节省的成本相对于单个卫星的研制成本和运营费用是很少的，但是在多个卫星组成的大系统中，在轨服务可以节省可观的费用。总之，在轨服务更适合于体形较大、成本较高的卫星和卫星星座系统；而质量小、体积小的单个卫星很难通过在轨服务获利。

图 1-2 显示了更换卫星的成本和在轨服务的成本随卫星质量大小的变化趋势。更换卫星成本曲线与服务成本曲线之差表示通过在轨服务节省的费用。服务成本有两条曲线，一条曲线代表了一般情况下的服务成本，在该类服务中服务任务所需在轨替换单元的成本约占目标卫星总成本的 10%。另一条曲线为高成本曲线，代表了服务任务所需在轨替换单元的成本约占目标卫星成本的 20% 时的情况。由图可以看出，替换单元的成本越高，服务任务的成本也相应越高，通过服务获得的优于更换卫星的效益也随之降低。

更换卫星成本曲线和在轨服务成本曲线的交点表示：卫星质量小于交点处质量时更换卫星的成本低于服务成本。此处的卫星成本

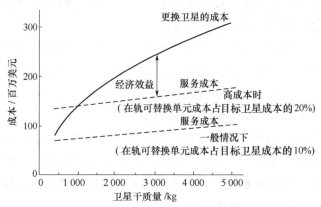

图 1-2　在轨服务成本和更换卫星成本根据卫星大小的变化曲线

是通过基于质量的成本估算关系式估算的。这些曲线重点显示了卫星更换或维修成本在某一点的平衡。这个平衡点的确切位置取决于目标卫星类型和在轨服务类型。虽然存在很多不确定因素，但可以肯定的是：结构复杂、体积大、成本高的卫星通过在轨服务可以大大节省任务费用。

　　上述对在轨服务的经济效益分析都是在特定假设下得出的，而在实际应用中受很多因素的影响，并且和新技术的发展及国家财政的投入息息相关。因此，很难对经济效益问题下一个清晰准确的结论。总体来说，在轨服务可以为某些航天任务节省成本，但是之前要投资建设所需的基础设备。如果国家投入建设相关的基础设施和后勤保障设备，那么很多航天器系统在设计上可能会采用可接受在轨服务的理念。总之，在轨服务带来的效益以及为空间任务提供的种种好处一定会为将来航天器的设计、生产、运行和维护带来革命性的变革。

1.5　航天器在轨服务技术的应用前景

　　在轨服务为航天器的运行提供了全新的理念与途径，其在民用方面的应用前景包含以下 6 个方面：

(1) 提升航天器的运行可用性

当航天器失效或耗费品用尽时，在轨服务能够使其恢复运行。虽然通过发射备份航天器进行替换的方式具有一定的可行性，也是目前主要采用的一种方式，但该方式的周期长、费用大，特别难以解决失效航天器数量较多的情况。而通过在轨服务进行维修，有更强的时效性和灵活性。能够直接针对故障问题进行维修，大大降低整星替换的成本。除了对失效组件进行更换外，在轨服务还能对轨道错误或偏离的航天器进行辅助机动变轨，或对姿态错误的航天器进行辅助调姿，或对不能正常展开或启动的航天器进行辅助调整等，从而提升航天器的在轨运行可用性。

(2) 提高航天器的任务灵活性

现代航天器都是基于特定的任务要求进行研制设计，比如用于特定范围的观测或通信等。但随着技术的发展，在轨航天器的任务功能或技术可能变得落后过时，性能降低。通过在轨服务对其进行组件更换或推进剂补给，则可适时对其进行更新升级，保持航天器的任务灵活性和技术先进性。如：通过在轨服务对目标航天器加注燃料，使其具有大范围机动变轨的能力，从而可以根据需要改变覆盖范围（如对热点地区的覆盖）；通过在轨服务对其有效载荷进行更换升级，提高工作性能。与重新研制发射新的航天器系统相比，可大大降低周期和费用。对于设计寿命较长和技术更新较快的航天器，这一点十分重要。

(3) 提高航天器的可扩展性

提高航天器任务执行能力最直接的方法之一就是扩大航天器的规模，包括增大加强电源和天线等分系统，以及携带更多的耗费品，如目前设计的大型航天器（包括天基激光系统、空间望远镜和空间站）。但是由于当前运载发射条件对体积和重量的限制，这些大型航天器往往不能进行整星一次发射。因此，需要将其进行模块分解发射，再通过在轨组装完成航天器的构造与配置。对于某些航天器只是受发射重量限制，则可以先发射不带燃料的航天器，再通过在轨加注使其具备所需的推进剂。对于有大型天线的卫星，可在发射时将天线组件与卫星拆分，入轨后再进行组装展开。总之，通过在轨服务使航天器规模的扩展不再受到发射条件的约束。

（4）延长航天器的工作寿命

通过对航天器的失效或陈旧组件进行替换或升级、对耗费品进行补给（如燃料、冷却剂、胶卷、电池等），一方面可以实现航天器在轨寿命的延长，另一方面还能保持任务的持续性。通过在轨服务清洗光学镜头、修补磨损的外层覆膜或裂缝以及润滑连接件等，能够维持卫星的最佳运行状态。还可以通过在轨服务对目标航天器周围的空间碎片进行清理，从而提高航天器的安全性。

（5）降低全寿命周期费用

如果航天器组件可以在轨更换和升级，则发射时许多分系统的组件无需进行冗余配置，并可降低其适应空间环境（如抗辐射）的要求，由此大大降低设计和制造的难度、周期和成本。部分组件还可以在需要的时候再进行发射组装，从而降低整星发射要求。

（6）减少维持大系统运行的成本

卫星星座这样的大系统在运行期间可能需要更换一些报废的卫星或部件。为了保证系统可靠性，航天器设计中冗余设计要占 30%的比重。而在轨服务可以使冗余设计的比重降低一半。航天器通过采用可接受在轨服务的模块化、标准化设计，可以节省空间系统的地面组装和联调测试的时间和成本，定期和不定期的在轨服务成本也远远小于更换一颗卫星的成本。

上述 6 个方面的应用正是目前航天任务中迫切需要解决或发展的重要内容。

第 2 章　在轨服务技术研究进展

2.1　概述

在人类第 1 颗航天器于 1957 年上天后不久，研究人员就提出了"在轨服务"的设想。经过 40 多年的发展，目前，航天器的在轨服务技术已经取得了引人瞩目的成绩，并随着技术的进步而不断显现出巨大的优势和效益。

回顾国际上在轨服务技术的发展历史，到目前为止，其发展历程大致可以分为 4 个阶段：

（1）概念研究阶段（20 世纪 60～70 年代）

随着苏联和美国的航天员相继上天，它们均认识到了航天员在太空中可以发挥特殊的作用，因而从 20 世纪 60 年代初，美国和苏联即开始了"在轨服务"概念的研究，主要包括在轨服务技术的方案探索、在轨服务的效益评估、分解和研究关键技术等。但由于技术发展水平的限制，这一阶段对于"在轨服务"概念的研究主要局限于有人在轨服务，开始对一些与有人在轨服务相关的关键技术如航天器的交会对接技术、航天员的舱外活动技术等进行攻关研究。

（2）有人在轨服务技术验证阶段（20 世纪 70～80 年代）

20 世纪 70 年代初，美国航天员在天空实验室上利用舱外活动技术进行了太阳帆板的释放和临时太阳防护罩的展开等维护操作，演示了在轨服务的可行性。随后，在 80 年代初，随着航天飞机上天，美国航天员又基于这一新的平台进行了在轨服务的技术验证，为有人在轨服务技术进入工程应用奠定了基础。

（3）有人在轨服务技术初步应用阶段（20 世纪 80～90 年代）

在这一阶段，以美国为代表，通过具体的项目应用进行相关服务技术的研究与发展。在该阶段主要深化增强技术的研究，提高硬件设备的质量，并在政府等相关部门的引导下，实现在轨服务从技术验证阶段向应用阶段的过渡。以美国基于航天飞机的有人在轨服务为代表，先后进行了太阳峰年任务卫星的在轨维修和哈勃空间望远镜的在轨维修等尝试。虽然前者的尝试并未成功，但为后续的任务奠定了坚实的基础。

（4）有人在轨服务技术应用与自主在轨服务技术验证阶段（20世纪90年代以来）

在这一阶段，以美国为代表的有人在轨服务技术已经比较成熟，多次成功执行任务，并创造了显著的效益，以哈勃空间望远镜的在轨维护和国际空间站的在轨组装为典型代表。美国的有人在轨服务主要以航天飞机为运输工具，通过航天员舱外活动执行航天器在轨组装、回收、释放、维修等多种操作。

但由于有人在轨服务存在高成本、高风险的问题，特别是随着科学技术的进步，遥操作、遥感知、人工智能、空间机器人等相关技术得到了迅速发展，为发展无人自主在轨服务技术奠定了良好的基础。各个航天大国的自主在轨服务技术进入关键技术攻关和演示验证阶段。以德国、日本为代表的航天大国绕过有人在轨服务，直接致力于无人自主在轨服务的研究。德国于 1993 年在哥伦比亚航天飞机舱内进行的机器人技术试验（ROboter Technology Experiment，ROTEX）第一次演示了在空间中完全由机器人代替航天员进行在轨服务操作的可能性；日本于 1997 年成功开展的工程试验卫星－7（ETS－Ⅶ）项目首次成功演示了携带机械臂的无人航天器通过遥操作执行服务任务，包括使用机械臂捕获目标航天器、为目标航天器更换在轨可替换单元等，验证了无人自主在轨服务的可行性。特别是在 2007 年，美国轨道快车计划取得圆满成功，意味着美国的自主在轨服务已经掌握主要的关键技术，并即将走向初步应用阶段。

总的来说，目前不少航天大国都已意识到了在轨服务的重要性，都在围绕构建未来的在轨服务体系开展各种研究计划，进行相关技术的研究与应用。本章将对在这一领域内处于领先地位的美国、日本、加拿大和欧洲的研究情况进行综述，部分计划的详细情况和技术分析可参见后续章节。

2.2　美国的在轨服务技术

美国在在轨服务技术领域，无论是有人在轨服务还是自主在轨服务，目前都处于国际领先地位。

在有人在轨服务方面，在经历了早期的技术验证和试验之后，美国已经形成了以航天飞机和空间站为基础的在轨服务能力，并已投入工程实用。

早在 1965 年，美国即成功完成了双子星座的交会对接任务，从而掌握了有人航天器在轨接近与捕获技术。该技术作为在轨服务的关键技术，为后来进行的系列航天器在轨服务任务奠定了基础。1973 年，在天空实验室空间站上，航天员通过舱外活动（Extravehicular Activity，EVA）成功维修了未能正常展开的太阳能帆板，充分展示了航天员利用 EVA 进行在轨服务操作的应用价值。随着美国航天飞机的研制成功，其有人在轨服务技术达到了一个顶峰，先后完成了哈勃空间望远镜和国际空间站的组装与维护、若干卫星在轨捕获回收和维护等在轨服务任务。

与有人在轨服务不同，在自主在轨服务发展方面，美国的经历比较曲折，先后经历了多个研究计划，但目前已经突破主要的关键技术，一个以空间机器人为核心的自主在轨服务体系即将形成。

美国的空间机器人研究早在 20 世纪 60 年代就已经开始了，如 1961 年 NASA 对麻省理工学院（MIT）进行了空间机器人研究的早期资助；1970 年 NASA 在马歇尔飞行中心（MSFC）进行了自由飞行机器人的遥操作技术研究，但这些研究主要侧重于概念探索。

20 世纪 80 年代，随着美国第一个空间站的升空及新的空间站研制计划的启动，对于在轨服务的需求越来越多，美国逐渐开始重视发展自己的自主在轨服务技术，并制定了飞行遥控机器人服务者（Free-flying Telerobotic Servicer，FTS）空间机器人研究计划。但FTS将研究目标定得太高，按照该计划，FTS将是一种拥有近似于人类智能和操作能力的机器人，无需人的介入独立执行任务，对于不完全甚至错误的指令结构，均可自主地加以处理，并且整套系统几乎不用维修就能在轨道上工作长达30年之久。因此，计划进行了不到两年，研究人员就发现这一项目的难度过大，并且认识到，以当时的技术实现机器人的完全自主操作为时过早，必须结合地面或舱内人员的遥操作来进行。

基于这样的认识，在FTS计划终止之后，1992年NASA重新启动了一项大型的空间机器人研究计划：空间遥操作机器人项目（Space Telerobotics Program，STP）。STP计划的研究内容十分丰富，几乎涵盖了空间机器人研究的所有领域，也正是因为这样，造成了它研究重点不突出，所需经费过于巨大等缺点，使得计划进展非常缓慢。并且当时对于是否有必要进行空间机器人在轨服务本身仍然存在争执，对星座、空间作战等概念等并没有引起足够的重视，有不少人认为，已有的加拿大机械臂（SRMS和SSRMS）已经足可以完成大多数空间站的装配任务，而新的空间机器人的研制本身是一项耗费巨大的工程，对于单个卫星的升级、维修、补给等并不是一种效费比很高的做法。因此，在1997年美国对航天经费预算缩减的情况下，STP计划被终止了。STP计划终止后，STP在轨服务部分的研究内容缩减为巡逻兵（Ranger）机器人计划，由马里兰大学空间系统实验室（Space Systems Laboratory，SSL）负责。

从20世纪90年代后期开始，美国对于自主在轨服务的重要性的认识越来越深入。一个原因是星座、卫星编队等技术的迅速发展和国际空间站的需求，美国认识到，利用空间机器人对于现有的大量星座进行在轨服务在经济上是非常划算的；另一个原因是空间攻防对抗的需求日益迫切，空间机器人的军事应用价值也随之日益凸显。此外，日本ETS－VII空间机器人的研制成功也让美国人意识到了他们在这一方面已经处于落后地位。

为此，在汲取前面空间机器人计划经验教训的基础上，美国采取了"有限目标、滚动发展"的发展思路，分别开展了以自主在轨服务单项技术演示验证为核心的试验卫星系统（XSS）计划和自主交会技术验证卫星（DART）计划，以及综合技术演示验证的轨道快车计划。

根据 NASA 戈达德航天飞行中心（GSFC）的规划，美国在轨服务技术的研究发展路线如图 2—1 所示。

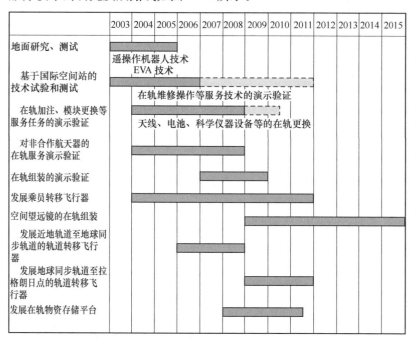

图 2—1　在轨服务技术研究发展计划

下面对美国的部分在轨服务技术研究项目进行简要介绍。

2.2.1　航天飞机在轨服务任务

1981 年美国的哥伦比亚航天飞机首飞成功，为执行在轨服务任务提供了新的更为强大的运载工具。由于航天飞机具有载荷量大、机动能力强、可重复使用等特点，加上其配备了功能强大的机械臂系统，因此，其在轨服务的能力大大超越了以往使用的载人飞船等运载工具。自此美国基于航天飞机的有人在轨服务达到了一个新的高度，成为目前投入应用的主要形式。

目前，利用航天飞机进行的在轨服务对象均为近地轨道卫星在轨服务任务，通过航天飞机和航天员舱外操作进行卫星维修、回收和轨道重新部署等，已经完成的部分在轨服务任务总结如表 2—1 所示。

表 2—1　美国通过航天飞机完成的卫星在轨服务任务总结

时间	服务对象和演示技术	服务操作任务				任务代号
		后勤支持		在轨维护	在轨组装	
		捕获回收	补给			
1984	太阳峰年任务卫星	未计划		未计划		STS—41
1993	哈勃空间望远镜在轨服务 1	计划①	计划	未计划②		STS—61
1997	哈勃空间望远镜在轨服务 2	计划	计划	未计划		STS—82
1998	国际空间站在轨组装 2A	计划		未计划	计划	STS—88
1999	哈勃空间望远镜在轨服务 3A	计划	计划			STS—103
2000	国际空间站在轨组装 4A	计划		未计划	计划	STS—97
2001	国际空间站在轨组装 6A				计划	STS—100
2002	哈勃空间望远镜在轨服务 3B	计划	计划	未计划		STS—109

① 计划——表示接受服务航天器在设计过程中就对接受服务任务进行了计划；
② 未计划——则指设计过程中没有考虑接受服务任务并进行相应的专门设计，而是在航天器上天后临时确定的服务任务。

2.2.1.1　在轨卫星的捕获与回收

通过航天员搭乘航天飞机进行舱外活动操作，美国先后完成了多颗卫星的回收任务并返回地面，包括 1984 年回收的棕榈屋 B2 (Palapa—B2)和西星 6 号（Westar—6），1990 年回收的"长期暴露慧星"卫星（Long Duration Exposure Facility，LDEF）等。其中，LDEF 卫星在设计过程中预先考虑了由航天飞机回收并返回地面的任务，因此，在其外部设计了用于捕获与固定的机械部件，以便于航天飞机利用遥操作机械系统进行捕获及其他操作。Westar 和 Palapa 设计时未考虑回收问题，因而其外部没有用于捕获的部件，在航天飞机对其进行捕获时，航天员必须在载人机动装置（Manned Maneuvering Unit，MMU）的辅助下进行手动操作。这也体现了航天员参与下的在轨服务具有很强的灵活性，即使目标航天器初始没有预先进行面向服务的设计，也能在一定程度上完成部分在轨服务操作。

除上述 3 个卫星回收返回地面的任务外，另外还进行了 2 颗卫星的回收与在轨重新部署，包括 1985 年的 Syncom－IV 和 1992 年的 Intelsat－VI。Syncom－IV 的天线出现问题，在航天飞机回收后由航天员进行了维修，之后成功进行了重新部署。Intelsat－VI 回收过程较为复杂，在航天员两次试图通过捕获杆连接目标星失败后，进行了史无前例的 3 个航天员同时进行舱外活动对其进行捕获，最终将质量为 4 064 kg 的目标星回收入航天飞机载荷舱中，并为其安装了远地点发动机，之后成功进行了重新部署。

2.2.1.2 太阳峰年任务卫星的在轨维修

太阳峰年任务（Solar Maximum Mission，SMM）卫星于 1980 年发射，并提前结束了科学实验任务。1984 年航天飞机完成了 LDEF 卫星的部署后，安排航天员对该星进行维修和重新部署，并专门为此设计了捕获装置。在回收过程中，首先通过该捕获装置进行捕获，结果失败；然后通过航天员进行人工捕获，也失败了，同时还使其引入了附加的旋转。1984 年 4 月 10 日，航天员操纵遥控系统和机械臂捕获了 SMM 卫星，并于次日在航天飞机的有效载荷舱内修复了该卫星的姿态控制系统，更换了一些电子元件箱和一个碟形卫星天线（这两个模块均没有采用面向在轨服务的设计），最后在轨释放并将其重新部署以完成新的任务计划。从而使 SMM 卫星成为第 1 个利用航天飞机进行在轨捕获、维修和释放的航天器。

SMM 在轨修理任务共花费 3 500 万美元（1983 财年），而 SMM 当年的投资为 1 亿 7 000 万美元（1979 财年）。由此可见，SMM 的修理费只是其投资总额的 15%。SMM 被更换回收的失效模块也没有浪费，经过修理后又安装在高层大气研究卫星上，其成本只是生产一个新模块的 40%。通过对 SMM 的维修，NASA 验证了在轨维修的巨大经济效益。

2.2.1.3　哈勃空间望远镜的在轨维修

哈勃空间望远镜（Hubble Space Telescope，HST）在设计阶段就已经对在轨服务作了可行性分析，计划每 3 年进行一次维修任务。按照设计方案，望远镜上共有 50 余种元件和设备可在太空中更换，并配套设计了专门的操作工具。随着任务需求的发展，又相继开发了新的操作工具、操作过程和航天员培训课程。哈勃空间望远镜拥有 5 台主要的科学观测仪器，每台设备都设计成相互独立的组装插件，可以分别或同时进行观测，也可以单独被撤换而不影响其他仪器。1990 年 4 月哈勃空间望远镜由发现号航天飞机发射升空，此后 NASA 和欧洲航天局（ESA）对其进行了 4 次大规模的在轨维护工作，包括部件替换、先进科学仪器的集成与升级、未预先计划的临时维修任务等。

由于 HST 具有可接受在轨维修与重构的能力，每次执行在轨服务任务都为之集成了先进仪器与部件，使其性能和可靠性得到升级，进而实现原有技术或设计方案不能达到的目标。据估计，随着 HST 可提供的科学研究能力的极大增强，其科学探测能力已经高于初始设计的 10 倍，极好地证明了在轨服务在增强太空科学研究能力、提高太空科学探索投资回报方面具有巨大的科学与经济效益。

2.2.1.4　国际空间站的在轨组装与维护

早在国际空间站（ISS）计划开始之前，1985 年，就由 NASA 和 ESA 合作，利用航天飞机在 STS－61－B 飞行任务中完成了 EASE/ACCESS（Experimental Assembly of Structures in EVA and the Assembly Concept for Construction of Erectable Space Structures）桁架结构的在轨组装试验，充分演示了在轨装配的可行性（见图 2—2 和图 2—3）。

国际空间站在设计过程中就预先计划了在轨组装等服务任务。

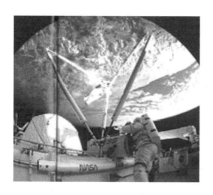

图 2-2　EASE 在轨组装　　图 2-3　ACCESS 在轨组装

根据最初的计划，空间站的桁架系统都由标准杆件进行在轨连接组装。但是在设计阶段，考虑到桁架结构为空间站的基础结构，需集成多种光缆、管路及各种接口，因此，这一部分在地面进行组装，只有桁架的主要部分以及与加压舱的连接部分进行在轨组装。ISS 的在轨组装与维护均通过航天飞机航天员舱外操作或遥操作机械臂执行完成。

国际空间站运行至今还接受了大量的在轨维护、模块更换等操作，近几年的维护工作主要包括：

1）2000 年 12 月，5 名航天员搭载奋进号航天飞机，为空间站加装了巨型太阳帆板。

2）2002 年 4 月，国际空间站更换了用于紧急逃生的联盟飞船。

3）2004 年 8 月，为了保证 2005 年发射的欧洲首艘 ATV 货运飞船与国际空间站精确对接，航天员进行了太空行走，在国际空间站星辰号服务舱外面安装了一个激光系统、一个用于对接时瞄准的信标和一个无线电天线，并更换了其他一些试验设备。

4）2005 年 7 月，航天员对一个失效陀螺进行了更换，并在空间站外安装了一个用于堆放物品的平台。

5）2006 年 6 月，两名航天员经过 6.5 小时的太空行走，更换了站上氧气发生器的一个外部通风阀，重新定位了一条电缆，并收回放置于站外的试验装置。

2.2.2　空间遥操作机器人（STP）计划

STP 计划由 NASA 空间科学办公室（Office of Space Science, OSS）负责，用于研究远程机动和遥操作机器人技术。该计划始于 1992 年，1997 年停止。

空间机器人技术具有一些特殊的要求：支持人工和自动控制、执行机构和控制机构之间存在时滞、动力学特性复杂、移动路径特殊、具备适应恶劣空间环境和应对突发事件的能力。为了满足这些要求，这项计划的重点研究目标为：研究和集成演示遥操作技术，力争使 50% 的在轨及在行星表面所需要的操作由遥操作机器人来完成。

如图 2-4 所示，STP 计划主要包括 3 个研究任务和应用领域：在轨服务、科学载荷试验管理、行星表面考察。在每个领域里，进行相应机器人组件的开发和机器人整体的开发，以及进行面向特殊任务的机器人系统操作执行方案研究。每一个领域的研究目的，从基础技术研究到整个系统应用，都是为了提高实现空间遥操作技术的可靠性和准确性，提高未来航天器设计者应用这项科技的信心。

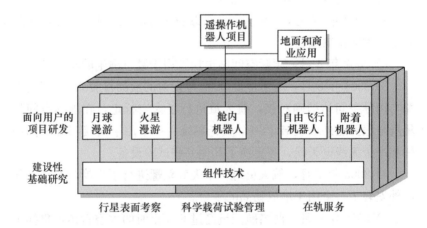

图 2-4　STP 总体计划结构图

STP 计划中，在轨服务相关的研究内容主要包括在轨服务、科学载荷试验管理两大类。

2.2.2.1 在轨服务

该部分主要研究具有提供在轨服务能力的空间机器人技术，重点将机器人组件技术的开发推向应用。当组件集成为一个系统整体时，论证其效用和附加功能。其中，主要的组件技术包括虚拟现实技术、先进显示技术、先进传感技术和机器人裂纹探测技术等。其应用任务包括空间机器人遥操作、小卫星修理、在轨装配、空间平台外部有效载荷服务等。

在轨服务计划的研究内容包括自由飞行机器人研究和附着机器人（空间平台固联机器人）两大类。

（1）自由飞行机器人

对自由飞行机器人的在轨服务研究主要以巡逻兵空间遥控机器人飞行试验（Ranger Telerobotic Flight Experiment，RTFX）为核心。RTFX 计划由马里兰大学空间系统实验室（SSL）于 1992 年 6 月提议并开始展开研究。

SSL 是美国高校中唯一拥有地面水浮模拟试验系统的实验室。在 STP 计划中，SSL 完成了可在该模拟设备中进行试验的巡逻兵零浮力飞行器（Ranger Neutral Buoyancy Vehicle，RNBV）的设计（见图 2-5）。该系统包括 4 个操纵机构：2 个 7 自由度的双向灵灵巧操作臂，1 个用于保持工作点稳定的 6 自由度抓抓捕操纵器，1 个用于定位一对立体视频相机的 5 自由度相机定位操作机构（见图 2-6）。其中一个视频相机位于飞行器中心线上，它将给自由飞行机动和自主对接提供稳定的视觉参考。该系统为零浮力仿真、先进遥操作机器人控制与设计、远程机动、空间机器人遥操作技术和先进微小航天器技术的研究提供非常有价值的数据（见图 2-7）。同时，SSL 积极参与了 RTFX 的研制。在 RTFX 计划的支持下，目前 SSL 已经研制出了 RNBV II，并将原来的 RTFX 升级为 Ranger 空间遥控机器人航天飞机试验（RTSX）。RTSX 的试验目标包括检验 Ranger

与空间环境的相容性及进行任务演示，研究在各种环境下人对高度灵敏机器人的操纵方法和效果等（见图 2－8）。在 2002 年，RTSX 已被列为 NASA 空间科学实验室任务的第 1 位以及航天飞机货舱任务的第 2 位，但受 2003 年哥伦比亚号航天飞机失事的影响，RTSX 计划被推迟。

图 2－5　巡逻兵零浮力飞行器

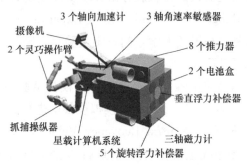

图 2－6　Ranger 结构图

图 2－7　失重模拟试验水池

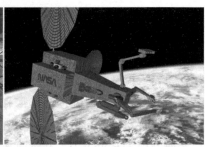

图 2－8　Ranger 飞行试验图

（2）附着机器人

对附着机器人（空间平台固联空间机器人）的研究内容主要包括计算机视觉辅助校准与合成技术、机器人远程表面勘察（RSI）技术、空间站遥控机器人维护技术、统一的机器人地面操作环境、外骨骼系统等。

① 计算机视觉辅助校准与合成

摄像机的观察问题是国际空间站机器人操控技术的关键，视频覆盖不正确的问题可通过摄像机组队/配合技术得到解决。该研究项目的目的是：1）设计和评估一套计算机辅助校正的综合观测软件（CSV），以解决在机器人操作时存在观测盲区和摄像机观测受限的问题；2）验证在有限的摄像机观测条件下，实现机器人的可靠遥操作技术。

目前在轨使用的人工视觉系统（Artificial Vision System，AVF）在实用性方面存在很大的局限，特别是对于小观测目标有很大的观测困难。而 CSV 将通过增强现有的半自动虚拟校准方法和设计新的组队方法，来保证在有限的摄像机观测条件下可靠并精确地获取目标信息（见图 2—9）。

图 2—9　计算机视觉辅助校准与合成

② 机器人远程表面勘察技术

喷气推进实验室 JPL 为空间站维护设计了多敏感器远程表面勘察系统（Remote Surface Inspection，RSI）。该系统用于对空间站进行例行或不定期的检查。操作员使用一对 3 自由度操纵杆远程控制携带一对手腕摄像机的机械臂，同时可以控制照明以获得较好的视觉景象。附加的摄像机具备平移、放大、聚焦等功能，可以被操作员所控制以观察机械臂的移动（见图2-10）。

图2-10　机器人远程表面勘察技术

该项目的研究实现了通过机械臂对长0.08 in（约2.03 mm）、深0.01 in（约0.25 mm）、宽0.007 in（约0.18 mm）的裂缝进行探测，并达到进入6 in（152.4 mm）宽的入口，对离入口2 in（0.609 6 m）深的物体进行检查的能力。

③ 空间站遥操作机器人维修技术

这一计划的目的是发展、评估以及验证遥操作机器人技术，并将其用于国际空间站计划。在NASA的JSC建立了空间站自动化机器人维修仿真平台（ARMSS），演示通过两个7自由度的机器人实现国际空间站的ORU维修任务（见图2-11和图2-12）。

图2-11　空间站遥操作机器人　　　图2-12　灵巧的卫星维修
　　　　 维修仿真平台　　　　　　　　　 机械臂系统

④ 统一机器人地面操作环境

该项研究计划开发一个操作员工作站，实现地面－轨道的机器人鲁棒控制。该地面操作员工作环境有统一的用户界面，在各种应用中使用相同的协议。地面站包括交互式的3－D任务模型和效用描述、预仿真、碰撞处理、图形控制程序、预测操作、远程时间延迟操作和半自动勘测，能够使遥操作更加灵活。

⑤ 外骨骼系统

该项研究计划开发一套独特的外骨骼类人臂－手系统，增强空间机器人遥操作能力。该原型具有外骨骼的形式，由7自由度臂和16自由度4指手组成，能够通过驱动手套灵活执行任务（见图2－13）。

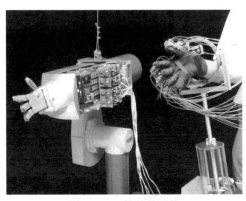

图2－13　外骨骼系统

2.2.2.2　科学载荷机器人技术

机器人技术运用于航天员工作环境内部（例如在加压的生存空间内部）并对科学载荷进行维护和服务时，将降低维护科学载荷的航天员的工作强度，并在航天员不在的时候保持科学载荷的正常工作（例如在空间站的无人时段）。该计划研究内容包括舱内活动机器人技术和密封实验室自主管理机器人技术；应用对象包括：国际空间站的舱内活动机器人、空间实验室管理机器人、以及寿命与微重力科学应用办公室（Office of Life and Microgravity Sciences and Applications）的有效载荷管理机器人等（见图2－14）。该项研究计

图 2-14　舱内活动机器人研究设备

划于 1994 年终止。

2.2.2.3　组件技术

机器人组件技术是发展空间机器人的基础。这些基础开发是典型的长时间项目，可能需要若干年的研究才能达到比较成熟的水平。如果成功实现，这些基础技术将会对现存的技术状态进行深刻的改进或革命。该项目的长期目标是开发出一系列的技术组件，这些组件能够组合成大量的机器人系统和完整的应用系统。这个领域的研究贯穿于整个 STP 计划的始终。

研究内容包括：小物体探测（Exploration of Small Bodies）、被动式邻近感应（Passive Proximity Sensing）、轻质紧凑的肌肉促动器（Low Mass ，Compact，Muscle Actuators）、智能末端作动器（Smart End Effector）（见图 2-15）、自由飞行空间机器人控制（Control of Free-Flying Space Robot Systems）、柔韧机械臂的高性能控制（High Performance Control of Flexible Manipulators）、先进的机器人界面感知（Perception for Advanced Robotic Interfaces）、冗余机器人系统（Redundant Robot Systems）等。

2.2.3　机器人航天员计划

"机器人航天员"（Robonaut）由 NASA 约翰逊空间中心机器人系统技术部与美国国防部高级研究计划署 DARPA 合作开发，用于

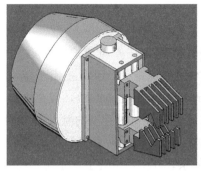
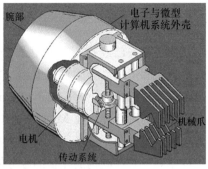

图 2—15　智能末端作动器的外视图与内视图

代替航天员进行舱外操作，以及从事其他太空研究和探索工作。

　　Robonaut 的外观与人类航天员极为相似（见图 2—16）。它的每只手臂都安装有超过 150 部感应设备，能够监测到热量、位置、触感、压力等信息。它也像人一样每只手有 5 根手指，能够像人类的手指那样识别、捡拾和拧东西。Robonaut 安装有适应太空环境要求的加固 CPU，以进行数据获取处理和电源管理，它也能通过外部的远程监视与控制系统进行人员遥操作。它已经能够进行将电话线插入接口、用镊子拾取微小物品以及粘贴薄膜等精细操作。现在已经制造出两架 Robonaut，均应用于地面工作。

图 2—16　Robonaut

　　NASA 曾经计划采用这种机器人为哈勃空间望远镜提供在轨服务。研究人员已经在地面使用了哈勃空间望远镜的模型来"训练"Robonaut。Robonaut 成功进行了一系列操作，包括：从一扇门把手上卸下一根钉子，打开门，进行安全检查、关紧门等。

2.2.4　试验卫星系统（XSS）计划

由于过去已经执行的在轨服务任务存在任务周期长、难度大、技术复杂和费用高等问题，美国空军研究实验室 AFRL 提出了模块化在轨服务的概念（Modular On-orbit Servicing，MOS），旨在提高在轨服务的可行性。在 MOS 项目中，包括了 5 种类型的航天器，即下一代卫星、微小服务卫星、空间机器人、轨道转移飞行器、发射运载器等，并共同构成完整的服务体系。其中，试验卫星系统（Experimental Satellite System，XSS）演示验证计划是 AFRL 进行 MOS 微小卫星在轨服务技术研究及演示验证的核心部分。该计划采取了循序渐进的发展思路，每一个 XSS 飞行任务的完成都将在轨服务的能力向前推进了一大步。目前，已经公布的 XSS 系列卫星主要有 XSS-10、XSS-11、XSS-12，其具体情况简介如下。

（1）XSS-10

本任务由一颗微小卫星 XSS-10 及其运载火箭上面级组成。XSS-10 与上面级分离，然后在距离几百米的范围进行绕飞。在上面级轨道面内的飞行过程中，XSS-10 分别在指定的 4 个点对上面级进行定向拍摄并将视频数据传回地面，然后沿着指向上面级的方向与其接近，并对其进行拍摄和状态检测，这也是在轨服务的一项基础技术。XSS-10 于 2003 年 1 月由 Delta II 成功发射，演示了在轨服务所需的姿态定向、对目标航天器接近（绕 Delta II 第 2 级进行 35~100 m 的近距离机动）、拍摄及视频数据下传等操作，并获得了有关目标航天器姿态、运行状态和外观拍摄准确度的数据，提供了如何保持目标航天器在观测范围内以及如何保持相对位置距离的相关数据，以便于相关新技术的研究与发展（见图 2-17 和图 2-18）。

（2）XSS-11

XSS-11 是用于演示试验无人航天器空间自主交会、逼近等技术的飞行器，在其星载电子设备中设置有会合、逼近操作规划器，用以辅助开发未来概念与任务的自主轨道机动操作技术。XSS-11 重

图 2－17　XSS－10

图 2－18　XSS－10 拍摄并实时
传回的 Delta II 上面级图片

约 100 kg，于 2005 年 4 月 11 日由 Minotaur I 火箭从范登堡空军基
地发射升空。入轨后，XSS－11 环绕 Minotaur I 火箭上面级飞行超
过 75 圈，并与 Minotaur I 火箭上面级在 0.5～1.5 km 的距离间先后
3 次实现会合，成为该次飞行任务的里程碑事件（见图 2－19）。

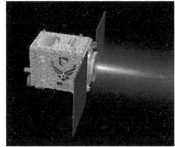
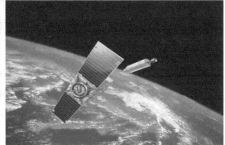

图 2－19　XSS－11

（3）XSS－12

XSS－12 计划用于演示在轨服务对接技术和对接完成后的服务
操作等关键技术。计划由 2 颗小卫星和 1 颗母星构成。1 颗小卫星用
于与母星对接并进行服务操作，另一颗小卫星用于对母星进行近距
离伴飞并提供非对接式服务操作。对接技术主要演示在 XSS－11 的
基础上进一步发展的先进对接敏感器、控制算法以及对接机构等，
特别是演示精确控制技术和与姿态缓慢倾斜卫星的对接技术。小卫
星与母星间的对接实际上是母星与替换 ORU 模块的对接，ORU 模
块可能带有用于燃料加注用的接口，以提供燃料加注等服务。ORU
模块的设计充分考虑了对母星的热控影响，在模块内采用了相应散

热装置以降低对母星的影响；但是新增模块对母星姿控的影响不能避免，因此，需要重置姿态控制算法。对接时还要演示的一项技术是辅助母星进行姿态调整，这对小卫星能提供的推力大小以及对接口的强度提出了新的要求。完成服务后，服务小卫星与 ORU 模块分离，ORU 与母星永久连接。另一颗小卫星对母星进行高精度伴飞，并保持几十厘米的距离精度，对母星表面裂纹及磨损部位进行检测与修复。目前还没有 XSS－12 发展情况的相关报道。

2.2.5　自主交会技术验证卫星计划

自主交会技术验证（DART）卫星是美国实现自主交会能力的关键一步，所验证的技术将可用于在轨服务、货物运送、空间站维护和与美国未来空间探索工作相关的其他空间活动。该项目由马歇尔航天飞行中心管理，是 NASA 探索系统任务署选定的旨在开发太阳系探测技术的首项技术验证计划。

造价 1.1 亿美元的 DART 卫星于 2005 年 4 月 15 日由轨道科学公司的飞马座 XL 空射型火箭从范登堡空军基地发射入轨。卫星成功进入约 759 km×771 km 的极地轨道，但原本应持续 24 小时的任务因燃料不足而提前结束。按计划，363 kg 的 DART 卫星与已退役的军方"多路径超视距通信"（MUBLCOM）卫星交会，接近到距其约 5 m 的位置，并利用星上的制导敏感器和 GPS 导航信息完成几次近距离机动。NASA 最初称，DART 卫星成功地与目标星交会，并接近到了相距约 100 m 处。但任务管理人员却发现其燃料消耗过快：因推力器基于错误的导航数据而过多地点火工作，DART 卫星在完成交会前已用完增压氮气机动燃料。DART 卫星上的 GPS 接收机存在"制造错误"，使卫星不断地重置其位置和速度，却置实时 GPS 数据于不顾。接收机生成的速度读数总是与正确数据相差 0.6 m/s，而星上软件又不能在错误与实时数据间进行调和，造成推力器不断工作，最终耗尽了燃料。制导系统测到贮箱用空后，发出了让卫星退出并进入退役轨道的指令。在这条轨道上，卫星会在 25

年内坠入大气层烧毁。NASA 证实，DART 卫星在交会阶段撞上了
目标星，导致后者进入一条稍高的轨道，但两者都未受损。DART
卫星现仍处在退役轨道上（见图 2—20）。

图 2—20　DART

2.2.6　轨道快车计划

轨道快车（Orbital Express，OE）计划于 1999 年 11 月提出，
是一项较为完整的在轨服务体系演示验证计划，主要用于支持未来
美国国家安全和商业应用的在轨服务技术。该项目由能够为卫星提
供在轨服务的服务航天器（Autonomous Space Transfer and Robotic
Orbiter，ASTRO）和可升级、可维修的目标星（Next Generation
of Satellite，NEXTSat）两部分组成，演示验证自主对接、在轨加
注、部件更换维护等在轨服务关键技术。NEXTSat 在演示未来可接
受在轨服务航天器的同时，还演示存储燃料与零部件的物资存储航
天器，为服务航天器 ASTRO 提供燃料加注和 ORU 模块。ASTRO
与 NEXTSat 已于 2007 年 3 月 8 日发射成功。根据初步设想，轨道
快车计划任务概念（Concept of Operations，CONOPS）如图 2—21
和图 2—22 所示，具体步骤包括：

1）准备发射与任务规划。确定任务类型和对象、服务频率、服
务航天器数目及部署方案。

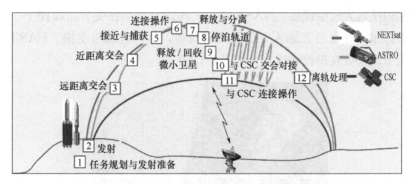

图 2—21　轨道快车在轨服务任务概念示意图

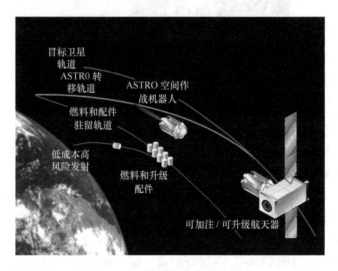

图 2—22　轨道快车计划示意图

2）发射。将载有燃料与 ORU 模块的 ASTRO 发射送入 NEXT-Sat 附近的轨道，根据需要还将发射物资存储平台入轨，其轨道略低于 ASTRO。

3）远距离机动交会。ASTRO 根据地面提供的 NEXTSat 的位置信息进行机动，当 NEXTSat 进入 ASTRO 的敏感器观测范围内，ASTRO 远距离观测器开始对 NEXTSat 进行捕获跟踪并机动接近。

4）近距离机动。ASTRO 机动至 NEXTSat 附近，启动近距离观测器，获取 NEXTSat 的高精度位置与姿态。

5）接近与捕获。ASTRO 进入接近最后阶段，将其对接面与 NEXTSat 对准，并调整旋转速率与 NEXTSat 一致。ASTRO 与 NEXTSat 进行通信，告知其接近状态，并确定 NEXTSat 做好对接准备。在此状态下，ASTRO 既可以采用直接捕获对接的方式通过对接系统与目标星接触对接，也可以采用"软对接"的方式，由 AS-TRO 上的机器臂捕获 NEXTSat 将其拉近，当 ASTRO 与 NEXTSat 间的距离小于 10 cm 时，由 ASTRO 上的对接机构捕获固定住 NEXTSat 上的目标部位完成对接（见图 2-23）。

图 2-23 ASTRO 与 NEXTSat 对接示意图

6）对接后操作。对接完成后，ASTRO 进行燃料传输与 ORU 替换的初始化准备工作，并进行电插口的刚性连接。NEXTSat 的姿控系统停止工作，由 ASTRO 对组合体进行整体控制。ASTRO 与 NEXTSat 间随之建立传输数据的链路，两者的燃料口也实现对接，形成密封的管路。之后，ASTRO 就可以向 NEXTSat 进行燃料传输和 ORU 更换操作。

7）释放与分离。完成在轨服务后，ASTRO 释放 NEXTSat 并与之分离；观测器保持跟踪状态以避免分离后的再次接触。

8）轨道停泊。ASTRO 没有任务时，就在略低于 NEXTSat 的停泊轨道运行待命。

9）与 CSC 的交会对接。ASTRO 与 CSC 的交会对接方式和它与 NEXTSat 交会对接的方式相同。

10）与 CSC 对接后操作。对接后 ASTRO 从 CSC 上获取燃料、ORU 等补给物品，同时为自身加注燃料；对接过程中由 ASTRO 进行组合体的姿态控制；获得物资补给后 ASTRO 可再次为目标星提供服务，由此可以多次执行任务。

11）离轨处理。ASTRO 完成任务或达到寿命后，转移至快速衰减的轨道进行处理。由于 CSC 一直运行在较低的轨道，因此，在大气阻力作用下逐渐进入大气层并销毁。

ASTRO 由波音公司研制，安装有服务对接机构的主动部分、交会对接敏感器、机械臂等关键部件，如图 2—24 和图 2—25 所示。

图 2—24　ASTRO 结构示意图

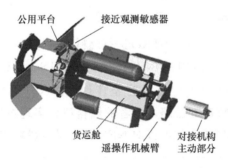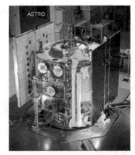

图 2—25　ASTRO 组装图与实物图

NEXTSat 由 BALL 公司基于其卫星平台 RS—300 研制而成，用于演示可接受在轨服务的目标星和存储燃料与零部件的物资存储平台，如图 2—26 和图 2—27 所示。

图 2—26　NEXTSat 结构示意图

图 2—27　NEXTSat 实物图与发射组装图

轨道快车演示计划中的关键技术有：

（1）燃料传输加注

ASTRO 与 NEXTSat 之间采用泵压式或挤压式进行肼推进剂的传输。燃料传输既包括从 ASTRO 向 NEXTSat 传输以演示服务航天器向客户的燃料加注任务，也包括由 NEXTSat 向 ASTRO 传输，以演示服务星从物资存纯平台获取加注的任务。所有燃料传输任务，包括从 NEXTSat 向 ASTRO 传输，都由 ASTRO 控制。

（2）轨道自主交会与接近、自主捕获与对接

在上述自主交会、接近、捕获和对接过程中，两星间的测量系统十分关键。ASTRO 采用了自主交会与捕获敏感器系统（Autonomous Rendezvous and Capture Sensor System，ARCSS），提供从数百公里至捕获距离之间的 ASTRO 与 NEXTSat 的相对状态信息。ARCSS 系统的组件包括：

　　1）窄视场可见光捕获与跟踪相机（NFOV，VS1）；

　　2）中近距离的宽视场可见光跟踪相机（WFOV，VS2）；

　　3）红外敏感器（IRS）；

　　4）高精度激光测距仪（LRF）；

　　5）高效的捕获与跟踪软件。

在最终接近与捕获对接阶段，敏感器采用先进视觉制导敏感器（Advanced Video Guidance Sensor，AVGS）。AVGS 是基于激光技术的跟踪系统，曾在 DART 中使用过。在最后 200 m 之内，AVGS 作为首选敏感器向 GNC 系统提供目标信息。

（3）ORU 在轨更换

ORU 的在轨更换提高了对机械臂灵活性的要求，进而大大增加了研制的复杂性。ASTRO 携带的机械臂展开范围为 3～6 m，机械臂操作端安装有机械手，可以根据服务任务对象的不同进行更换。演示试验中更换了两个 ORU，包括一个电源 ORU 和一个姿控计算机 ORU。更换操作既包括从 ASTRO 取出模块安装于 NEXTSat 上，也包括从 NEXTSat 取出模块安装于 ASTRO 上。通过 ORU 的重复插拔操作演示了机械臂移动与更换模块的能力以及操作复杂电子元件的能力。

轨道快车已经于 2007 年 7 月成功完成了所有演示任务，是在轨服务技术发展史上的里程碑事件。

2.2.7　部分地面试验计划

2.2.7.1　工程测试卫星（ETV）

劳伦斯·利弗莫尔国家实验室（Lawrence Livermore National

Laboratory，LLNL）进行了面向在轨服务的自主灵活微小卫星（MicroSats）项目研究。MicroSats 质量为几十千克，能够进行精确自主机动、遥操作在轨服务等任务，目前已经进行了自主机动、接近等地面演示试验。

　　LLNL 进行的自主机动与对接地面试验中，研制了工程测试卫星（Engineering Test Vehicle，ETV），进行了相关试验。ETV－250 为追踪航天器，ETV－150 为目标星，两星的分系统组成及主要参数如表 2－2 所示。

表 2－2　ETV－150 和 ETV－250 的主要参数

属性参数	ETV－150	ETV－250
星体		
长度/m	1	0.6
半径/m	0.4	0.4
质量/kg	23	20
滚动惯性矩/kg·m²	0.4	0.1
俯仰惯性矩/kg·m²	2.6	1
偏航惯性矩/kg·m²	2.6	1
推进系统（N_2）		
推力/N	5.5	11
偏航/俯仰姿控力矩/N·m	1.6	0.55
滚转姿控力矩/N·m	0.6	0.2
最大加速度/（m/s²）	0.24	0.55
电子系统		
通信	无线	无线
处理器	MVME 1603	CPCI 3603
频率/MHz	100	166
敏感器		
雷达测距仪	无	0.03～30 m
立体测距仪	无	0.5～5 m
惯性测量单元	LN－200	LN－200
照相机	Clem2 VIS 384×288	MPIX 1 024×1 024

续表

属性参数	ETV—150	ETV—250
软件		
GNC	有	有
立体测距	无	有
捕获机构控制	无	有
软对接	无	有

ETS—150 的推进系统采用高压冷气（N_2）作为推进剂，共安装有 16 个小推力器，4 个高压气瓶，以提供微重力条件下的飞行器 6 自由度机动。根据对接要求，在其尾部安装了用于对接的固定装置。该装置外部装有与激光测距仪相对应的反射器和半径为 3 in（约 76 mm）的对接球，对接球上装有 LED，作为接近和对接过程中的测量信标（见图 2—28）。

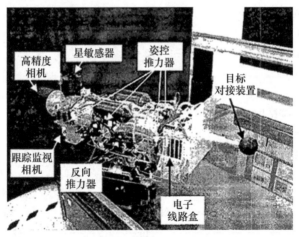

图 2—28　ETV—150

ETV—250 的推进系统也采用高压冷气（N_2）作为推进剂，共安装有 16 个推力器。为了满足接近和对接过程中不同距离条件下的测量要求，根据实验室演示条件（两星最大相对距离为 10 m），在其前端安装了由一个百万像素照相机、两个可见光彩色照相机、一个短程激光测距仪、一个星敏感器和一个惯性测量单元组成的多功能测量仪器集成装置。其中，可见光照相机是基于商用互补金属氧化物半导体（CMOS）的主动像素敏感器改进而成，相机参数如表2－3所示，其中监视照相机工作频率为 10 Hz，立体照相机工作频率为 30 Hz。激光测距仪也是商用器件的改进装置，工作范围为 0～25 m，测距精度小于 0.5 m。惯性测量单元的漂移精度为 1（°）/h，在星敏感器的校正下能够满足飞行要求。宽视场星敏感器能够开始捕获目标，并为惯性单元提供校对信息（见图 2－29 和图 2－30）。

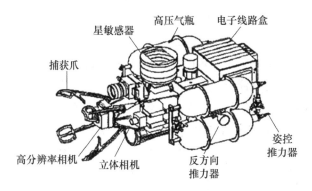

图 2－29　ETV－250 结构示意图

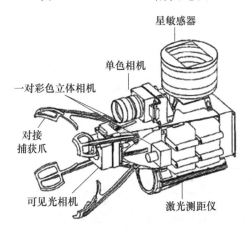

图 2－30　观测仪器的多功能集成装置及捕获爪

表 2—3　可见光相机参数

功能	成像尺寸	视场	像元尺寸/μm^2	焦距/mm
监视相机	1 024×1 024 单色	40°×40°	10	9.9
立体相机	640×480 彩色（VGA）	20°×16°	7.9	12.6

在 ETV—250 前端安装了捕获装置。该装置由 4 个捕获臂组成，每个臂由线性步进电机驱动。捕获臂末端采用球形瓣设计，与目标星对接固定装置的球形端相一致。球形瓣装有压力开关，能够确定是否完成对目标球形端的捕获。对接端采用球形设计是为了能够使对接倾斜角度的容许范围达到最大。

LLNL 分别建立了 4 自由度和 5 自由度气浮试验装置。4 自由度气浮装置是通过气浮导轨和气浮支撑轴提供 1 个平移自由度和 3 个转动自由度。5 自由度气浮装置是通过气浮台和气浮支撑轴提供 2 个平移自由度和 3 个转动自由度。气浮支撑轴顶端为半球形，能够提供±15°的倾斜角，±360°的偏转角和±30°的滚动角。试验台为1.5 m×7.3 m，表面铺设光滑玻璃，便于气浮垫提供无摩擦的 2 自由度平移（见图 2—31 和图 2—32）。

(a) 气浮台

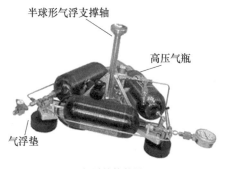

(b) 气浮结构装置

图 2—31　气浮台与气浮结构装置

交会对接试验如图 2—32 所示，试验步骤安排如表 2—4 所示。图中所标数字与表中试验步骤相一致。

图 2—32　ETV—250 与 ETV—150 对接试验

表 2—4　对接试验步骤表

步骤	时间/s	追踪星操作	目标星操作
1	0	张开捕获爪	偏航调整对准目标 LED
2	5	偏航调整对准目标信标（距离 5.5 m）	向目标位置移动
3	17	采用立体测距仪机动至 1.8 m 距离	保持姿态
4	35	横向移动，对接装置对齐	保持姿态
5	41	采用雷达测距仪进行最后阶段接近	保持姿态
6	52	捕获目标球体对接装置	保持姿态
7	56	连接组合体共同前后运行，释放	保持姿态
8	67	远离目标，回到初始位置	保持姿态

　　目标星与追踪星间的初始距离为 6 m。追踪星首先通过捕获臂固定于试验台上一端，指向与目标星方向垂直。收到试验出发命令后，捕获臂释放固定装置，逆时针旋转 90°，指向目标星。同时，目标星旋转使其对接端信标 LED 指向追踪星对接端。当追踪星捕捉到 LED 后，目标星进行位置平移，仍保持 6 m 的相对距离。此步骤用于试验对两星的同时控制能力。当追踪星的相机稳定捕获信标 1 s 后，开启轴向推力器，使其平移至距离目标星 1.8 m 的位置，该步骤持续约 18 s。在此过程中，距离获取频率为 20 Hz。在姿态控制推力器作用下，追踪星进行方向偏转，在 6 s 内使其与目标星对接端的偏移角从 12°缩减至±2°以内。追踪星继续接近目标星，直至捕获臂捕获目标星对接球端。完成捕获后，追踪星根据要求用推力器进行喷气，使组合体进行平移与旋转运动。之后，追踪星捕获臂释放目标星对接球端，两星分离，调整追踪星指向返回姿态（见图 2—33 和图 2—34）。

　　目前，LLNL 研制了多个用于地面试验的航天器，并成功演示了自主获取目标、追踪目标、接近目标等自主交会对接操作，以及接近阶段的自主轨道规划、目标捕获、软对接、辅助目标变轨等多项微小卫星在轨服务关键技术。

图 2—33　追踪星初始试验状态　　　图 2—34　追踪星最后对接状态

2.2.7.2　自主对接和航天器在轨服务项目

美国海军研究生院开展了自主对接和航天器在轨服务项目（Autonomous Docking and Spacecraft Servicing，AUDASS）以及多体自主交互航天器系统（Autonomous Multi－agent Physically Interacting Spacectafrt System，AMPHIS）项目，对在轨组装模块的自主接近、对接与重构等关键技术进行了研究，并搭建了地面测试平台对其进行试验和演示验证。试验系统如图 2—35 所示。

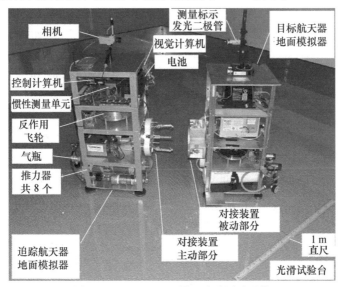

图 2—35　AUDASS 地面试验测试系统

AUDASS 试验平台 4.9 m×4.3 m，调平后平均斜率为（2.6×10^{-3}）°。表面做光滑处理，与安装于航天器模拟器上的气浮垫配合使用，为模拟器提供 3 自由度运行环境。

AUDASS 试验系统中，追踪航天器模拟器和目标航天器模拟器均采用模块化设计。追踪航天器模拟器由 4 个模块层叠组合而成，从下至上依次为推力和气浮模块、对接机构模块、反作用飞轮模块、惯性测量/电池/控制计算机/图像处理计算机模块。在模拟器顶端安装有视觉测量系统的 CMOS 摄像机，用于测量两航天器相对位置和姿态。目标航天器模拟器的组成与追踪航天器模拟器相似，不同之处在于其顶端没有安装摄像机，取而代之的是 3 个红外发光二极管作为信标。对接机构采用轨道快车项目中使用的三叉式对接机构，对接机构主动件安装于追踪航天器模拟器上，被动件安装于目标航天器模拟器上。追踪航天器的主要参数如表 2-5 所示。

表 2-5　AUDASS 追踪星模拟器主要参数

尺寸	长度和宽度/m	0.4
	高度/m	0.85
	质量/kg	63
	Y 轴惯性矩/kg·m^2	2.3
推进	推进剂	空气
	等效存储能力	0.72 m^3（0.35 MPa）
	推力运行气压/MPa	0.35
	气浮运行气压/MPa	0.24
	持续时间/min	20~40
	单个推力器推力/N	0.45
	反作用飞轮最大力矩/N·m	0.16
	反作用飞轮最大角动量/N·m·s	20.3
电子电路	电池类型	锂离子电池
	存储能力	12 A·h（28 V）
	持续时间/h	~6
	计算机	2 个 PC-104 奔腾 III

续表

	惯性测量仪器	Crossbow 40CC
	视觉敏感器	自研
敏感器	CMOS 照相机	Pixelink PL－A471
	照相机视场/ (°)	40
	视觉敏感器范围/m	0~10
对接捕获误差	最大轴向偏离距离/cm	±7.62
	最大横向偏离距离/cm	±5.08
	最大角度偏离（俯仰、偏航、滚转）/ (°)	±5

交会对接过程中，通过视频测量系统和惯性测量系统共同提供位置和姿态信息。模拟器的位置和姿态控制采用三通道比例微分反馈控制回路。

在 AUDASS 试验系统的基础上，AMPHIS 根据在轨组装的需求，对 AUDASS 航天器模拟器进行了改进。如图 2－36 所示，AMPHIS 模拟器仅由 3 个模块组成，实现了体积和质量的小型化。在姿控分系统的执

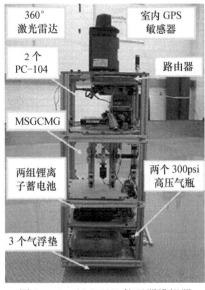

图 2－36　AMPHIS 航天器模拟器

行机构选择过程中，为了满足微小卫星对接操作过程中对姿态控制的高精度要求，采用微小单向控制陀螺仪和姿控推进系统配合控制的方式（见图2—37）。AMPHIS航天器模拟器的主要参数如表2—6所示。

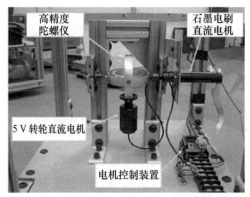

图2—37　AMPHIS模拟器的微小单向控制陀螺仪

表2—6　AMPHIS航天器模拟器主要参数

尺寸	长度和宽度/m	0.3
	高度/m	0.69
	质量/kg	23.95
	Z_{ch}惯性矩/kg · m²	1.48
推进	推进剂	空气
	等效存储能力	0.002 m³（21 MPa）
	推力运行气压	待定
	气浮运行气压/MPa	0.35
	持续时间/min	75
	单个推力器推力	待定
	控制陀螺仪最大力矩/N · m	0.334
	控制陀螺仪最大角动量/N · m · s	0.049
电子电路	电池类型	锂离子电池
	存储能力	12 A · h（28 V）
	计算机	1个 PC104 奔腾 III；1个 Prometheus

续表

敏感器	光纤陀螺最大输入速率/ (°) /s	375
	激光雷达敏感器	研究中
	光学位置测量敏感器	研究中
	拟 GPS 敏感器精度/mm	<0.05
	加速度计输入范围/g	±4
对接 I/F	电磁对接	研究中

在该试验平台支持下，进行了航天器模拟器的自主交会对接试验，下一步将继续进行模块的逼近、对接、组装集成和组合体运行试验。

2.3　日本的在轨服务技术

日本的工业机器人技术实力雄厚，自 20 世纪 80 年代初起，即开始了空间机器人的研究。90 年代初，日本独自为美国的自由号空间站（后改为国际空间站计划）开发了日本实验舱（The Japanese Experiment Module，JEM），其上安装的遥操作机械臂（The Japanese Experiment Module Remote Manipulator System，JEMRMS）成为日本的第一代空间机器人。

为验证交会对接技术和空间机器人技术，在研制 JEMRMS 的同时，日本宇宙事业开发集团（Natioanal Space Development Agency of Japan，NASDA）提出研制工程试验卫星－7（Engineering Test Saltellite No.7，ETS－Ⅶ）的计划，并最终取得成功。ETS－Ⅶ的空间遥操作机器人系统就是日本的第 2 代空间机器人。

日本在实验舱机械手臂计划、ETS－Ⅶ 和 H－2 转移飞行器（H-Ⅱ Transfer Vehicle，HTV）计划的基础上，逐渐形成了以在轨服务空间机器人、大型货物运输平台和可接受在轨服务目标航天器组成的完整的在轨服务体系。下一步的研究计划将主要进一步发展在轨服务所需要的关键技术，特别是在 ETS－VII 中尚未有效解决或很好解决的技术，如初始接近技术、绕飞与视觉侦察技术、捕获运动中的振动抑制技术、自主控制技术、机械臂灵巧操作技术等。同时，日本还积极寻求国际合作，计划在 2010 至 2020 年间，将在轨服务技术应用于轨道碎片收集与转移以及月球探测等项目中。

图 2－38 为日本的在轨服务技术发展的总体规划。

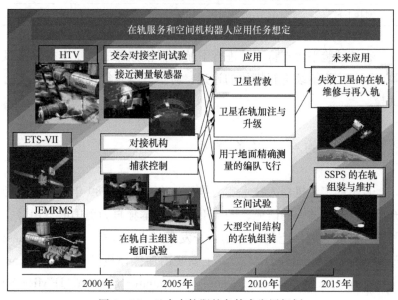

图 2－38　日本在轨服的务技术发展规划

2.3.1　国际空间站的日本实验舱及机械臂

20 世纪 90 年代初，日本为其开发的日本实验舱 JEM 设计了机械手臂 JEMRMS（见图 2－39）。整个机械臂系统联接在 JEM 上，使航天员可以在空间外露设施上移动有效载荷，为外露试验架上的科学试验设备提供维修服务和更换零部件。整个系统由东芝公司研制，并配有一个由日立公司制造的"精确臂"附件，以执行更精密的定位任务。

JEMRMS 由主手（Main Arm，MA）、小巧手（Small Fine Arm，SFA）及机械臂的控制柜组成。MA 类似于加拿大的 SSRMS，

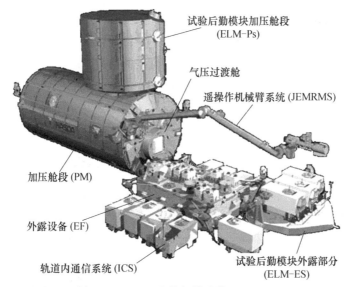

图 2-39　JEM 上的机械手臂 JEMRMS

长约10 m，由 6 个关节、一个末端工具、一个基座及两个视觉装置组成，主要用于处理较大载荷以及把小巧手放在粗略位置上。SFA则类似于加拿大的 SPDM，由 6 个关节、两个臂、一个末端工具、一个力/力矩敏感器和一个 TV 摄相头组成，既能从 MA 端部也可从外露试验设施的一个固定装置上操作。若把它装在 MA 末端，则可完成一些灵巧的动作，如更换 ORU 等（见图 2-40）。

　　1997 年，NASDA 与美国合作进行了 SFA 的飞行演示验证试验。SFA 与其作业对象机器一起装在航天飞机的货舱内发射升空。在航天飞机的增压舱内，航天员对其进行操纵，用 16 个小时进行了更换 ORU 和开关门试验，并对 SFA 的控制性能和作业性能进行了评价。

2.3.2　工程试验卫星-7（ETS-Ⅶ）

　　日本是最早意识到在轨服务重要性的国家之一。为了掌握这一技术，同时也为了发展日本自己的交会对接技术，在 1991 年 JEM-RMS 尚处于研制阶段的同时，为获得空间机器人技术和交会对接技术，NASDA 又开始了 ETS-Ⅶ 的研制计划，1992 年 4 月开始方

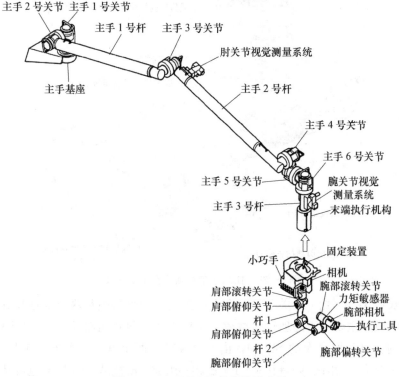

主手2号关节　主手1号关节

主手1号杆　主手3号关节

肘关节视觉测量系统

主手基座

主手2号杆

主手4号关节

主手6号关节

主手5号关节

腕关节视觉测量系统

主手3号杆

末端执行机构

固定装置

小巧手

相机

肩部滚转关节

腕部滚转关节

肩部俯仰关节

力矩敏感器

杆1

腕部相机

肩部俯仰关节

执行工具

杆2

腕部俯仰关节

腕部偏转关节

图2—40　JEMRMS的结构示意图

案设计；1994 年秋转入正样，1995 年秋完成正样，10 月进入总装；1996 年秋进入综合测试，1997 年 11 月发射。原计划工作一年半，但实际上一直工作到 1999 年 11 月，为日本的研究人员提供了大量的试验机会。

ETS—VII 的主要试验内容包括机器人手臂与卫星姿态的协调控制试验、大延时情况下空间机器人的遥操作试验及在轨服务试验等。其中，在轨服务试验主要包括以下典型的在轨服务内容：利用安装在机器人手臂的摄像头对目标星进行监测，利用机器人手臂进行 ORU 更换，补给燃料，组装桁架结构和装配试验天线等。

ETS—VII 由东芝公司生产，总质量 3.0 t，其中追踪卫星 2.5 t，目标卫星 0.5 t。用 H—2 火箭把"热带降雨观测卫星"（TRMM）

和 ETS－VII 采用一箭双星发射方式送到高 350 km、倾角 35°的圆轨道，然后，ETS－VII 通过星载变轨发动机进入 550 km 圆轨道，追踪星与目标星分离。追踪卫星采用高精度零动量三轴姿态控制方式，确保在每 23 h 内（15 个轨道周期）完成 1 次交会对接以及顺利完成空间遥操作机器人试验。目标星也是采用三轴控制，在交会对接试验中可保证目标星在自由飞行过程中指向地球，提供满足试验所需环境（见图 2－41）。

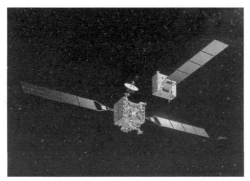

图 2－41　ETS－VII 演示试验示意图

ETS－VII 遥操作系统由星上机器人系统和地面控制系统组成。

（1）星上机器人系统

ETS－VII 星上机器人系统主要包括机器人手臂、视觉系统、星上机器人控制系统以及包括 ORU、任务板、目标卫星操作工具（TSTL）等在内的机器人手臂载荷等几个组成部分（见图 2－42）。

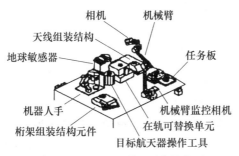

图 2－42　星上机器人系统结构图

① 机器人手臂

ETS−Ⅶ的 6 自由度机械臂长约 2 m，有 6 个关节，质量为 140 kg。每个关节由无刷电机和谐波驱动齿轮组合驱动，末端位姿精度为 10 mm 和 1°，末端位姿重复精度为 2.5 mm 和 0.13°，末端最大速度为 50 mm/s 和 5 (°)/s，末端作用力大于 20 N，最大载荷为 430 kg 和 700 kN·m。电机的角速度由测速机检测。末端效应器连在机器人手臂末端。末端效应器可抓住一个抓钩装置，该装置是有效载荷和末端效应器间的标准接口附件。通过采用适当的抓钩装置，末端效应器可以为有效载荷提供力矩和电能信号。

机械臂安装在卫星平台的外部。在火箭发射阶段，机械臂是折叠在一起并通过锁紧机构固定在卫星平台上。入轨后锁紧机构解锁释放机械臂。机械臂在火箭发射阶段会受到很强烈的振动，入轨后机械臂又暴露在空间热环境中，所处环境十分恶劣。因此，将力/力矩敏感器安装在第 6 节臂和末端受动器之间，以满足入轨时的振动环境和空间热环境要求。

② 末端受动器及三指多敏感器机械手

机械臂上有一个末端受动器，用于对有效载荷上的抓钩（Graple Fixture，GPF），进行捕获，进而进行其他操作。GPF 标准化了机械臂和每个有效载荷之间的接口。GPF 的外形和对机械臂的有效控制保证机械臂在与有效载荷偏差 15 mm 的范围内能够抓住有效载荷。末端受动器有以下功能：

1）抓住在有效载荷上的 GPF；

2）通过 GPF 为有效载荷提供力矩；

3）通过 GPF 与为有效载荷提供电接口。

由于这些功能需求，设计了 3 种 GPF，分别是包含力矩接口、电接口以及这两者都包含的 GPF。

在末端受动器上装有一个三指多敏感器机械手。安装这个机械手使得机械臂能够对小物体进行操控。机械手在空间使用时必须能够牢牢的抓住物体并对它进行操作，以防物体脱落产生危险。机械手的构型如图 2—43 所示，它包括 3 个部分：手指、指尖和手腕装置。

手指装置中有一个直线运动的手指 A 和两个旋转的手指 B 和 C，如图 2—44 所示。在旋转的手指上装有一个 L 形状的连接杆与应变仪所在的位置相连，以测量应力的大小。手指 A 由一个直流的无刷电机驱动，手指 B 和 C 由分级电机驱动。在正常工作时，手指 B 和 C 工作在位置控制模式下，手指 A 工作在应力控制模式下。

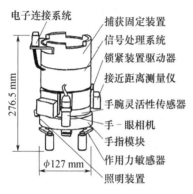

电子连接系统
捕获固定装置
信号处理系统
锁紧装置驱动器
接近距离测量仪
手腕灵活性传感器
手-眼相机
手指模块
作用力敏感器
照明装置
276.5 mm
φ127 mm

图 2—43　三指机械手构型图

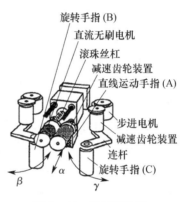

旋转手指(B)
直流无刷电机
滚珠丝杠
减速齿轮装置
直线运动手指(A)
步进电机
减速齿轮装置
连杆
旋转手指(C)
β　α　γ

图 2—44　机械指装置

在手指 A 上安装了由一组插脚构成的指尖，末端用弹簧压紧在手指里面。在抓物体的时候，每个插脚滑动到与物体外形相适应的位置，由此使力的分布均匀。这种构型使机械手可以抓获不同形状的物体，如平板、圆柱、球以及多边形。通过在物体表面添加凹槽，物体的运动被完全限制在手指指尖的切线方向，从而可以有效地防止物体滑落和坠入空间。

手腕装置用于弥补机械臂带来的位置误差，保证机械手能够准确的定位而不需要增加计算机的计算量。放置手指的可移动基座悬浮在板簧上，它可以对 x、y、z 方向和翻滚轴进行误差校正。这个装置可以校正 1.5 mm 的位置误差和 2°的旋转误差。锁紧机构可以在移动机械臂的时候锁住可移动基座。在力/扭矩敏感器信号超过一定限度的时候，驱动器会自动打开并驱动锁紧装置释放可移动基座。

　　能够自主控制是对机械手的另外一个要求。基于敏感器的自主控制能够克服远距离遥控带来的时间延迟问题，以及需要通过中继卫星进行通讯造成的不足，同时还能大大减少为了将操作现场的情况全面如实地反映给远程操作者而需安装的测量环境状况的敏感器数目。研究人员在机械手上安装了4种类型的敏感器，分别是：1个手－眼相机，3个近距离探测器，1对握力敏感器以及1个手腕灵活性敏感器。在手臂上还装有1个手腕的力/力矩敏感器。通过对多个敏感器的数据进行融合可以达到精确控制的目的。

　　由于机械手与手臂之间是热隔离的，所以机械手需要独立热控。通过在手指模块中使用防热涂料和用步进电动机进行自动加热，可以使机械手的温度保持在－25 ℃至25 ℃之间。

　　机械手对目标航天器的具体捕获过程如下：第1步，相对较快的合拢手指直到手指之间能形成闭合区域以快速捕获目标。第2步，慢慢合拢手指，使得两物体之间能达到刚性连接而不给航天器和操纵器带来额外的负载。在捕获目标的时间内，地面不对追踪航天器进行姿态控制，这是为了避免在相互接触期间姿态控制引起多余动作对捕获造成负面影响。

　　③ 视觉系统

　　手－眼相机安装在机械臂的末端受动器上，监控相机安装在机械臂的第1节臂上。第1节机械臂相当于监控相机的一个托盘。每个相机都有一个备份相机。为了减少通信需求，每秒只发送5张图片给地面控制站。使用了两种标记来测量手－眼相机和标记之间的位置和姿态，这些测量结果用于指导机械臂的运动。

　　手－眼相机获取的探测标记的图像在地面发出指令后转换成黑白图像，通过计算标记黑白图像上圆的大小和位置可以得到相机和标记之间的相对位置和方向。星载32位处理器"H32"以20 MHz的时钟速率处理测量数据。

　　基于从图片上得到的测量数据，机械臂路径控制器自动计算出一个机械臂的理想位置和取向。

④ 机械臂载荷

1) 在轨可更换单元 (ORU)。ORU 是在轨需要更换的部件以及卫星或空间站上需要补给的消耗物品。机械手可以抓住 ORU 上的固定抓手 GPF, 将 ORU 从卫星上取出并更换成新的 ORU。在 ETS－VII 卫星上, 用一个 ORU 模拟多种 ORU 更换任务, 包括通过 ORU 更换进行燃料补给等。在 ORU 内部有一个燃料箱和一对与卫星上其他燃料箱连接的流动通道。机械臂的末端受动器通过产生力矩控制流动通道的连接或断开。

2) 任务板。任务板包括 1 个销子和孔、1 个活动把手、1 个力/力矩敏感器测量机构和 1 个系着绳的活动金属小球, 用于机械臂进行小球捕获和其他试验 (见图 2－45)。

图 2－45　任务板原型

3) 目标星操作工具 (TSTL)。ETS－VII 机械臂工作在微重力条件下, 它可以对质量 0.4 t 的目标星进行操作。因为 ETS－VII 的末端受动器并没有捕获如目标星大小物体的能力, 所以研究人员安装了 TSTL。机械臂的末端受动器可以通过抓住该工具的 GPF 来与目标星相连, 从而扩大机械臂的使用范围 (见图 2－46)。

⑤ 星上机器人控制系统

卫星姿态由星上控制系统和反作用飞轮及喷气推进器控制。若机械臂运动反作用太大, 则卫星的姿态控制系统不能维持正常姿态。因此, 卫星姿态和机械臂的协调控制要通过星载卫星控制系统、星

图 2—46　TSTL 原型

载机器人控制系统和地面机器人控制系统共同实现。

　　星载机器人控制系统估算机器人手臂运动产生的角动量，以此提供给星上控制系统进行角动量的前馈补偿。若根据估算角动量对卫星姿态控制过大，则修改机器人手臂的运动，以防止卫星姿态平台的运动超出其控制范围。

　　ETS—VII 机器人手臂是由手臂驱动电子装置（Arm Drive Electronics，ADE）和执行机器人任务的星上计算机（Robot Mission Onboard Computer，RMOC）控制。ADE 驱动关节电机和控制关节角速度。每个关节的角度位置、机器人手臂的姿态和轨迹、机器人手臂的柔性都是由 RMOC 来管理。RMOC 对遥操作命令进行插值计算，产生机器人手臂的轨迹，实现对机器人手臂的位置回路控制。RMOC 也对星上视觉数据进行处理来测量目标标志的位置和方位。因为目标标志的位置是预置的，因此，星上机器人控制器可产生一个机器人手臂的运动路径去捕获目标。

　　（2）地面控制系统

　　ETS—VII 的地面控制站通过数据中继卫星的通信链路遥操作机械臂，如图 2—47 所示。通信链路往返一次的时延是4～6 s。

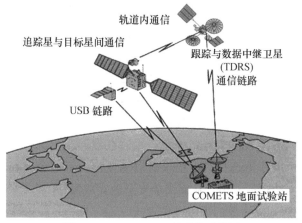

图 2—47 ETS—Ⅶ 的通信系统图

星上机器人与地面站之间通过跟踪与数据中继卫星进行数据传输，传输速率为：指令线 4 kbit/s，遥测数据线 16 kbit/s，视频数据线 12 Mbit/s。星上机器人的遥测数据每 96.5 ms 发送一次，星上摄像机的视频数据每秒发 5 帧。命令数据可以通过两种模式发送：非间隔模式和时间间隔模式。在时间间隔模式下命令数据每 250 ms 发一次，为保持数据率在分配的速率以内，这种模式可以发送的数据是有限的。在非间隔模式下，发送间隔可以自由确定，如果数据量较大，则可通过设置较大的时间间隔完成数据的发送。

ETS—Ⅶ 机器人系统有两种远程控制模式：一是用非间隔命令的远程编程模式；二是利用时间间隔命令的远程操作模式。

① 非间隔命令的远程编程控制模式

在该远程编程模式下，发给星上机器人的指令以编码形式发出，如 A 移到 B、速度 C、加速度 D、顺序参数 E 等。星上机器人系统解出这个指令码，生成机械臂的尖端轨迹，解逆动力学矩阵，计算出关节角，然后控制每个关节的运动。星上机器人系统接收的是机械臂基坐标绝对位置命令和从当前位置移动的相对位置命令。这里没有使用地面站给机器人手臂的速度指令，因为中断的通信链路所导致的不连续的速度指令将危害机器人手臂和卫星。通过操纵杆产生遥控指令，手眼相机和监控摄像机将获取的视觉图像返传给操作员。由于通信链路中有 4～6 s 延时，因此，通过观察延时的视觉图像和遥测数据来控制机器人手臂相当困难。

如果机械臂的工作环境和要完成的任务都是预先定好的，则可利用非间隔命令远程编程模式自动执行任务。在这种模式下任务和指令顺序用 GUI（图形用户界面）写入流程图里。这个命令顺序可以用星上的机器人模拟器来改正，然后存储起来。试验操作中，必要的命令由操作员选择，当要求时启动发出。每个命令都自动在前一命令成功执行后发出，从而简单安全地完成操作。

② 时间间隔命令的远程操作模式

该远程操作模式下，以机械臂顶端位置的形式发给星上机器人系统命令，每次 250 ms。星上机器人系统通过插值这些数据生成机械臂的轨迹。如果一个数据由于通信错误丢失，星上机器人系统能够插入这个丢失的命令。如果两个以上的命令丢失，那么星上机器人系统就假定来自地面的命令被操作员终止或由于通信错误而终止，由此停止机械臂的运动。

在 6 s 时间延迟下进行远程操作不是件容易的事情。在试验和训练中发现，没有经验的操作员的远程操作近乎是"动和等"，而且需要较长时间。而有经验的操作员的操作是基于他本人假想的动态预测模型，能很快理解机械臂的运动特性，知道它会如何按给定的命令移动，并生成自己想象的预测模型。这就像一个有经验的孩子知道被模拟的飞机的飞行特性，能最有效地控制游戏杆，然而这种技能因人而异。因而 ETS－VII 地面机器人控制系统采用以下一些辅助手段帮助进行远程操作：

1）通过计算机预测图形来仿真显示如果机器人执行命令将如何动作，该计算机图形也能利用卫星的遥测数据显示当前机械臂的姿态；

2）假想指导平面，指导机械臂运动到要求的位置，并避免进行其他运动；

3）通过系统实时健康监控减轻操作员的工作负担。

遥操作模式中，机器人控制指令采用如"MOVE TO A"这样的机器人运动指令形式。地面操作员用 GUI 将任务程序输入至地面机器人控制系统，地面机器人控制系统根据给定任务程序产生一系列机器人控制指令。地面机器人控制系统有一个星上机器人系统的模拟器，它包括执行机器人任务的星上计算机（RMOC）电子模型和在工作站上的卫星/机器人动力学仿真器。所产生的一系列指令被送到该模拟器进行校验。这个指令程序保存在地面机器人控制系统，需要时发送到卫星上。如果必要，操作员可以中断这个指令程序的执行，并用手动命令对其覆盖。

③ 外部用户的控制模式

外部用户（如国际贸易和工业部、通信研究实验室、国家宇航实验室）的机器人控制指令通过 NASDA 地面机器人控制系统输送到星上机器人系统，以便检查机器人手臂指令的优先级和卫星实时姿态控制的安全性。必要的遥测数据，包括监控星上机器人系统的图像数据，也是通过 NASDA 地面控制系统提供给用户。

（3）交会对接试验

交会对接试验可以分为以下 5 个阶段：发射、轨道转移、相对靠近、最终逼近、对接。

ETS－VII 交会对接试验的主要目的是验证自主交会对接技术的 3 个阶段：相对靠近、最终逼近以及对接。而在轨道转移阶段的主要技术，如 GPS 导航和自主轨道转移也将在试验中验证。ETS－VII 的交会对接试验除了验证自主交会对接外，还将验证人工控制的交会对接技术。

ETS－VII 和地面控制系统之间的通信利用 NASA 的卫星作为中继卫星。追踪星上有导航控制计算机、GPS 接收机、相机敏感器、加速度计以及对接机构，能够自主完成交会对接的控制。目标星上装有 GPS 接收机、敏感器信标以及对接机构。交会对接过程中，目标星只完成姿态控制。追踪星上的观察 CCD 相机（VC）和对接

CCD 相机（DC）也在交会对接试验中使用。VC 用于监控逼近过程，DC 用于监控对接机构运行和目标星在对接时的运动过程。

　　ETS-VII 要完成自主交会对接任务，导航制导技术十分重要。ETS-VII 有 3 种导航方式，每种方式的选择根据两星之间的距离而定：当两星距离在 2 m 以内时，安装在追踪星上的相机敏感器测量两星相对位置和姿态；在 2～500 m 时，采用激光雷达测量两星的相对位置和姿态；大于 500 m 时，采用 GPS 接收机测量两星的相对位置和速度。追踪星接近目标星的轨迹由星上计算机根据测量数据计算得到。

　　ETS-VII 是世界上首颗带有机械臂的卫星，其发射成功是在轨服务空间机器人研制中的一个重要里程碑事件，极大推动了世界各航天国家对在轨服务的研究。

2.3.3　H-2 转移飞行器（HTV）

　　H-2 转移飞行器（H-II Transfer Vehicle，HTV）由 NASDA 于 1997 年首次提出并开发（见图 2-48），主要用于为国际空间站提供补给。它搭载在 H-II A 运载火箭上进入太空，为空间站补给 6 t 的有效载荷，并处理空间站上不可回收的设备、垃圾等。进入太空后，HTV 自主执行交会指令，包括对状态、高度以及轨道面的调整。HTV 与国际空间站对接如图 2-49 所示。

　图 2-48　HTV 原理样机模型　　　　图 2-49　HTV 与国际空间站对接

HTV 直径约 4 m，长度约 10 m，相当于一辆观光车的尺寸大小。在开发过程中，把 HTV 分为三个模块：储存模块、电子模块以及推进模块。主要结构是基于运载火箭设计的圆锥形半硬壳结构（见图 2-50）。

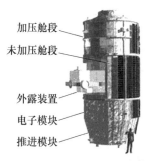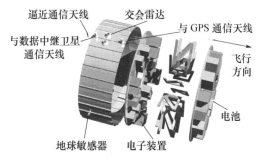

图 2-50　HTV 结构图

1）电子模块包括导航、制导、控制的电子设备、电源供给、通信以及数据处理设备。在电子模块的最前端装有天线和敏感器。电子模块上有两块板，前板上装有锂电池用于为整个 HTV 提供电源，后板上装有用于导航、制导、控制的电子设备以及通信和数据处理设备。

2）推进模块安装在 HTV 的尾部，包括轨道机动的主发动机，反作用力控制系统推力器，以及推进剂补给系统。有 4 个贮箱，8 个主发动机（500 N 量级）以及 28 个反作用力控制系统推力器（110 N 量级），推进剂为氦气（见图 2-51）。

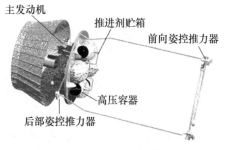

图 2-51　推力器布局图

3）储存模块包括加压储存部分和非加压储存部分（见图 2-52）。HTV 具有自主机动能力，可以用于往返地面与国际空间站之间进行大型货物运输。日本计划基于 HTV 进一步发展大型飞行器营救、维护以及报废卫星离轨处理等在轨服务技术。2008 年 4 月 17 日，HTV 3 个组成模块的原理样机模型首次公开展示，预计于 2009 年进行首次飞行试验。

图 2—52　HTV 加压部分的内部构造

2.3.4　轨道维护系统（OMS）

日本国家信息和通信技术研究中心（National Institute of Information and Communications Technology，NICT）于 2004 年提出了轨道维护系统（Orbital Maintenance System，OMS），用于卫星在轨监测、维护、营救，以及轨道碎片与废弃卫星的清理等任务（见图 2—53，图 2—54 和图 2—55）。

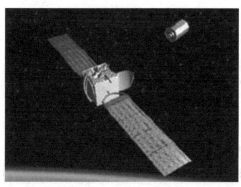

图 2—53　OMS 在轨监测

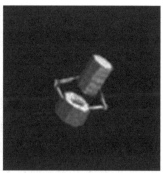

图 2—54　OMS 对接与辅助轨道转移

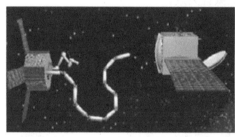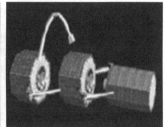

图 2—55　OMS 在轨维修

　　对于通信系统不能工作的失效卫星，外界无法通过通信获取卫星的信息，因此，该类卫星的营救工作非常困难。在营救任务中，需要首先通过服务卫星对目标星进行交会接近并对其进行近距离观测监视，通过观测系统（如可见光或红外探测器）获取卫星的相关信息并确定其运行状态。如果能够进行维修，则 OMS 提供模块更换、燃料加注、辅助变轨等维修操作。如果不能对其进行恢复控制，则 OMS 将其捕获并拖离轨道，以避免造成轨道垃圾。上述在轨操作需要研究的技术包括：与非合作目标的先进自主交会与接近技术、微重力条件下对非合作目标的高精度捕获与抓持技术等。如果将自主导引、交会与捕获技术集中于一次飞行任务进行演示验证，则会增加任务费用和风险。因此，NICT 确定了如下关键技术研究顺序，以降低研制费用和任务规模。首先发展自主导引与交会技术，实现对目标星的观测监视能力；然后基于该技术发展目标捕获技术，实现对目标星的捕获和辅助变轨能力；最后在前述技术研究基础上发展在轨维护和维修技术，完善在轨服务能力。OMS的研究内容如下。

（1）空间机器人技术

空间机器人技术是发展在轨监视和维修的关键技术。NICT在ETS－Ⅶ机械臂技术基础上发展了用于观测监视的新型模块化机械臂技术（见图2－56）。目前，研究发展机械臂技术的主要难点在于如何降低研制难度和费用。NICT的模块化设计方案就是针对这一问题提出的解决方案。通过采用多个控制器分布式安装的形式，可以避免因局部失效而导致整个机械臂失效。

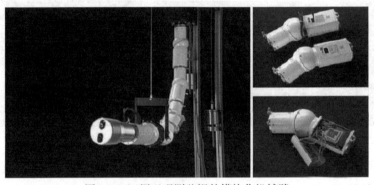

图2－56　用于观测监视的模块化机械臂

（2）观测监视系统的图像处理技术

这一技术对处理失效卫星观测数据并确定其失效原因十分关键。同时还可用于获取轨道碎片的信息。NICT在远程监视观测图像处理技术方面进行了许多研究，在操纵器飞行试验MFD（Manipulator Flight Demonstration）中进行了相关演示试验，并在大型天线展开试验任务LDREX（Large Deployable Antenna Experiment Mission）异常分析中得到了应用（见图2－57）。

如前所述，NICT首先展开了远程观测监视相关技术的研究，并将重点集中于自主交会技术。NICT与三菱重工（MHI）计划研制150 kg级小卫星SmartSat－1，用于演示该自主交会关键技术（见图2－58）。SmartSat－1由两颗小卫星组成（SmartSat－1a 和 Smart-

图 2−57　MFD 试验

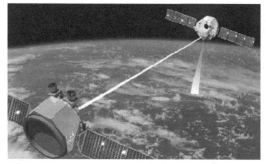

图 2−58　SmartSat−1

Sat−1b)，计划演示的关键技术有：自主交会技术（包括与非合作目标交会技术、大椭圆轨道交会技术），卫星间光学获取、跟踪和指向通信试验，可重构通信试验，太空环境观测与预报试验等。

　　SmartSat−1 的运行轨道为大椭圆地球同步转移轨道，远地点处两星距离为 5 000 km。SmartSat−1a 演示服务星，将与目标星 SmartSat−1b 进行 500 km 至 100 m 的交会机动。SmartSat−1a 对 SmartSat−1b 绕飞和观测监视，对图像信息进行星上自动处理，对图像处理软件进行测试。在 500～200 km 范围，SmartSat−1a 根据地面发送的目标星轨道信息进行轨道机动。到达 200 km 范围，SmartSat−1a 的图像处理单元能够根据预定星图对目标星的点状图像进行识别。当两星距离缩小至 20 km 以内，SmartSat−1a 能够根据预载数据库识别目标星的形状、距离与姿态（见图 2−59）。

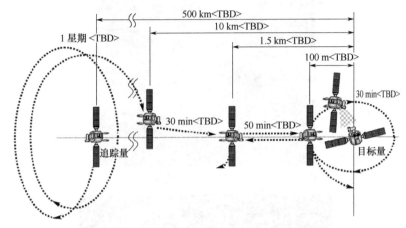

图 2—59　SmartSat—1 轨道交会飞行步骤

SmartSat—1 的设计参数如表 2—7 所示，外观结构如图 2—60所示。

表 2—7　SmartSat—1 的设计参数

平台质量/kg	<170（湿重）
有效载荷质量/kg	<90
总质量/kg	约 260
平台尺寸	Φ1 m×0.6 m，八边形柱体
总尺寸	Φ1 m×0.6 m，八边形柱体
轨道	GTO，SSO，LEO
姿控系统	零动量三轴稳定
指向精度/（°）	<0.1
有效载荷功耗/W	最大 150（GTO）
太阳能电池阵	2 个可伸展太阳翼，砷化镓三结太阳能片
额定电压/V	28
推进系统	1 个贮箱，12 个推力器
推进剂贮存能力/kg	最大 24（单组元肼）
总冲/N·s	47 000
下传频段	S 波段，X 波段（备选）
上传频段	S 波段
任务寿命	长于 6 个月（GTO）

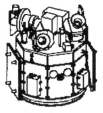
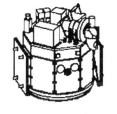

SmartSat-1a   SmartSat-1b

图 2-60 SmartSat-1 外观结构示意图

SmartSat-1a 的星上计算机处理器单元采用商用器件 SH-4,能够提供高性能的计算能力（500 MIPS）和数据存储能力（384 Mbyte）。采用多任务实时操作系统,支持软件的在轨更换与注入。安装的观测仪器为一台星敏感器和一台多信息广角相机（Diverse Information Visioning Extension Camera, DIVE-CAM）。DIVE-CAM 基于商用技术开发而成,由 SVGA 分辨率的 C-MOS 图像仪和 ARM9 32 位 RISC 处理器组成。处理器具有 200 MIPS 的处理能力,操作系统为 LINUX,能够进行观测数据的压缩处理和目标识别。SmartSat-1a 还将演示自主轨道机动规划等操作。目前,该项目正在关键技术研究阶段。

2.3.5 可重构机器人卫星簇计划

日本的东京理工学院提出了可重构机器人卫星簇（Reconfigurable Robot Satellite Clusters）的概念,用于在轨捕获、监视检查、维修、组装、支持航天员舱外活动 EVA 等在轨服务。该系统由多颗具有可重构带臂空间机器人（Reconfigurable Brachiating Space Robot, RBR）的小卫星组成,可以通过小卫星的机动形成不同的卫星簇构型（见图 2-61 至图 2-65）。

图 2-61 RBR 的多种构型

图 2－62　RBR 的重构操作

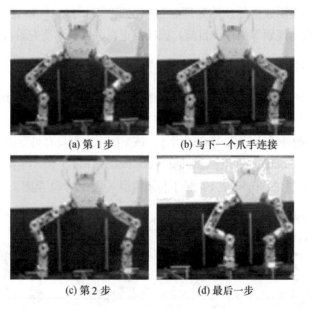

(a) 第 1 步　　　　　　　　(b) 与下一个爪手连接

(c) 第 2 步　　　　　　　　(d) 最后一步

图 2－63　RBR 机械臂移动操作

图 2—64 RBR 的连接关节模块、
末端作动器和转轴

每颗小卫星有一个机械臂、一个末端受动器、两个机械臂对接口和一个卫星对接口，每个机械臂有一定的机动控制范围。该卫星簇具有以下特点：

1）可重构性。卫星簇间可以通过机械臂对接口或卫星对接口进行连接，根据不同任务要求组成不同体系构型。连接后的卫星之间还可以进行电源和信息的交换。

2）体积小、质量小、费用低。每一个小卫星的体积、质量和费用都十分低，通过多颗卫星协调工作可满足高级任务的要求。

3）系统为分布式体系，卫星间互为备份。系统由多颗卫星组成，卫星间互为备份，能够降低失效风险。系统为分布式构型，每一颗机器人卫星可以具有不同功能。

东京理工学院展开了可重构带臂空间机器人的关键技术研究和地面演示试验。地面试验系统命名为 DISC（Dynamics and Intelligent Simulator for Clusters），由 3 个卫星模拟器、1 个试验平台以及机械臂系统、测量系统构成，通过气浮装置实现模拟器的 3 自由度运行。每个卫星模拟器装有氮气推力器和无线局域网通信系统，系统结构如图 2—66 所示，主要设计指标如表 2—8 所示。其中，机械臂长约 1 500 mm，质量约 30 kg。

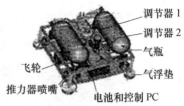

图 2—65　DISC 卫星模拟器　　　　图 2—66　卫星模拟器系统结构图

调节器 1
调节器 2
气瓶
飞轮
气浮垫
推力器喷嘴
电池和控制 PC

表 2—8　卫星模拟器主要设计指标

质量/kg	42
惯性矩/kg·m^2	2.4
气瓶压力/kgf/cm^2（Pa）	9.8×10^6
气瓶容量/L	8.6
控制周期/ms	50
通信速率/Mbps	5.0
推力/N	2.0
试验时间/min	5.0

　　试验中，通过安装在试验平台上的 CCD 相机对卫星模拟器进行拍摄确定其位置，通过光纤陀螺仪确定其姿态。RBR 机械臂的地面试验系统能够进行 5 自由度操作，能够进行连接与分离操作。进行的试验包括：1）卫星模拟器与机械臂对接重构试验，演示机器人卫星簇的在轨可重构性和机械臂的可转移性。2）RBR 机械臂远距离安装试验，演示对大型航天器结构的在轨检查。

　　第 1 个试验的具体步骤如图 2—67 所示，首先将 RBR 机械臂与 DISC1 连接，DISC2 接近 DISC1，RBR 机械臂与 DISC2 连接，然后 RBR 机械臂与 DISC1 分离，完成机械臂的转移，DISC1 与 DISC2 分离。

　　地面试验充分证明了 RBR 的任务执行能力，研究者还计划继续进行卫星簇编队飞行、卫星簇机械臂动力学试验和控制试验，以及对失控目标星的捕获和停靠试验等。

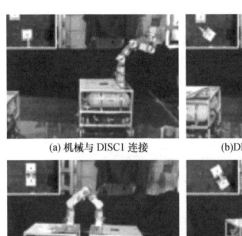

(a) 机械与 DISC1 连接	(b)DISC2 接近 DISC1
(c) 机械臂连接 DISC2	(d) 机械臂与 DISC1 分离

图 2-67　RBR 可转移性演示试验

2.4　加拿大的在轨服务技术

加拿大在轨服务体系的构建是以其领先的空间机器人技术为核心逐步展开的。加拿大先后研制了分别应用于航天飞机和国际空间站的两代空间机器人，为其先进的在轨服务空间机器人技术的发展奠定了基础。

2.4.1　航天飞机空间机械臂系统

早在 20 世纪 70 年代末，加拿大根据早期空间计划合同设计并制造了航天飞机专用的空间机械臂系统，即航天飞机遥控机械臂系统（Shuttle Remote Manipulator System，SRMS），也称加拿大臂（见图 2-68）。1981 年，第 1 个 SRMS 随哥伦比亚号航天飞机一起升空，可以用于部署和回收卫星、抓获目标、勘探样品，也可以作为航天员太空行走的一个移动工作平台。SRMS 由一个肩关节、肘拐和腕关节组成，肘拐和腕关节用上下机械臂杆隔开，共有 6 自由度。机械臂长 15.2 m，质量为 412 kg，能机动操作质量达 26 600 kg 的有效载荷。在迄今为止的 60 多次使用中，SRMS 的表现可谓完美无缺，尤其在 1993 年执行哈勃空间望远镜的修理任务中以及在 1998 年美国团结号节点舱与俄罗斯曙光号功能舱对接的 ISS 首次装配任务中取得了巨大的成功。

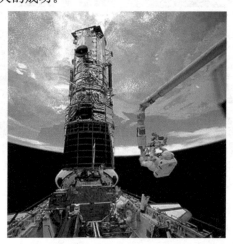

图 2—68　SRMS 协助航天员舱外活动维修哈勃空间望远镜

2.4.2　国际空间站的活动服务系统

鉴于 SRMS 取得的成就，加拿大被选中为国际空间站提供活动服务系统（Mobile Servicing System，MSS）。MSS 是一种能够提供在轨服务的高级空间机器人，将用于在轨装配、运输和维护有效载荷，还可作为建造和维修空间站本身的助手。MSS 由三大主要部件装配而成：空间站遥控机械臂系统（Space Station Remote Manipulator System，SSRMS）、专用灵巧机械手（Special Purpose Dextrous Manipulator，SPDM）和活动基座系统（Mobile Remote Servicer Base System，MBS）（见图 2—69）。

（1）空间站遥控机械臂系统

SSRMS 是 SRMS 的升级版本，比 SRMS 更大、更完善、更灵

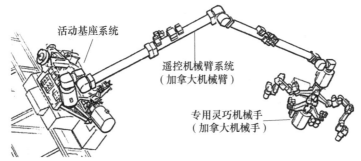

图 2－69　MSS 外形图

巧，能操纵最大质量高达 116 000 kg 的有效载荷（见图 2－70）。SSRMS 由 7 个关节和 2 个机械臂杆件组成，每个关节的末端均有一个自锁型末端执行器（Latching End Effector, LEE），机械臂杆件用来支撑电子设备和摇头/侧倾式摄像机。臂的一端可用作连接基座。SSRMS 的质量为 1 640 kg，所需的平均功耗和峰值功耗分别为 1 360 W 和 2 000 W。

图 2－70　SSRMS 外形图

SSRMS 从表面上看与航天飞机所用的加拿大臂很相似，而且也是由斯巴宇航公司建造，但实际上 SSRMS 要先进的多，在能力上也高出一筹。它可以处理质量高达 100 t 的物体，足以把装满货物的航天飞机拖到对接处。其操作精度也大大提高，在不带有效载荷时，能自动移动到距目标点约 6.4 mm 的范围内，而加拿大机械臂的精度是 152 mm。与加拿大机械臂不同，SSRMS 可进行力矩测量，操作人员由此可了解到臂承受的推力和拉力等数据，以便于控制。具有基本的避撞能力，能够捕获到慢速移动的有效载荷。空间站机械臂与航天飞机机械臂最引人注目的一点区别在于，航天飞机机械臂的一端必须固定安装在轨道器上，而空间站机械臂的两端都带有能锁定到抓固装置上的自锁型末端执行器，即都可以作为"肩关节"使用。这样 SSRMS 就能比较方便地改变自己的安装位置，方法是将末端执行器固定到新的安装点处，改用另一头抓取有效载荷。实际上，假如有足够多能够提供电力和数据连接的抓固装置，SSRMS 将能在站体结构上随处走动。由于多了一个腕部，SSRMS 上有 7 个关节，比 SRMS 多一个。大多数关节都能转动 540°。每个腕部都有 3 个关节，在俯仰、偏航和滚动方向上都可转动一周半。因此，SSRMS 的使用灵活性大为提高，对同一件工作通常可有多种途径来完成，而 SRMS 一般对一个任务只有一种解决途径。

（2）专用灵巧机械手

SPDM（见图 2—71）又被称作加拿大机械手，用于替代航天员进行出舱活动、装卸和操作小型设备，并进行空间站的维护等。SPDM 实际上是一个双臂机器人，共有 15 自由度，并带有多种专用工具和附件，将使站上的遥控操纵精度比 SSRMS 提高一个数量级。SPDM 的组成包括：2 个机械臂，每个机械臂的末端各有一个轨道

图 2—71　SPDM 外形图

替换单元/工具更换机构的末端执行机构；1 个上本体结构，与装有电子设备的两个电子控制平台装配在一起；1 个与 SSRMS 相连接的动力数据收集设备；1 个可与 MBS 或搭载有效载荷平台连接的自锁型末端执行器；1 个由本体滚动关节组成的下本体结构；1 个工具组合件；1 个 ORU 临时安装平台；2 个摄像机/闪光灯/摇头一侧倾装置组合件。滚动关节允许上本体相对于机械臂转动，以扩大摄像机的观测视场，并便于接近工具组合件和 ORU 临时安装平台。工具组合件是装有 4 种机器人工具的工具箱，这个工具箱由工具更换机构操纵。SPDM 长约 3.5 m，质量约 1 660 kg，拥有装卸 600 kg 质量的能力，其平均功耗和峰值功耗分别为 600 W 和 2 000 W。

（3）活动基座系统

MBS 是 SSRMS 和 SPDM 作业的一个稳定平台，该装置可沿位于空间站桁架外侧的固定轨道滑动。重 3 t，长约 5.5 m，有 4 个可供 SSRMS 安装的抓固装置，并有自己的摄像机及用于暂时固定维护器件和有效载荷的装置，为 SSRMS 提供侧向机动能力（见图 2—72）。

图 2—72 MBS 外形图

MBS 由几个重要的部分组成：

1）MBS 计算机单元（MBS Computer Unit，MCU）。主要用于提供控制与监控以及进行 MBS 的故障管理。

2）载荷/ORU 存储器（Payload/ORU Accommodation，POA）。主要用于载荷和 ORU 的短时间临时存储。

3）MBS 通 用 附 着 系 统 （MBS Common Attach System，MCAS）。主要用作提供载荷的暂时停放地点，包括结构接口及动力和数据接口。

4）4 个动力数据抓钩装置（PDGF）。用于支持 SSRMS 和 SP-DM 的连接紧固，同时也为舱外活动提供附着点。

5）加拿大远程能源控制模块（Canadian Remote Power Control Modules，CRPCMs），为 MBS 及附着的载荷提供能源。

MBS 已于 2002 年 1 月运送至国际空间站并投入使用，SPDM 于 2008 年 3 月 11 日搭载航天飞机安装于国际空间站并投入使用。

SSRMS 研制中遇到的许多难题都与寿命和维护性能要求有关。这种机械臂要在空间站上工作 15 年，而且必须能够接受在轨维护。因此，该臂被分解设计为一系列轨道可替换单元，可由航天员进行在轨更换。为保证可靠性，机械臂备有 2 套完全冗余的电子装置，而且还留有再安装第 3 套电子装置的空间，而航天飞机上的机械臂 SRMS 只采用了部分冗余。臂上遍布宇航电子设备，系统中有约 7 万行程序，软件的验证工作十分困难。总之，SSRMS 的成功研制为空间机械臂技术的发展奠定了坚实的基础。

2.4.3　发展规划

由于两代空间机器人计划都取得了巨大成功，加拿大政府已经制订了更为雄心勃勃的长期规划，可概括为：立足于现有的空间机械臂技术，开展可用于在轨服务的自由飞行机器人研究，并形成以空间机器人为核心的服务航天器队伍；进一步发展可接受在轨服务新型航天器，开展先进在轨服务技术研究，进而建立完整的在轨服务体系。其规划的具体内容为（见图 2—73 和图 2—74）：

1）2005～2010 年，以空间机器人研究为核心，内容包括：自由飞行空间机器人技术、机器人控制技术、在轨加注技术、可接受在轨服务航天器技术等。在德国 DLR 牵引展开的 TECSAS 计划中，CSA 负责可接受在轨服务航天器的设计研究工作，并参与服务航天器机械臂（Self-Adapting Auxiliary Robotic Hand，SARAH）、激光雷达以及相关电子系统的研制，目前已经完成适用于 ISS 加拿大臂的地面样机研制工作。

图 2-73　TECSAS 计划中的机械手 SARAH

图 2-74　面向 ISS 加拿大臂的 SARAH 机器手地面样机

2）2010～2020 年，以在轨服务与装配技术研究为核心，内容包括：实现多个空间机器人自主协作运行、发展大量可接受在轨服务航天器、提高空间机器人执行维护和修理任务的智能水平与灵敏度、研究以光学手段进行通讯的多个机器人协同组网技术等。

2.5　欧洲的在轨服务技术

欧洲在轨服务体系的构建主要以空间机器人机械臂技术的发展为核心展开。欧洲的在轨服务体系构建思路是：以机械臂技术为牵引，大力发展提供服务的空间机器人技术。其服务对象包括近地轨道和同步轨道卫星，且主要针对目前已经在轨运行的卫星提供检查维护和寿命延长服务。对于可接受在轨服务的下一代新型航天器的研究相对较薄弱。

2.5.1　德国的空间机械臂技术

在研制空间机器人方面，德国非常重视空间机械臂技术的研究。早在20世纪80年代，德国宇航中心（DLR）即开始了一项轻型机器人（DLR Lightweight Robots）研究计划，研究类似于加拿大的空间机械臂。1991年，DLR研制出了第1代机械臂LBR－I，其功能与加拿大的SRMS相仿，但尺寸更小。与此同时，开始了类似于加拿大SPDM的"机械手"（Hand）的研究。1998年，LBR－II和Hand－I分别研制成功，Hand－I如图2－75左图所示；2001年，第3代LBR即VIRTUAL以及第2代机械手即Hand－II分别研制成功，Hand－II如图2－75右图所示。

图2－75　DLR机械手

2.5.2　机器人技术试验（ROTEX）

1993年9月，德国在哥伦比亚号航天飞机的密封实验舱中进行了机器人技术试验（Roboter Technology Experiment，ROTEX），其中机器人手臂即源于 LBR-I。该机器人手臂长 1.4 m，6 个自由度，工作空间约 1.5 m³，属于舱内服务机器人。该机器人安装在空间实验室的导轨上，手爪上有 2 个 6 维的力/力矩敏感器、9 个激光测距敏感器、作用力敏感器和两个小型精密相机，构成一个多敏感器融合智能手爪。它既可由航天飞机的航天员操作，也可由地面操作员遥操作。在哥伦比亚号航天飞机上进行的飞行试验内容包括：航天员借助摄像机进行在轨遥操作，借助预测仿真系统的地面遥操作和基于敏感器的离线编程操作。机器人成功完成了机械装配、拔插各种电源接头和抓取浮游物体等任务。ROTEX 遥控机械手在空间微重力条件下遥控抓获了漂浮的小球，在 20 世纪 90 年代初引起了轰动。由于 ROTEX 第 1 次演示了在空间中完全由机器人代替航天员进行在轨服务操作的可能性，从而引发了全球对于这一技术的研究热潮，被当作空间机器人领域的一个里程碑事件（见图 2-76，图 2-77 和图 2-78）。

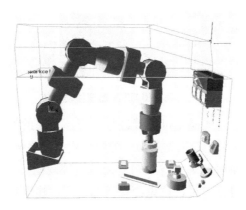

图 2-76　ROTEX 机械臂示意图

2.5.3　试验服务卫星计划

在 ROTEX 之后，DLR 开始进行自由飞行服务卫星的自主交会对接动力学研究，对应项目为试验服务卫星（The Experimental Servicing Satellite，ESS）。该服务卫星具有一个机械臂，用于试验

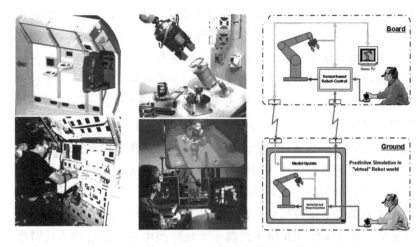

图 2—77　ROTEX——1993 年第 1 次远距离控制空间机械臂

图 2—78　ROTEX 捕获浮动物体

在空间环境下通过遥操作机械臂进行对损坏卫星的捕获、检查和修理等操作。完全采用地面站遥操作控制方式，主要解决遥操作时延、指令补偿以及如何应对太空未知复杂环境等问题。该试验以 TV-Sat-1 卫星为目标卫星，首先检查目标卫星，建立和修改模型，最后锁定并捕获卫星进行太空修理作业（见图 2—79）。

　　安装在服务卫星上的机械臂的运动必须反馈给其运载系统，即服务星，以此避免可能引起的与目标星之间的碰撞。因此，服务星上机械臂的运动必须通过模拟、仿真计算，甚至还需要地面系统对其进行修正。为了在机械臂工作时模拟服务星的动力学行为，在地面进行了相关试验，如图 2—80 和图 2—81 所示。

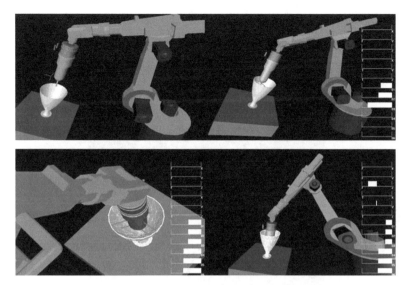

图 2—79　ESS 捕获一个损坏卫星的过程

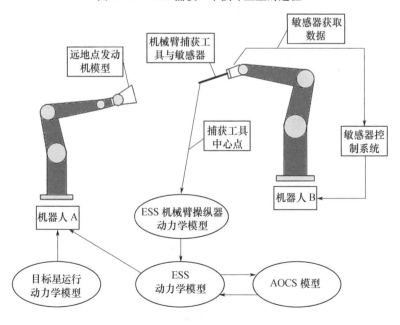

图 2—80　地面试验框图

　　机器人 A 用于模拟目标星，机器人 B 模拟服务星对其进行捕获和对接。在两星模拟中引入姿态指向控制系统（Attitude and Orientation Control System，AOCS）对两星的运动进行动力学仿真（见图 2—81）。

图 2—81　地面试验系统

　　试验中，对接捕获工具包括 6 个激光测距仪、1 个安装在手腕上的力/力矩敏感器以及 1 个立体摄像机组。在接受服务的机器人上安装有 1 个原始尺寸大小的目标星远地点喷管，进行零重力条件下的刚性倾斜运动。服务机器人安装在浮动基座上，通过将捕获工具插入远地点发动机捕获目标星（见图 2—82 和图 2—83）。

图 2—82　捕获工具的设计图

2.5.4　同步卫星轨道重置机器人计划

　　于 2002 年开始进行的同步卫星轨道重置机器人（Robotic Geo-

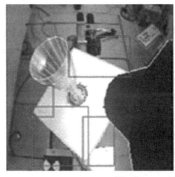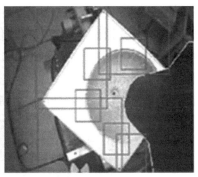

图 2—83　地面试验捕获过程

stationary Orbit Restorer，ROGER）计划，用于研究如何在地球静止轨道捕获非合作目标星以及将其拖离运行轨道等（见图 2—84）。

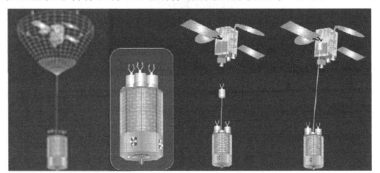

图 2—84　ROGER 计划中设想的两种捕获方式

　　在捕获方法的选择上，具体分析了两种方法。这两种都包含一个配置有绳索的追踪星，在绳索的末端是一张网或者一个机器人夹钳，用于捕获目标星。目前对这两种方法的可行性以及动力学行为均进行了深入分析研究，并对机器人夹钳方案进行了初步的概念设计。该计划的研究已经终止。

2.5.5　轨道寿命延长系统

　　轨道寿命延长系统项目（Spacecraft Life Extension System，SLES）由 DLR 与轨道恢复（Orbital Recovery）公司合作，研制寿命约为 10～15 年的在轨服务卫星——轨道寿命延长飞行器（Orbital

Life Extension Vehicle，OLEV），用于为干质量为 2 500 kg 以内的地球同步轨道 3 轴稳定商业卫星提供推进、定位与导航服务，以使目标星延长 10 年寿命（见图 2—85）。同时它还可作为太空拖船用于营救其他处于错误轨道位置的飞行器。OLEV 可能将成为首个商用在轨服务航天器，目前预计的服务费用为 2.5 亿美元。

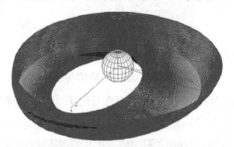

图 2—85　OLEV 从 LEO 到 GEO 轨道转移示意图

　　OLEV 从发射到与运载器分离再到轨道转移至地球同步轨道，需要 120～150 天，可携带 120～140 kg 的氙气燃料。由于任务周期较长，不能满足快速响应的要求，因此，轨道恢复公司设想通过以下两种方式提高 OLEV 的任务响应能力：

　　1) 通过将 OLEV 与退役的卫星对接并使其恢复功能，可以为新的卫星或星座系统提供热备份。当运行中的卫星出现任何紧急情况，OLEV 即可迅速启动与其对接的退役卫星开始代替工作，从而满足响应时间和费用的需要。

　　2) 将 OLEV 预先放置于目标卫星或星座轨道，当其他卫星的发动机出现故障时，OLEV 能够迅速与其对接并使其恢复正常，从而满足快速响应的要求。

　　OLEV 作为 SLES 项目中的服务航天器，其提供在轨服务的方式是将 OLEV 整体作为推进模块与 GEO 目标星对接，使由于燃料耗尽而退役或失效的卫星恢复工作、延长寿命。随着 OLEV 技术的发展与成熟，轨道恢复公司计划进一步发展 OLEV Mark Ⅱ 系统。该系统能够提供在轨模块更换、电源与燃料补给等更多的在轨服务，从而能够进一步降低 GEO 卫星的研制、维护费用与风险（见图 2—86）。

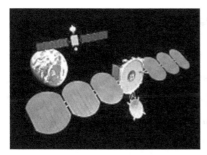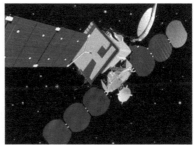

图 2－86　SLES 在轨对接示意图

2.5.6　赫耳墨斯计划

与 SLES 项目相似，ESA、DLR 以及宇宙（Kosmas）公司正在合作进行赫耳墨斯（Hermes）计划（见图 2－87）。赫耳墨斯计划包括一个 350 kg 的"实用代理"（Utility Agent）航天器，可将在站点

图 2－87　赫耳墨斯计划中在轨加注的想象图

保存的燃料转移给位于地球静止轨道的通信卫星，或为目标航天器安装一个火箭发动机实现再次推进入轨。预计燃料加注费用为每50 kg 推进剂约 1 300 万美元。据称，实用代理航天器可为 3 颗卫星加注燃料。卫星的燃料加注需要一个特殊的耦合设备，该设备需要花费 6 500 万美元。一部分在发射前安装在用户卫星的燃料阀上，另一部分安装于实用代理航天器。该航天器还可以将 Kosmas 公司研发的 Kinitron 火箭发动机安装到用户卫星上，将其送入轨道。每个发动机需花费 650 万美元，可携带 50 kg 的推进剂，并可重复加注燃料。

2.5.7 空间系统演示验证技术卫星计划

空间系统演示验证技术卫星（Technology Satellite for demonstration and verification of Space systems，TECSAS）项目由 DLR、EADS 和巴巴金（Babakin）空间中心 3 家研究机构合作进行，计划研制一个可接受在轨服务的目标航天器和一个装有 7 自由度机器臂与捕获系统的服务航天器。该项目采用俄罗斯的多功能轨道推进平台作为服务星和目标星的基础模块。TECSAS 的目标是在轨验证空间机器人软、硬件方面的关键技术，以改进空间维修服务系统。通过进行远距离机动、近距离接近、绕飞检测、与目标星编队飞行、捕获目标星、组合体稳定调姿与轨道机动、地面遥操作进行主动控制和被动控制以及组合体离轨操作等，演示验证先进在轨服务技术中部分软、硬件系统的有效性（见图 2-88）。

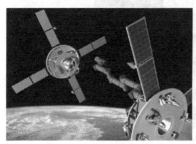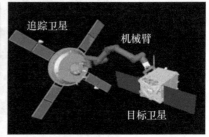

追踪卫星

机械臂

目标卫星

图 2-88　TECSAS 在轨对接示意图

该计划已于 2006 年终止，取而代之的后续研究项目为德国在轨服务任务计划（Deutsche Orbitale Servicing Mission，DEOS）。除了继续进行研究上述 TECSAS 计划的在轨服务技术外，还重点对非合作目标的接近与捕获技术进行研究。

2.5.8 自动转移飞行器

自动转移飞行器（Automated Transfer Vehicle，ATV）是欧空局 ESA 研制的极具挑战意义的航天器，用于未来向国际空间站提供后勤服务。ATV 从 20 世纪 80 年代中期开始，经过近 20 年的研制，终于在 2008 年 3 月 9 日成功首飞，并与 ISS 自主对接完成首次货物运输，成为欧洲第 1 个与 ISS 实现自动对接的航天飞行器（见图 2－89）。

图 2－89　自动转移飞行器 ATV

承担 ATV 研制工作的公司包括 10 个欧洲国家的 30 家公司，以及俄罗斯和美国的一些公司。其中，欧洲航空防务和航天公司（EADS）是 ATV 的主承包商。在研制工作中，ESA 为 ATV 投入了大量的人力和物力，并获得了许多宝贵经验。

ATV 货运能力约为 7 667 kg（ATV 总质量为 20 750 kg），其中包括运送到国际空间站 ISS 的货物和用于 ISS 推升和姿控的推进剂。ATV 主要为空间站提供后勤服务，具体包括：在增压环境下运送货物，如水和气体；清运并销毁 ISS 垃圾；为 ISS 补给燃料；辅助提升空间站轨道和调整空间站姿态（为了 ISS 的姿控和再推升，ATV 依靠自身的推力器提升 ISS 的轨道高度，所耗推进剂可达 4.7 t）。按照设计，ATV 由阿里安 5 运载火箭从法国圭亚那库鲁发射场发射，携带货物进入预定的距地球 260 km 高、倾角 51.6 °的近地转移轨道，然后 ATV 从阿里安 5 火箭上分离，启动导航系统，推力器点火将其送入 ISS 转移轨道，最终与 ISS 对接（见图 2－90）。

实际对接将是完全自动的。如果出现紧急情况，ATV 的计算机和空间站上的航天员都能够启动避撞的预编程序，该程序完全独立于主导航系统。凭借该备份系统，ATV 增加了一个完全安全的等级。ATV 安全对接后，空间站上的航天员能够进入货舱搬运有效载荷，包括维护和补给物资、科学设备、新鲜食物、邮件、家人磁带

图 2—90　ATV 飞行任务示意图

或光盘等。同时，ATV 上的液体贮箱将与空间站管道系统相接并为其提供加注。在 ATV 与 ISS 相连的大部分时间中，ATV 都处于休眠状态，只有连接处舱口开放。航天员可以有条不紊地向货舱填充空间站垃圾。每隔 10～45 天，ATV 用自带推力器推升空间站高度。一旦补给任务完成，航天员将关闭装有垃圾的 ATV，ATV 自动与空间站分离。推力器利用剩余燃料重新调整 ATV 轨道，进行可控破坏性再入飞行（与一般载人飞行器较小的倾角平滑再入不同），最后在太平洋上空烧毁。

ATV 作为太空拖船是指 ATV 完成任务后，利用剩余推进剂将另一个由一次性运载火箭发射的货舱从较低轨道推升到 ISS。具体步骤如下：

1) 在 ATV 完成任务之前，一个货舱由地面发射进入太空；

2) ATV 与 ISS 分离后同该货舱交会对接；

3) 交会对接成功后，ATV 将该货舱推升到 ISS；

4) 货舱卸装完毕后同 ATV 一起离开 ISS；

5) 再入大气层时，ATV 同货舱分离；

6) 货舱依靠一套大型充气回收系统返回地球。

在民用领域，ATV 的潜力包括：

1) 将卫星等航天器推至更高轨道，从而降低航天运输成本；

2) 为空间站工作的航天员运送设备和补给品；

3）除运送货物外，还可以用作空间站的附属活动室；

4）清运空间站垃圾。

在军用领域，ATV 的潜力有：

1）对己方航天器进行加注、维修等服务或将其转移到更高的轨道（从 LEO 到 GEO）；

2）破坏敌方的轨道资源，比如将敌方卫星推离正常工作轨道；

3）作为天基平台，部署反导武器和反卫星武器等，如天基激光。

2.5.9　其他空间机械臂计划

（1）JERICO 机械臂

欧空局与意大利空间局合作开发的一个小型空间机器人系统 JERICO 机械臂，臂长 1.5 m，具有 7 个自由度，手抓上带有力敏感器和距离敏感器，需要时 JERICO 臂可以安装在欧洲机械臂 ERA 的末端，以执行较为精细的操作。JERICO 系统在 1998 年成功装配于空间站米尔模块并工作至今（见图 2-91）。

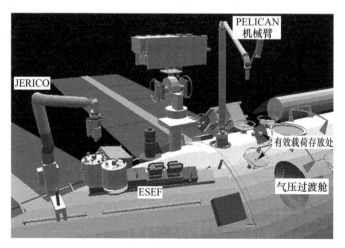

图 2-91　JERICO ARM 安装示意图

（2）蜘蛛臂

蜘蛛臂（Spider Arm）机器人由意大利空间所 ASI 研制，从

1995 年开始应用于国际空间站的米尔模块。蜘蛛臂机器人有 7 个旋转关节，每一个都由独立电机组提供动力，可实现 7 自由度运行。该机械臂可以用于舱外服务系统，同时也可用于内部载荷自动化控制（见图 2—92）。

图 2—92　蜘蛛臂机器人示意图

（3）欧洲机械臂 ERA

欧空局（ESA）在国际空间站的俄罗斯部分安装了一个欧洲机器人手臂（European Robotic Arm，ERA），该机械臂长 11 m，具有 7 自由度，对称结构，两端各有一个手腕，利用两个手腕可使机械臂在空间站上移动。ERA 主要用于在轨装配和其他舱外服务（见图 2—93）。

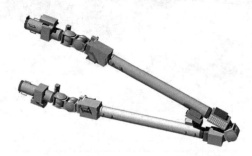

图 2—93　带 CLU 的欧洲机械臂系统

欧洲机械臂的相关技术参数如下：

总长　　　　　　　11 300 mm
有效范围　　　　　9 700 mm

精确度　　　　　　3 mm

最大移动速度　　　200 mm/s

发射载重　　　　　630 kg

工作载荷　　　　　8 000 kg

平均能耗　　　　　475 W（120 V 直流电）

峰值能耗　　　　　800 W（120 V 直流电）

制作材质　　　　　轻型碳纤维管及铝制接头

摄像与照明单元（CLU）摄相机系统是欧洲机械臂组成系统之一（见图 2—94），由 4 部摄像机组成，主要任务是为航天员提供图像，并为 ERA 控制计算机指示目标方位。每个摄相机配备一台内置激光二极管照明装置。主要技术指标如下：

波长范围　　　　　780～820 nm

摄像装置　　　　　550×288 像素

体积　　　　　　　457 mm×208 mm×153 mm

发射载荷　　　　　10 kg

能耗　　　　　　　30 W

工作环境　　　　　−40℃～+55℃

图 2—94　CLU 摄相机系统

人机接口也是欧洲机械臂组成系统之一，主要用于航天员舱外活动时对机械臂进行有效控制。该设备是随着 ERA 项目一起研制成功的，主要部件包括控制中枢显示设备和接口系统，通过主控制平台与 ERA 总控制计算机总线相连（见图 2—95）。

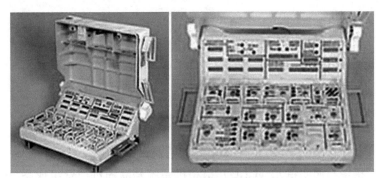

图 2—95   EVA—MMI 外观示意图

欧洲机械臂具有一个避撞系统（Application Layer Software and Collision Avoidance System），可以通过 3 维几何模型实时评估计算碰撞风险系数，确保国际太空站的安全运行。

第 3 章 航天器在轨服务的任务分析

3.1 在轨服务的典型任务

顶层规划在轨服务技术研究的重要内容之一就是在轨服务的任务分析。对航天器在轨服务技术进行研究，首先需要明确服务任务的具体内容和实现方式，由此确定所需掌握的支撑技术和所需发展的各类软/硬件设备。

由第 1 章可知，航天器的在轨服务主要包括在轨装配、在轨维护和后勤支持这 3 类任务，下面将进一步分析其可能包含的具体任务。

（1）在轨装配

空间系统从顶层到底层的装配任务可以分为以下几个层次。

1）第 1 个层次：多航天器之间的装配，即两个或多个能够独立运行的航天器在轨组成一个更大规模的航天器设施。该层次的航天器装配亦称为在轨航天器组合。

2）第 2 个层次：在一个已经在轨运行的航天器上增加一些模块，以增强这一航天器的功能，亦称为在轨扩展。

3）第 3 个层次：将一些不能独立运行的航天器舱段或模块组合成一个能够独立运行的航天器，比如将神舟飞船的推进舱、服务舱、轨道舱在轨组合成飞船系统，又比如将某颗卫星的推进模块、结构模块、控制模块、太阳帆等在轨组装成一颗卫星，亦称为在轨整星组装。

4）第 4 个层次：零部件在轨组装成为具有一定特殊功能的航天器模块，比如推进模块、成像观测模块、武器发射模块等，亦称为在轨模块组装。

5）第 5 个层次：利用空间环境中生成的独特材料制造具有一定功能的零件继而装配成部件，亦称为在轨制造。

（2）在轨维护

在轨维护包括三个方面的内容：一是预防性空间维护，二是纠正性空间维护，三是升级性空间维护。

预防性空间维护指在空间系统损坏前所进行的检查和保养工作，可以包括在轨观测、在轨检查、在轨校准、在轨更换寿命到期的部件、在轨去除污染物、在轨测试和在轨检验等。

纠正性空间维护指将系统错误恢复至某一特定状态的活动，包括在轨故障诊断与隔离、在轨修复及修复后的重新启动等。在轨修复包括对故障模块的更换、对航天器表面涂层的修补等。

升级性空间维护指针对航天器功能升级或更换所需进行的空间维护，主要是模块的增加与更换。模块增加任务可以归结为在轨装配中的在轨扩展；模块更换任务包括在轨软件和硬件两类替换。

（3）后勤支持

后勤支持主要包括：

1）在轨气液加注。主要指推进剂、高压气体、激光工质等的在轨加注。

2）在轨消耗品更换。主要指燃料贮箱、蓄电池、胶片等封装消耗品的更换与补充。

3）在轨消耗性载荷补充。主要指消耗性载荷，如天基武器携带的有效载荷等的在轨补充。

4）轨道清理。主要指清除轨道垃圾，为航天器的在轨运行提供安全可靠的轨道环境。

5）轨道转移。主要指将在轨运行的航天器转移到另外一个轨道，从而执行其他的空间飞行任务。

6）在轨发射。主要指在轨发射各种航天器。

综合考虑上述三大类型的在轨服务任务，建立在轨服务的任务体系结构如图 3-1 所示。

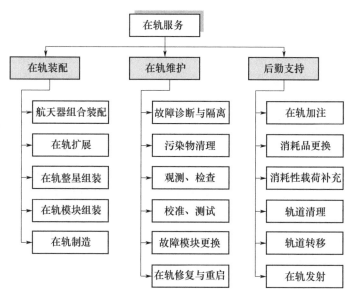

图 3—1 在轨服务任务体系结构

除上述在轨服务任务体系结构的划分方法外，还存在其他划分方法，如根据航天器从入轨到寿命结束可能接受的服务分为五类，包括航天器启动、维护、维修、更新升级和停止工作，具体如表 3—1 所示。

表 3—1 在轨服务任务分类

服务类型	特 点	服务操作	功 能
启动	计划且预定	激活、初始化	在轨组装、初始化加注、装载、在轨部署展开、检测测试
维护	计划且预定	维护、保持、防护、更换设备	补给、模块/设备更换、加注、污染清理、检测测试、外部观测诊断
维修	未计划且未预定	修理、恢复、调整、矫正	对未预料的偶然失效或降级进行维修、对错误进行更正
更新升级	计划而未预定	升级、任务扩展、任务改变	模块更换、更新程序、更新设备
停止工作	计划而未预定	任务结束关机、脱离轨道	整星关机、回收/返回地面、转移至废弃轨道

表 3—1 中，"计划"是指在航天器设计和飞行任务制定时考虑即将出现的事件，如在设计航天器部分设备、部件及耗费品携带量时，就充分考虑在航天器寿命内将会进行的在轨更换和补给。"预订"是指在航天器设计和飞行任务制定时确定在轨服务操作事件的执行时间，如预先确定航天器耗费品补给的时间和周期、部件模块的寿命周期和更换时间、对航天器进行检测和测试的时间和周期等。对于航天器出现偶发性失效和故障的情况，这一类维修任务不能预先计划与安排，属于未计划且未预订的服务任务。对于部分航天器模块更新、升级等任务，在设计时考虑了模块更换升级等应用要求，但是更换任务的执行时间需要根据具体的航天器在轨运行情况及用户需求而定，因此，具体的执行时间不能预订，属于计划而未预订的在轨服务任务。

3.2　在轨服务的任务规划

一个在轨服务往往可以通过多种方式实现，因此，必须进行合理的任务规划。在服务的客户系统已知的情况下，执行一次在轨服务任务需要确定以下 3 方面的内容：

1）确定服务系统。确定执行在轨服务的航天器类型，根据第 1 章讨论可知，可选的航天器主要包括 4 类：大型在轨服务平台、微小服务卫星、空间机器人和载人航天器。各类服务航天器的在轨服务能力各具特点，适用范围有限，因此，需要根据客户系统的特点、服务要求以及经济效益、任务响应等多种因素，对服务航天器进行综合考虑和选择。

2）确定服务任务执行位置。服务位置主要分为两种：服务航天器机动至客户系统轨道，与客户系统交会对接或伴/绕飞，执行在轨服务任务；客户系统转移至服务平台接受服务。客户系统的轨道转移可以通过轨道转移运输系统辅助实现，也可以通过客户系统自身进行轨道机动实现。

3) 确定人－机服务方式。确定人－机服务方式是指对服务操作进行人/机分工，确定服务操作任务的具体执行者。主要有 3 种方式：通过航天员进行舱外/舱内活动执行任务；通过微小服务卫星或空间机器人自主执行任务；通过人/机配合执行任务，如通过地面遥控或航天员舱内遥操作机械臂进行服务操作、航天员舱外活动与空间服务机器人配合操作等。

上述 3 个方面的选择中，对于服务系统和服务任务执行位置的选择统称为确定服务执行方式。下面从服务执行方式和人/机服务方式两个方面对于在轨服务的任务规划进行阐述。

3.2.1　服务执行方式

根据服务系统的 4 种类型，对服务执行方式划分为以下 3 大类：

1) 大型在轨服务平台服务；

2) 微小服务卫星与空间机器人机动自主服务；

3) 载人航天器机动服务。

3.2.1.1　大型在轨服务平台服务

大型在轨服务平台既包括为各类航天器提供在轨组装和维修维护等服务的大型空间平台，也包括具有大机动能力，能够为多个客户系统（目标航天器）提供在轨服务的大型机动平台。

（1）大型空间平台在轨服务

由第 1 章的分析可知，大型空间平台的特点主要为：结构尺寸大、存储燃料等消耗品和在轨可替换单元的数量多、携带辅助在轨服务操作的设备装置丰富、支持航天员的入住管理、能够支持实现多种复杂的在轨服务操作。采用该平台进行在轨服务，需要将目标航天器转移至平台接受服务操作，即服务位置为空间平台。在此条件下，需要目标航天器具备轨道机动、与服务平台进行交会对接的能力，或者需要具备轨道转移飞行器能对目标航天器进行捕获并将其转移至平台的条件。可以确定以下 4 种服务任务想定。

① 目标航天器自主机动至空间平台进行常规维护

目标航天器具备自主轨道机动能力，能够根据预定设计的周期自主机动至服务平台接受维护服务，例如：燃料等耗费品的补给，蓄电池、胶片等封装消耗品的更换，部分仪器部件的定期检查、校正和维护等。

② 目标航天器自主机动至空间平台进行偶发故障的维修

目标航天器偶然会发生未曾预料的仪器故障和功能失效。在不影响航天器自主轨道机动能力的条件下，目标航天器自主机动至空间平台接受故障设备的更换或维修。

③ 目标航天器通过轨道转移运输系统辅助机动至空间平台进行常规维护

目标航天器不具备灵活的轨道机动能力，需要在轨道转移飞行器的辅助下与服务平台交会对接实现周期性在轨维护，完成维护后通过轨道转移飞行器将其再次转移投送至目标轨道。

④ 目标航天器通过轨道转移运输系统辅助机动至空间平台进行偶发故障的维修

这种情形的过程与③相同，只是该服务是在目标航天器偶然发生未预料的故障时执行。

服务任务想定③和④中，要求通过轨道转移运输系统将目标航天器转移至大型在轨服务平台接受在轨服务，由此对运输系统提出了较高要求，要求其具备自主大范围机动能力，能够自主与目标航天器进行交会对接、捕获目标航天器、携带目标航天器进行组合体轨道转移、将目标航天器转移至服务平台。完成一次轨道转移任务后，能够在空间平台接受燃料补给和常规维护，以准备进行下一次任务。

通过大型在轨服务平台提供在轨服务具有以下优势：

1）大型在轨服务平台能够在轨道长久驻留，随时具备响应在轨服务任务的能力。航天飞机与之相比相差很远，其在轨驻留时间仅为 7～14 天，因此，对在轨服务任务的执行有较大限制。

2) 大型航天器能够为目标航天器的服务操作提供一个良好稳定的运行环境，包括良好的热环境、无光压、无电磁污染、轨道碎片防护等，这些特点是其他任何服务航天器都无法提供的。

3) 对于有人管理的大型在轨服务平台，航天员通过发挥主观能动性能够及时对各种空间任务需求和偶发状况作出反应，从而大大提高任务响应能力。

（2）大型机动平台在轨服务

大型机动平台除具备上述大型空间平台的特点外，最大的优势是具备大范围灵活机动的能力，因此，该平台能够机动至目标航天器位置进行在轨服务。大型机动平台提供在轨服务的任务想定为：平台接到任务命令后，自主机动与目标航天器交会对接；完成对该目标航天器的服务任务后，继续根据任务列表机动至下一个目标航天器进行服务，实现一对多机动服务。

通过大型机动平台进行在轨服务，除具有大型空间平台在轨服务的优势外，还具有以下优势：具有灵活机动能力，可直接机动至目标航天器提供服务操作。一方面降低了对轨道转移运输系统的要求，另一方面提高了任务响应能力。能够在接到服务任务后立刻向目标航天器机动提供服务，完成服务后目标航天器即可投入使用。无须通过轨道转移运输系统往返飞行获取目标航天器，完成服务操作后还需将其送回指定轨道，由此花费大量的运输时间，大大增大目标航天器停止工作期间的损失。

但是，也正是由于上述优势，带来的问题是：大型机动平台的灵活轨道机动对其自身燃料等耗费品的补给提出了较高要求。因此，在大型服务平台的设计与任务选择时需要充分综合考虑各种因素，提出经济合理的服务方案。

3.2.1.2　微小服务卫星与空间机器人机动自主服务

（1）微小服务卫星

微小服务卫星自主服务是指通过微小服务卫星自主轨道机动或搭乘轨道转移运输系统进行轨道机动，与目标航天器交会对接，为其提供在轨服务。微小服务卫星体积小、质量小、操作敏捷，能够安全可靠的为目标航天器提供设备检测校正、辅助调姿变轨、燃料补给加注等；也可以通过近距离伴飞对目标航天器进行拍摄观察，或者通过携带喷射装置对目标航天器进行镜头清洗和对表面材料进行修补等。由于微小服务卫星携带的推进剂有限，轨道机动范围有限，因此，对于距离在其机动范围以外的目标航天器进行服务还必须借助轨道转移运输系统进行辅助变轨。同时，微小服务卫星不具备先进的机械臂等装置，无法完成一些复杂精细的服务操作，其服务内容受到一定的限制，因此，主要用于进行无需机械臂即可完成的在轨服务，包括：外部拍摄观察、检测校正、燃料加注、表层修复、污染清理等。在目标航天器的特殊设计支持下，微小服务卫星还可以进行简单的模块更换和补加操作。

（2）空间机器人

空间机器人包括自由飞行空间机器人和附着机器人两类。

自由飞行空间机器人提供在轨服务包括两类：1）仅携带简单喷气推进装置在空间站附近的宇宙空间自由飞行或浮游，代替航天员完成舱外作业。通过该类服务能够大大减轻航天员舱外活动的负担，协助航天员高效地完成服务任务。2）具有一定的轨道机动能力，能够进行自主变轨机动至目标航天器，为其提供服务。该类服务与微小服务卫星提供的自主服务相似，但由于其安装有先进的机械臂系统，因此，服务能力比微小服务卫星更强大，能够执行更为精细复杂的服务操作，如 ORU 模块移除更换等。与微小服务卫星存在的问题相同，空间机器人携带的推进剂有限，轨道机动范围有限，因此，对于距离在其机动范围以外的目标航天器进行服务还必须借助轨道转移运输系统进行辅助变轨。

附着机器人既包括固定于航天飞机、空间站或者其他服务平台上的机械臂系统，也包括可以在航天器平台内部进行科学实验、科学载荷维护服务和其他管理的机器人，还包括在航天器表面根据预定滑轨进行移动"爬行"的小型机器人系统。因此，附着机器人局限于其所附着航天器的周围和内部进行服务操作。一方面，安装于大型在轨服务平台的附着机器人能够为服务平台的目标航天器提供服务操作，另一方面，附着机器人能够为服务平台自身提供服务操作，包括平台自身的检测、修复，在平台内部协助航天员执行单调程式化的试验操作和管理工作等。

微小服务卫星和自由飞行空间机器人执行自主在轨服务有两类任务想定：

1) 服务航天器运行于预定停泊轨道或停靠于空间平台，接到服务任务命令后，自主机动至目标航天器进行常规维护或故障维修。如果需要服务航天器与目标航天器永久对接，如服务航天器作为补加舱段与目标航天器集成，则就此完成在轨服务。否则完成该次服务后，两者分离。服务航天器进入预定停泊轨道运行等待下一次任务，或者根据需要到大型在轨服务平台对其自身进行维护，或到后勤物资存储平台获取物资补充，然后停靠于该平台等待下一次任务，或者进入预定停泊轨道运行等待下一次任务。

2) 确定服务任务后，从地面发射服务航天器，执行在轨服务任务。完成任务后，服务航天器可能的运行方式与第 1 种任务想定相同。

综合上述两种任务想定，将微小服务卫星与空间机器人机动自主服务的任务流程图总结如图 3-2 所示。

3.2.1.3　载人航天器机动服务

载人航天器机动服务主要指载有航天员的航天器通过轨道机动与目标航天器交会对接进行服务的方式。根据任务响应方式分为两类任务想定：

(1) 航天飞机/载人飞船由地面发射入轨进行在轨服务，完成任务后返回地面

目前，航天飞机执行在轨服务即属于该类型。通过地面发射入轨，可以有充足的时间和条件为执行服务任务进行充分准备。特别是对于目标航天器的未能预料的偶发性故障和功能失效，需要在地

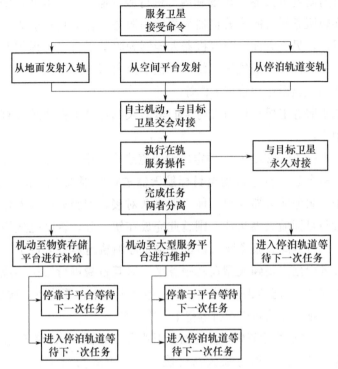

图 3—2　微小服务卫星与空间机器人机动自主服务任务想定流程图

面进行故障分析、模拟，以确定合理可行的维修解决方案，甚至需要针对具体的故障维修任务开发相应的软、硬件设备。从地面发射执行在轨服务任务存在的问题是响应时间太长，因此，该服务方式主要应用于对任务响应要求不高的服务任务，或者解决故障失效问题必须通过地面准备特殊装置、制定特殊服务方案的服务任务。

（2）载人轨道转移飞行器从大型服务空间平台在轨发射机动服务，完成任务后返回平台

载人轨道转移飞行器直接从大型服务空间平台在轨发射，与目标航天器交会对接提供服务。该方式最大的优势在于任务响应时间短，能够大大降低由于目标航天器失效而带来的损失。但是，由于直接从空间平台进行发射，准备时间短，可携带的服务工具和备用

器件只能直接从空间平台获取，类型和数量十分有限。因此，该方式可以执行的服务任务范围也是有限的，主要执行一些有预先安排的服务任务，如常规维护等，或者对有预先考虑且做好维修准备的故障问题进行服务。

3.2.2　人－机服务方式

在确定在轨服务航天器和服务位置后，需要对具体的在轨服务操作执行者进行选择，主要是对人－机任务进行分工，实现最优服务方式。

3.2.2.1　有人在轨服务

有人在轨服务是指由航天员主导或有航天员参与的空间在轨服务活动。有人在轨服务主要通过两种方式实施：舱外活动（EVA）和舱内活动（IVA）。目前，美国与苏联多次成功进行了有人在轨服务，充分证明了其可行性和重要性。有人在轨服务的最大优势在于其极大的灵活性，航天员能够根据具体问题进行随机应变和判断处理，从而有效解决实际操作过程中可能出现的但未能预料的困难与问题。但是，从航天员安全、任务费用、生理限制等方面考虑，有人在轨服务也存在很大的局限性。因此，有人在轨服务主要应用于轨道环境安全、工作强度符合航天员健康要求、服务操作需要较强灵活应变能力的服务任务。本书将在第 5 章详细讨论有人在轨服务技术。

3.2.2.2　自主在轨服务

自主在轨服务是指没有航天员现场参与的空间在轨服务活动，具体包括以下 3 类实现方式：

1）人员遥操作在轨服务；

2）人员监控下自主服务；

3）完全自主在轨服务。

自主在轨服务除了在执行任务灵活性方面较有人在轨服务稍弱一些，其他方面都有很强的优势，能够进行在轨加注、在轨模块替换等多种服务，并且能够进行低成本低风险的运行操作。因此，该类服务方式具有更强的通用性和可行性。本书将在第 6 章详细讨论自主在轨服务技术。

3.2.2.3　人—机配合在轨服务

自成功进行了有人在轨服务以来，关于有人在轨服务合理性的讨论一直进行着。有的从航天员安全角度出发，认为自主在轨服务更为合理；有的从操作准确性与可靠性出发，认为航天员直接参与在轨服务更为合理。总之，到底采用哪种在轨服务方式必须根据具体情况进行评价分析，需要充分考虑发射运输、任务费用（含航天员生命支持系统与安全救生系统的额外费用）、可靠性、机器人遥操作任务的精度要求、在轨操作工具与仪器的适用性以及太空环境的影响等多种因素。

有些在轨服务任务仅依靠航天员舱外活动是无法完成的（如超出航天员生理极限），仅依靠机械装置自动执行也是无法完成的（如自动化机械装置的灵活性和准确性无法满足要求），由此提出将航天员舱外活动在轨服务与自主在轨服务相结合的人—机配合服务方式。

以在轨组装为例，在轨组装的方式包括航天员组装、机械臂自动组装和航天员参与下的机械臂组装 3 种方式。对于空间望远镜的在轨组装，一方面需要考虑航天员的安全性，另一方面还需要考虑光学镜头不能受到任何污染以及安装的精确性。如果单独通过航天员进行组装，则存在航天员安全问题和费用过高等问题；单独通过机械臂自动组装，则对机械臂技术的软/硬件要求都非常高，难度非常大，因此，航天员监督管理下的机械臂组装更为可行。对于将大型组件从存储位置运输到组装位置附近这样的不需要太要求精度高的操作，可以由机械臂自动完成。对于安装等要求调整精度高的操作，则需要航天员对机械臂的自动操作进行监督并根据需要实时调整机械臂的操作，甚至直接参与安装操作，以保证精度要求。由此说明通过自动化机械装置和有人参与的舱外活动配合进行在轨服务能够将两者优势结合起来,从而更高效率的完成在轨服务任务。

3.3 在轨服务任务的执行序列

典型在轨服务的实现需要整个在轨服务体系中各个组成系统的紧密配合才能实现,一个典型的在轨服务任务的执行主要包括以下序列:

1) 运输系统将服务航天器发射入轨,服务航天器向目标航天器接近机动。

2) 对目标航天器进行外部观测检查。主要指对目标航天器进行近距离观察,以对其运行状态进行评估,发现、定位故障问题。如果目标航天器受到外部损伤,则通过该项检查可以确定损伤位置。如果通过该项初步检测确定目标航天器受损严重而不具备继续接受在轨服务的能力或价值,则不对其进行进一步的服务。

3) 逼近与对接。

4) 目标识别与初始化。

5) 目标航天器根据服务要求进行状态保存与关机。

6) 电源、命令控制、信息数据接口连接。

7) 系统审查与故障分析。此步骤用于对目标航天器的系统状况进行进一步评估与分析。通过此次分析,对执行在轨服务前地面获取的目标航天器情况进行确认与更正,确定在轨服务操作的具体实施方案。

8) 服务航天器与目标航天器的控制集成。为了保持服务航天器与目标航天器完成刚性连接后的稳定运行,必须确定其中一个航天器对组合体进行控制。特别是对于小型服务航天器和大型目标航天器,如果服务航天器不具备对组合体进行控制的能力,则需目标航天器具备主动控制的能力。

9) 准备服务操作空间,如揭开星体表面覆盖层、清理表层碎片。

10）安装用于支持在轨服务操作的工具与设备。对于航天员舱外活动，主要包括对航天员携带工具和舱外机动装置进行准备等。

11）执行在轨服务任务。在轨服务操作根据具体的任务而定，如前述在轨组装、在轨维护、后勤补给等。

12）系统检查与检测。完成服务操作后，对目标航天器进行系统检查和检测，确定服务操作是否成功，并检测是否会由于服务操作引起目标航天器发生其他故障问题。

13）拆除支持服务操作的设备。

14）服务操作空间恢复至目标航天器正常运行状态，包括恢复由于操作所需而揭开的表面覆盖层等。

15）电源、命令控制、信息数据接口分离。

16）两航天器分离、服务航天器对目标航天器进行近距离伴飞、观察和评估。

17）目标航天器启动。

18）服务航天器飞离目标航天器，完成在轨服务任务。

第4章 航天器在轨服务的轨道动力学基础

4.1 在轨服务的轨道动力学问题

为了完成在轨服务，服务系统（或称服务航天器）必须首先接近客户系统（或称目标航天器），在客户系统附近运行并选择适当的时机执行进一步的操作。因此，在时间、燃料及其他一些边界条件约束下，完成服务航天器（或目标航天器）的位置、状态机动是在轨服务的前提。

完成一次在轨服务通常涉及多种机动的组合应用，下面分别针对不同在轨服务任务的特点，对涉及的轨道机动问题进行分析。

（1）在轨装配

如第1章所述，在轨装配有多种形式，对于在轨装配中的零部件和功能模块在轨组装均在空间平台上完成，因此，不涉及轨道机动问题。

对于利用功能模块或舱段进行整星组装任务，主要需要考虑航天器的在轨发射或释放问题。在轨发射或释放的动力学问题主要是根据相对运动方程，研究两航天器在发射前后的相对运动，求得最优解析解的表达形式。

对于在已有航天器上增加模块、扩展规模的装配任务，以及通过多个航天器在轨组合形成更大规模航天器的装配任务，则需要考虑航天器交会对接的问题。前者的服务任务与在轨维护的模块更换与升级任务相似，此处不再赘述，重点对后者的交会对接任务进行讨论。

考虑两个均有正常机动能力的航天器通过对接形成更大规模的航天器，交会对接可以考虑双主动交会策略。

1）通过霍曼（Hohmann）转移共面圆轨道之间的双主动交会：设内圆轨道半径为 r_1，外圆轨道半径为 r_2，两航天器交会在半径为

r_m（$r_1 < r_m < r_2$）的圆轨道上。内圆轨道航天器通过霍曼转移由内圆轨道转移到交会轨道，外圆轨道航天器通过霍曼转移由外圆轨道转移到交会轨道，完成双主动交会。

2）非共面圆轨道之间的双主动交会：非共面圆轨道之间的交会比共面复杂得多，由于两轨道平面的交线是最佳点火位置和交会位置，变轨点和交会点仅有两个。可以采用双主动 3+2 方案，即提前到达变轨点的航天器采用三脉冲双椭圆变轨，而迟到达变轨点的航天器采用双脉冲单椭圆变轨，通过调节三脉冲双椭圆变轨的第一脉冲变轨后远地点的地心距大小来控制此航天器的运行时间，从而保证两航天器在同一时刻同一位置交会。

在这里，还可以考虑双主动交会的快速转移交会（也是考虑共面圆轨道之间的转移）。在某些情况下（如时间要求很紧），除特征速度外，轨道转移的时间也是重要的因素，这时霍曼转移就不太有利，在特征速度和机动时间之间的折中方案是采用两航天器与原运行轨道相切、与交会轨道相交的椭圆轨道作为过渡轨道。

（2）在轨维护

在轨维护包括对目标航天器进行观察、监视、检查、诊断、表面修补、维修、部件替换、污染物清除、测试、检验等多种维护性活动，要求通过服务航天器与目标航天器的精确接近、绕飞、伴飞、停靠或交会对接，实现对目标航天器的维护、修理、升级等操作。

服务航天器需要首先向目标航天器机动接近，实现轨道交会。在远程导引段可能需要远距离大范围轨道机动，最常用的办法为兰伯特（Lambert）交会方法。兰伯特交会问题可以描述为：给定服务航天器初始时刻的位置 r_1 和速度 v_{10}，目标航天器在交会时刻的位置 r_2 和速度 v_{20}，以及服务航天器从 r_1 到 r_2 的飞行时间 ΔT，确定服务航天器两次点火速度增量 Δv_1 和 Δv_2。从上面的描述中可以看出，求解最省燃料交会其实就是对兰伯特交会中飞行时间进行搜索，求出一个飞行时间使两次的速度增量和最小的优化问题。当远程导引到与目标相距一定距离后，如几十千米到上百千米，开始启动近程导引。所谓近程导引是利用星上的相对测量设备，进行自主相对测量、自主相对导航，并进行自主相对控制。近程导引阶段多采用 C－W 方程描述两个航天器的相对运动。制导方法为 2 冲量制导、4 冲量制导以及多冲量制导等。服务航天器与目标航天器的近程阶段一般在 20～1 km 之间，可以通过服务航天器以一定的距离进行伴飞完成对目标航天器飞行状态的了解。在目标航天器附近伴飞需要两星的相对距离保持在一定的范围。可以采用"控制－漂移－控制"的伴飞控制策略和相对轨道根数的控制方法。

服务航天器对目标航天器的接近机动还可以采用共轨接近策略。该策略的基本思想是使服务航天器进入目标轨道，与目标在相位上存在微小差异，从而相对目标航天器静止。共轨接近有多种方式，既可以由待机轨道直接机动到目标轨道（需要选择机动时机以调整相位差），也可以先形成共面伴飞再进行共轨接近。具体方式由服务航天器的待机轨道、任务需求等因素共同确定。其中，先共面伴飞后共轨接近比较方便，所需的速度增量很容易确定。此时，只需要在服务航天器沿伴飞轨道运行到目标航天器的正后方时沿两航天器连线的切线方向施加速度增量即可。根据相对运动的特征和伴飞的必要条件，所施加的速度增量大小为 $\Delta v = \omega b$，其中 b 为伴飞轨道短半轴，ω 为目标航天器的平均角速度。共轨接近策略所用的是周期性相对运动轨迹，一旦形成，不需要施加任何速度增量就可以维持下去。采用共轨接近策略，可以对目标进行长时间的侦察、监视和检测，在必要时还可通过逐步改变相位完成与目标的交会对接，进行维修、加注、元件替换等在轨服务。

在两星相对距离为 1～0 km 的阶段一般称为终端接近过程，终端接近过程又可分为平移段和最后靠拢段。平移段是服务航天器由 1 km 向几十米接近的过程，在这个阶段可采用视线制导等方法。最后靠拢段是自主对接最为关键的飞行阶段，它不仅要完成两个航天器相对位置和相对姿态的测量和控制，即所谓的 6 自由度控制（质心运动和姿态运动），同时还必须保证对接过程安全可靠。根据目标航天器和服务航天器的质量，选取合适的安全对接速度和角速度，使得服务航天器沿对接轴方向以一定的速度接近，同时维持其他两轴的相对位置和三轴的相对姿态在零值附近，确保在有限时间内到达目标航天器。

在部分维护任务中，还需要服务航天器对目标航天器进行监视和外部观测检查、诊断，因此，要求服务航天器能够对目标航天器伴飞或绕飞进行可视观测，对目标航天器本身及其周围的环境和介质进行非接触的自主测量和信息收集，并可以使这种信息的收集、测量甚至故障的诊断不受区域的限制，能长期重复地按需进行。服务航天器可以在围绕地球运行的一个轨道周期内，根据需要多次快速环绕目标飞行，根据需要能及时、多次、连续地提供目标航天器外部的故障情况和相关信息。所有这些在轨观测操作过程都伴随着相应的在轨机动。如果任务需要，还要求服务航天器对目标航天器进行长期伴随飞行，由此进一步提出了伴随运动的轨道动力学问题。

（3）后勤支持

后勤支持主要是指航天器可消耗品的替换和补给等后勤保障活动，目前主要研究的内容是在轨加注。随着技术的发展，出现了多种不同形式的加注方式，包括推进剂直接传输、推进模块补加和推进模块更换等。不同的加注方式有着各自的适用场合，可满足不同的任务使命，也要求不同的机动过程。在轨加注技术在国外发展迅速，并且进行了多次飞行验证。它涉及了机动飞行、精确控制、对接机构设计、组合体运行、流体运动控制等关键技术。在轨加注可以通过交会对接来实现，也可以通过在轨停靠来实现，这部分轨道机动问题与前面介绍的问题相同，此处不再赘述。

综合上述对多种在轨服务任务的分析可知，在轨服务需要解决的轨道动力学问题主要包括以下几个方面。

4.2　空间交会对接

当两航天器在同一时间具有相同的位置矢量时，它们就完成了在空间的交会。如果两航天器在同一时间不仅具有相同的位置矢量，而且具有相同的速度矢量（即两颗航天器的相对速度为零），那么它们不仅可以完成在空间的交会，而且还有条件完成空间对接及在轨服务。然而当交会过程开始时，两航天器可能在两个截然不同的轨道上且相距甚远。如前所述，航天器的在轨服务是非常有用的空间飞行操作，而要完成在轨服务，首先要进行空间交会。

4.2.1　空间交会

下面将分两部分讲述航天器的交会过程。第 1 部分侧重交会的相位调整，例如机动规划和时间选择次序使两个航天器充分逼近。这一部分要用到霍曼变轨和双椭圆变轨等。第 2 部分侧重终端交会阶段，将在固连于一个航天器的坐标系中研究两个航天器之间的相对运动。实际上，空间交会、拦截、救生、检修、对接、大型空间结构的装配、航天器组网或星座运行等一系列空间飞行任务中都要研究航天器之间的相对运动。

4.2.1.1　共面交会调相

（1）霍曼转移

共面圆轨道上两个航天器之间的交会在实际上是经常可见的。图 4-1 给出了运行在半径分别为 r_i 和 r_f 的两个圆轨道上的航天器交会过程示意图。假设内圆轨道上的航天器是交会主动航天器，也即服务航天器，外圆轨道上的航天器是交会被动航天器，称为目标航天器。此外还假设在某一时刻服务航天器位于图 4-1 所示内圆轨道上的 A 点，目标航天器位于外圆轨道上沿运动方向前方的 B 点，两航天器之间的夹角为 θ_H。

现在假设服务航天器进行霍曼转移以与目标航天器在交会点交会，那么两航天器到达交会点的飞行时间应相同，则有

$$\frac{P_{tr}}{2} = \frac{\pi - \theta_H}{2\pi} P_f \tag{4-1}$$

式中　P_{tr}——霍曼转移椭圆的轨道周期；

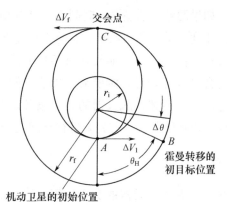

图 4—1　霍曼转移交会图

P_f——目标航天器的轨道周期。

将两个周期的公式代入式（4—1），可得

$$\frac{\pi}{\sqrt{\mu}}\left(\frac{r_i+r_f}{2}\right)^{3/2}=\frac{(\pi-\theta_H)}{2\pi}\left(\frac{2\pi r_f^{3/2}}{\sqrt{\mu}}\right) \qquad (4-2)$$

从而可解出

$$\theta_H=\pi\left[1-\left(\frac{1+r_i/r_f}{2}\right)^{3/2}\right]$$

θ_H 的取值范围是

$$0\leqslant\theta_H\leqslant\pi\left[1-\left(\frac{1}{2}\right)^{\frac{3}{2}}\right]=0.646\,45\pi=116.36°$$

如果初始时刻目标航天器（在前面）和服务航天器之间的夹角不是 θ_H 而是 $\theta_H+\Delta\theta$，那么就不能够立即执行霍曼转移。否则当服务航天器到达交会点时目标航天器与交会点之间将有一个角度差 $\Delta\theta$。这可以借助自然力来消除，因为内圆轨道的角速度 ω_i 大于外圆轨道的角速度 ω_f。

在任一时刻 t，服务航天器和目标航天器的角位移分别为 $\theta_i=\omega_i t$ 和 $\theta_f=\omega_f t$。因此，$\Delta\theta=\theta_i-\theta_f=(\omega_i-\omega_f)t_\omega$，其中 t_ω 是相位角改变 $\Delta\theta$ 需要的等待时间。当 $\Delta\theta=2\pi$ 时，t_ω 的最大值也就是会合周期 P_s，有

$$P_s = \frac{2\pi}{\omega_i - \omega_f} = \frac{2\pi}{(2\pi/p_i) - (2\pi/p_f)} \qquad (4-3)$$

或

$$\frac{1}{P_s} = \frac{1}{P_i} - \frac{1}{P_f} \qquad (4-4)$$

对于霍曼变轨，交会总时间 t 是霍曼转移时间 t_H 和等待时间 t_ω 之和。

$$t = t_H + t_\omega = t_H + \frac{\Delta\theta}{\omega_i - \omega_f} = t_H + \frac{\Delta\theta}{2\pi}P_s \qquad (4-5)$$

（2）双椭圆转移

根据脉冲消耗，双椭圆转移并不一定比霍曼转移有优势。然而对于交会来说，双椭圆转移在霍曼转移存在缺陷的情况下具有可用性，例如当等待时间接近会合周期时。

图 4-2 给出了双椭圆转移的示意图。在这种情况下，在交会点上作用脉冲 ΔV_3 后，交会过程即告完成。假设初始时刻目标航天器

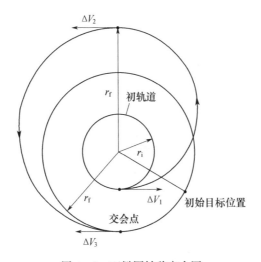

图 4-2　双椭圆转移交会图

在服务航天器前方，夹角为 $(\theta_H + \Delta\theta)$。由于假设半径 r_t 大于 r_f，目标航天器必须先运行 $2\pi - \Delta\theta - \theta_H$，然后运行 2π，以便与服务航天器

在同一时刻到达交会点。这样，总的飞行时间为

$$t = \frac{2\pi - \Delta\theta}{\omega_f} + \frac{2\pi - \theta_H}{\omega_f} \qquad (4-6)$$

由于

$$\frac{\pi}{\omega_f} = \frac{P_f}{2}, \quad \frac{\pi - \theta_H}{2\pi} P_f = t_H$$

由式（4—1）有

$$t = \frac{2\pi - \Delta\theta}{2\pi} P_f + t_H + \frac{P_f}{2}$$

及

$$t = t_H + \frac{P_f}{2}\left(3 - \frac{\Delta\theta}{\pi}\right) \qquad (4-7)$$

当 $\Delta\theta = 0$ 时，$t = t_H + \frac{3}{2} P_f$

当 $\Delta\theta = 2\pi$ 时，$t = t_H + \frac{P_f}{2}$

　　由于双椭圆转移多数在外圆轨道以外，所以它可以适用于 $\Delta\theta$ 稍小于 2π 的情况。在这种情况下，r_t 只比 r_f 大一点。

　　在所有情况下，r_t 的值由 $\Delta\theta$ 决定，这是由于服务航天器在椭圆转移轨道阶段的飞行时间为

$$t = \frac{\pi}{\sqrt{\mu}}\left[\left(\frac{r_i + r_t}{2}\right)^{3/2} + \left(\frac{r_t + r_f}{2}\right)^{3/2}\right] \qquad (4-8)$$

　　图 4—3 给出了轨道转移总时间随 $\Delta\theta$ 的变化关系曲线。其中的霍曼转移曲线由式（4—5）确定，双椭圆转移曲线由式（4—7）确定，这两条曲线斜率不同。当 $\Delta\theta = 2\pi$ 时，双椭圆转移的总时间最小。对于较小的 $\Delta\theta$，双椭圆转移的总时间变长。因此，双椭圆转移不适用于交会等待情况，因为等待使 $\Delta\theta$ 减小，从而增加了双椭圆转移的时间。

　　图 4—3 中的霍曼曲线和双椭圆曲线有一个交点。但是这个交点只有当 $P_s \geqslant \frac{P_f}{2}$ 的情况下才存在。

　　将 P_s 代入，有

$$\frac{P_t P_f}{P_f - P_i} \geqslant \frac{P_f}{2} \qquad (4-9)$$

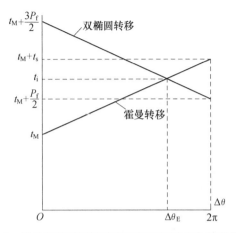

图 4-3　霍曼和双椭圆转移的飞行时间随相角的变化关系

或

$$3P_i \geqslant P_f \tag{4-10}$$

由于周期 $P = \dfrac{2\pi r^{\frac{3}{2}}}{\sqrt{\mu}}$，所以

$$r_f \leqslant 3^{2/3} r_i \tag{4-11}$$

$3^{\frac{2}{3}}$ 约为 2.08，由式（4-11）可以得到结论：

1）对于初始轨道高度为 185.2 km 的情况，双椭圆转移适用于目标轨道高度小于 7 274.1 km 的情况。

2）若目标轨道高度大于这一值，对于所有的 $\Delta\theta$ 值霍曼转移都适用。

3）存在一个 $\Delta\theta_i$，当 $0 \leqslant \Delta\theta \leqslant \Delta\theta_i$ 时采用霍曼转移；当 $\Delta\theta_i \leqslant \Delta\theta \leqslant 2\pi$ 时采用双椭圆转移。为了确定 $\Delta\theta_i$，令霍曼转移的时间和双椭圆转移的时间相等，即

$$t_H + \frac{\Delta\theta_i}{(2\pi/p_i) - (2\pi/p_f)} = t_H + \frac{P_f}{2}\left(3 - \frac{\Delta\theta_i}{\pi}\right) \tag{4-12}$$

可以解出 $\Delta\theta_i$

$$\Delta\theta_i = 3\pi\left(1 - \frac{P_i}{P_f}\right) \tag{4-13}$$

相应的总时间为

$$t_i = t_H + \frac{3P_i}{2} \qquad (4-14)$$

（3）半切线转移

另外一种可用于共面交会的转移方法——半切线转移。图 4-4 给出了半切线转移的示意图。服务航天器通过施加速度脉冲 ΔV_1 进入转移椭圆轨道，但是这里的 ΔV_1 大于进行霍曼转移所需要的速度脉冲。转移椭圆轨道与目标圆轨道有两个交点 I_1 和 I_2。通过作用第 2 个速度脉冲 ΔV 圆化轨道，交会可以在任意一个交点上完成。

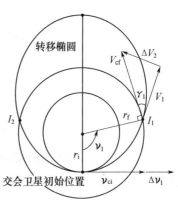

图 4-4　半切线转移几何关系图

交会过程方案如下：

1）当速度为 V_{ci} 时沿速度方向作用速度脉冲 ΔV_1。

2）已知转移椭圆轨道近地点距离 r_p 和过近地点速度 V_p，利用能量方程计算转移椭圆轨道的半长轴 a

$$V_p^2 = \mu \left[\frac{2}{r_p} - \frac{1}{a} \right] \qquad (4-15)$$

3）计算转移椭圆轨道的偏心率 e

$$r_p = a(1-e) \qquad (4-16)$$

4）由轨道方程计算相交点 I_1 的真近点角 ν_1

$$r_f = \frac{a(1-e^2)}{1+e\cos\nu_1} \qquad (4-17)$$

对 I_2 点，$\nu_2 = 360° - \nu_1$。

5）计算航迹角 γ_1

$$\tan\gamma_1 = \frac{e\sin\nu_1}{1+e\cos\nu_1} \qquad (4-18)$$

对 I_2 点，$\gamma_2 = -\gamma_1$。

6）计算偏近点角 E_1

$$\cos E_1 = \frac{e + \cos\nu_1}{1 + e\cos\nu_1} \tag{4—19}$$

7）计算转移轨道的周期 P_t

$$P = \frac{2\pi a^{3/2}}{\sqrt{\mu}} \tag{4—20}$$

8）由 Kepler 方程计算从作用 ΔV_1 到达交点 I_1 的时间 t_1

$$t_1 = \frac{P}{2\pi}(E - e\sin E_1) \tag{4—21}$$

对 I_2 点，$t_2 = P - t_1$。

9）对 I_1 点计算 $\Delta\theta_1$

$$\Delta\theta_1 = \left[\nu_1 - \frac{(360^\circ)t_1}{P_f} - \theta_H\right]\mathrm{mod}(2\pi) \tag{4—22}$$

对 I_2 点，利用 ν_2 和 t_2 由式（4—22）计算 $\Delta\theta_2$。

10）根据图 4—4 中的矢量三角形计算 ΔV_2

$$\Delta V_2 = \sqrt{V_1^2 + V_{cf}^2 - 2V_1 V_{cf}\cos\gamma_1} \tag{4—23}$$

ΔV_2 的数值对 I_1 和 I_2 点是相同的，这是因为矢量三角形是全等的。

上述的半切线转移方式是在初始圆轨道的出发点施加一个切向的加速度，转移椭圆与初始圆轨道相切。

另一种不同的半切线转移方式是让转移椭圆轨道与目标圆轨道相切，在这个相切点施加一个切向的加速度。这种转移方式可以通过选择转移轨道的半长轴来求解。由于远地点距离与目标轨道的半径相等，因此，转移椭圆轨道偏心率可由式（4—16）计算。类似地，式（4—7）至式（4—11）可用于计算分离点（分离点是判断何时从初始圆轨道上开始实施转移，在预定的时间内到达目标轨道）条件。然后

$$\Delta\theta_1 = (180^\circ - \nu_1) - \frac{(360^\circ)\left(\dfrac{P_t}{2} - t_1\right)}{P_f} - \theta_H \tag{4—24}$$

最后，可以计算 ΔV_1

$$\Delta V_1 = \sqrt{V_1^2 + V_{ci}^2 - 2V_1 V_{ci}\cos\gamma_1} \tag{4—25}$$

其中下标 1 指分离点。ΔV_2 是圆轨道速度与目标轨道远地点速度之差。

（4）基于兰伯特问题解的转移

兰伯特问题的实质是，在转移时间一定的情况下，寻找两已知位置之间的转移轨道，这一问题在许多文献中都有论述。Pitkin，Lancaster 和 Blanchard，Herrick，Battin，Gooding 及 Prussing 和 Conway 等许多人都为求解这一问题做出了贡献。兰伯特的理论表明，转移时间仅取决于转移轨道半长轴 a、点 1 和点 2 的半径之和（$r_1 + r_2$）以及两点之间的弦长 c。图 4—5 给

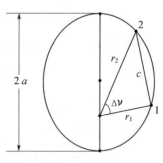

图 4—5　转移轨道示意图

出了转移轨道的示意图。注意图中没有明确包含转移轨道的偏心率。

对于这一问题（即兰伯特方程）的解为

$$\sqrt{\mu}(t_2 - t_1) = a^{3/2}\left[\alpha - \beta - (\sin\alpha - \sin\beta)\right] \qquad (4-26)$$

其中

$$r_1 + r_2 + r_c = 2a(1 - \cos\alpha) = 4a\sin^2\left(\frac{\alpha}{2}\right) \qquad (4-27)$$

$$r_1 + r_2 - c = 2a(1 - \cos\beta) = 4a\sin^2\left(\frac{\beta}{2}\right) \qquad (4-28)$$

兰伯特方程的双值性、不确定性及超越性使求解真实值的过程复杂化。Herrick 建立了一种通解，他的合作者 C. C. Chao 采用软件方式更鲁棒、有效地进行了计算。

对于交会调相阶段求解兰伯特方程是很重要的。设初始轨道和目标轨道半径分别为 r_1 和 r_2，c 和 $\Delta\nu$ 之间的关系由几何关系可得

$$c = \sqrt{r_1^2 + r_2^2 - 2r_1 r_2 \cos\Delta\nu} \qquad (4-29)$$

以下部分讲述兰伯特方程转移解的计算过程。

对于 $\Delta\theta$，有

$$\Delta\theta = \Delta\nu - \frac{(360°)\Delta t}{P_f} - \theta_H \qquad (4-30)$$

其中 $\Delta\nu = \nu_2 - \nu_1$ 为转移弧，$\Delta t = t_2 - t_1$ 为转移时间。然后，按照如下过程进行求解：

1) 选择一个 $\Delta\theta$ 值；

2) 选择一个 $\Delta\nu$ 值并由式（4-30）计算 Δt；

3) 使用 Herrick 或类似的方法计算转移特性，包括点 1 和点 2 处的转移轨道速度。因为 r_1 和 r_2 分别为初始和目标轨道半径，这种过程也将用来计算转移所需的 ΔV_1 和 ΔV_2。最后 $\Delta V_T = \Delta V_1 + \Delta V_2$。

（5）共面交会不同转移方法的比较

不同交会方法之间的比较多采用比较 ΔV_T 及转移时间的方式。下面将针对高度为 182.5 km 及 555.6 km 的共面圆轨道，比较霍曼、双椭圆、半切线和兰伯特 4 种转移方式。

图 4-6 对于图 4-3 的实际工况给出了 6 种转移方式。交会总时间表示为 $\Delta\theta$ 的函数。霍曼和双椭圆转移曲线在 $\Delta\theta = 42.7°$ 处相交。由式（4-14）确定的 t_i 为 10 700 s。图中仅有一段霍曼转移曲线超出了坐标表示范围。当 $\Delta\theta = 360°$ 时这条曲线保持在 69 700 s。这个

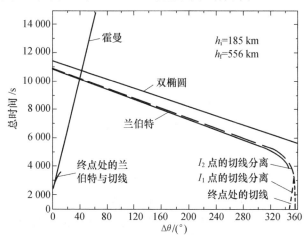

图 4-6　轨道转移的总交会时间随目标航天器初始位置的变化关系

值是霍曼转移时间（2 759 s）和会合周期（66 941 s）的和。双椭圆曲线从$\Delta\theta=0°$的 11 378 s 到 $\Delta\theta=360°$的 5 632 s 呈线性变化。

对于从 $\Delta\theta=10°$到 $\Delta\theta=340°$这一大的中间区域内的 $\Delta\theta$，半切线和兰伯特的解很接近。在 $\Delta\theta=0°$处，兰伯特转移的时间为10 801 s，半切线转移的时间为 10 807 s。当 $\Delta\theta=340°$时，兰伯特转移的时间为4 536 s，半切线转移的时间为 4 633 s。在这个大的 $\Delta\theta$ 区域，最好的半切线转移方式是沿切线方向出发。

图 4—7 给出了采用 6 种方式进行轨道转移时，各种方式需要的总速度脉冲 ΔV 随 $\Delta\theta$ 的变化关系。霍曼转移的 ΔV_T 是一条数值为 211 m/s 的水平线。双椭圆转移的 ΔV_T 从 $\Delta\theta=0°$的 2 782 m/s 变化到 $\Delta\theta=360°$的 211 m/s。

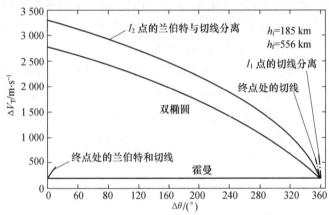

图 4—7　轨道转移需要的总脉冲 ΔV_T 随目标航天器初始位置的变化关系

兰伯特转移和半切线转移的曲线非常接近。当 $10°\leqslant\Delta\theta\leqslant340°$时，两条曲线的差值小于 5 m/s。兰伯特转移的值更小一些。

在 $10°\leqslant\Delta\theta\leqslant340°$的范围内，比较图 4—6 和图 4—7 中的曲线可以看出，对于小的 $\Delta\theta$ 值，霍曼转移在时间和 ΔV_T 上最优。随着 $\Delta\theta$ 的增加，霍曼转移的时间增加很快而其他转移方式的时间逐渐下降。随着 $\Delta\theta$ 的增加，双椭圆转移、半切线转移和兰伯特转移的 ΔV_T 逐渐下降。在这个大的 $\Delta\theta$ 变化范围内，对每一种具体情况都要综合比

较转移时间和 ΔV_T 两个因素。如果对 ΔV_T 有严格要求而对转移时间不做要求，那么可以选择霍曼转移方式。如果对转移时间有严格要求而对 ΔV_T 不做要求，那么可以选择兰伯特或半切线转移方式。

对于 $0°{\leqslant}\Delta\theta{\leqslant}10°$ 和 $340°{\leqslant}\Delta\theta{\leqslant}360°$ 这两个区间要作更详尽的分析。图 4-8 和图 4-9 对 $0°{\leqslant}\Delta\theta{\leqslant}9.5°$ 给出了转移时间和转移总脉冲 ΔV_T 随 $\Delta\theta$ 的变化关系，包括霍曼、兰伯特和半切线转移 3 条曲线。这里的半切线转移与前面讨论的不同之处在于到达目标轨道时速度脉冲沿切向施加。在这个 $\Delta\theta$ 变化范围内，兰伯特曲线和半切线曲线很相似，但与图 4-6 和图 4-7 中的曲线有所区别，转移总时

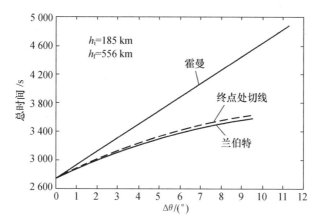

图 4-8　轨道转移总交会时间随 $\Delta\theta$ 的变化关系（$0°{\leqslant}\Delta\theta{\leqslant}9.5°$）

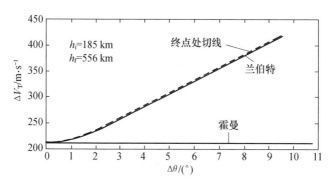

图 4-9　轨道转移的总脉冲 ΔV_T 随 $\Delta\theta$ 的变化关系（$0°{\leqslant}\Delta\theta{\leqslant}9.5°$）

间和总脉冲 ΔV 的值更小一些。所有的曲线在 $\Delta\theta=0$ 处有相同的值，即 $\Delta t=2\,759$ s，$\Delta V=211$ m/s。随着 $\Delta\theta$ 的增加，兰伯特和半切线曲线已经难以区分，与霍曼转移相比转移时间短一些，速度脉冲 ΔV_T 大一些。与半切线转移相比，兰伯特转移的时间约短了 35 s，ΔV_T 约小了 0.5 m/s。在这些曲线中，服务航天器的近地点高度小于 185 km，远地点高度非常接近 556 km。转移弧段稍大于半周。转移轨道的近地点高度随着 $\Delta\theta$ 的增加而减小，这是不希望出现的情况。当 $\Delta\theta=6°$ 时，兰伯特解的近地点高度为 120 km，而 $\Delta\theta=9.5°$ 时，近地点高度为 55 km。因此，当 $\Delta\theta>6°$ 时，兰伯特转移和半切线转移是不切实际的，因为此时服务航天器的近地点高度非常低。当 $0°\leqslant\Delta\theta\leqslant6°$ 时，根据对转移时间和速度脉冲消耗的不同要求来确定是采用兰伯特转移还是采用霍曼转移。

4.2.1.2　三维空间交会：改进的霍曼转移方法

图 4-10 给出了改进的霍曼转移方法在三维空间交会的示意图。如图所示，三维空间交会指的是初始圆轨道和目标圆轨道之间存在一个二面角 α 时的交会。因此，三维空间交会将包括一个霍曼转移和一个轨道平面改变的机动。

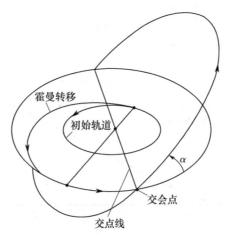

图 4-10　改进的霍曼转移机动

调相过程与共面霍曼转移方法相同，不同之处在于相位角在两个不同的轨道平面内测量。图 4-10 给出了两个轨道平面的交线，称为节线。以这条线作为描述航天器在轨位置的基准，θ_i 表示服务航天器在初始轨道上的位置，θ_f 表示目标航天器在目标轨道上的位置。同共面情况一样，令 $\theta_i - \theta_f = \theta_H + \Delta\theta$。一段等待时间后，$\Delta\theta$ 变为零，霍曼转移开始。当服务航天器圆化进入目标轨道时，两个航天器离交会点具有同样的距离。当它们同时到达交会点时，服务航天器进行单脉冲机动以使其轨道平面旋转角度 α，交会过程结束。交会过程所需的时间是：1）满足 $\Delta\theta = 0$ 的等待时间；2）霍曼转移时间；3）服务航天器从圆化点穿过目标轨道到节线的时间之和。

4.2.2 终端交会

在轨服务之前的交会终端阶段，航天器之间的距离很近，因此，它们之间的相对运动很重要。在这种情况下，通常是描述一颗航天器相对于另一颗航天器的运动。下面将推导航天器之间的相对运动方程。对于在圆轨道上运行的航天器将得到其运动方程的解。

4.2.2.1 相对运动方程的推导

图 4-11 给出了在某一时刻服务航天器和目标航天器相对于地心的位置矢量 $\boldsymbol{r}$ 和 $\boldsymbol{r}_T$，服务航天器相对于目标航天器的矢径为 $\boldsymbol{\rho}$。一

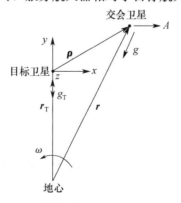

图 4-11 终端交会的坐标系及其几何关系

个正交坐标系固连于目标航天器并随之运动。y 轴沿径向，z 轴垂直于纸面，x 轴与 y 轴、z 轴构成右手坐标系。

目标航天器的角速度矢量用 $\boldsymbol{\omega}$ 表示。

由航天器的位置矢量关系，有

$$\boldsymbol{r} = \boldsymbol{r}_{\mathrm{T}} + \boldsymbol{\rho} \tag{4-31}$$

在惯性系下对这一方程求导可得

$$\ddot{\boldsymbol{r}} = \ddot{\boldsymbol{r}}_{\mathrm{T}} + \ddot{\boldsymbol{\rho}} + 2(\boldsymbol{\omega} \times \dot{\boldsymbol{\rho}}) + \dot{\boldsymbol{\omega}} \times \boldsymbol{\rho} + \boldsymbol{\omega} \times (\boldsymbol{\omega} \times \boldsymbol{\rho}) \tag{4-32}$$

其中　$\ddot{\boldsymbol{r}}$——服务航天器的惯性加速度；

　　　$\ddot{\boldsymbol{r}}_{\mathrm{T}}$——目标航天器的惯性加速度；

　　　$\ddot{\boldsymbol{\rho}}$——服务航天器相对目标航天器的加速度；

　　　$2(\boldsymbol{\omega} \times \dot{\boldsymbol{\rho}})$——科氏加速度；

　　　$\dot{\boldsymbol{\omega}} \times \boldsymbol{\rho}$——欧拉加速度；

　　　$\boldsymbol{\omega} \times (\boldsymbol{\omega} \times \boldsymbol{\rho})$——向心加速度。

现在令：

$$\ddot{\boldsymbol{r}} = \boldsymbol{g} + \boldsymbol{A} \tag{4-33}$$

其中　$\boldsymbol{g}$——重力加速度；

　　　$\boldsymbol{A}$——其他外力（推力）产生的加速度。

为了求解相对加速度，将式（4-32）、式（4-33）向 3 个坐标轴 x，y，z 分解，可得

$$\left.\begin{aligned}
\ddot{x} &= -g\,\frac{x}{r} + A_x + 2\omega\dot{y} + \dot{\omega}y + \omega^2 x \\
\ddot{y} &= -g\left(\frac{y + r_{\mathrm{T}}}{r}\right) + A_y + g_{\mathrm{T}} - 2\omega\dot{x} - \dot{\omega}x + \omega^2 y \\
\ddot{z} &= -g\,\frac{z}{r} + A_z
\end{aligned}\right\} \tag{4-34}$$

假设两个航天器之间的距离远小于目标航天器的轨道半径，或

$$\rho^2 = x^2 + y^2 + z^2 \ll r_{\mathrm{T}}^2 \tag{4-35}$$

那么可以得到如下的近似关系

$$r = [x^2 + (y + r_T)^2 + z^2]^{1/2} \approx r_T \left(1 + \frac{y}{r_T}\right)$$

$$g = \frac{g_T r_T^2}{r^2} \approx g_T \left(1 - \frac{2y}{r_T}\right)$$

$$-g \frac{x}{r} \approx -g_T \frac{x}{r_T} \qquad\qquad (4-36)$$

$$-g \frac{z}{r} \approx -g_T \frac{z}{r_T}$$

$$-g \frac{(y + r_T)}{r} \approx -g_T \left(1 - \frac{2y}{r_T}\right)$$

因此，式（4-34）的线性化形式为

$$\ddot{x} = -g_T \frac{x}{r_T} + A_x + 2\omega \dot{y} + \dot{\omega} y + \omega^2 x$$

$$\ddot{y} = +2g_T \frac{y}{r_T} + A_y - 2\omega \dot{x} - \dot{\omega} x + \omega^2 y \qquad (4-37)$$

$$\ddot{z} = -g_T \frac{z}{r_T} + A_z$$

当目标航天器运行在圆轨道上时，$\dot{\omega} = 0$，$\omega = \sqrt{\dfrac{\mu}{r_T^3}}$，式（4-37）变为

$$\ddot{x} = A_x + 2\omega \dot{y}$$

$$\ddot{y} = A_y - 2\omega \dot{x} \qquad\qquad (4-38)$$

$$\ddot{z} = A_z - 2\omega^2 z$$

如果没有外力加速度（例如推力），则

$$A_x = A_y = A_z = 0$$

$$\ddot{x} - 2\omega \dot{y} = 0$$

$$\ddot{y} + 2\omega \dot{x} - 3\omega^2 y = 0 \qquad (4-39)$$

$$\ddot{z} + \omega^2 z = 0$$

4.2.2.2　相对运动方程的解

将 z 向方程与 x，y 向方程解耦，就可以单独求解。假设其解的形式为

$$z = A\sin\omega t + B\cos\omega t \qquad\qquad (4-40)$$

对上式进行微分，有

$$\dot{z} = A\omega\cos\omega t - B\omega\sin\omega t$$

$$\ddot{z} = -A\omega^2\sin\omega t - B\omega^2\omega\cos\omega t$$

当 $t=0$，$z=z_0$，$\dot{z}=\dot{z}_0$，即 $z_0=B$，$\dot{z}_0=A\omega$，有

$$\left.\begin{array}{l} z = \dfrac{\dot{z}_0}{\omega}\sin\omega t + z_0\cos\omega t \\[2mm] \dot{z} = \dot{z}_0\cos\omega t - z_0\omega\sin\omega t \end{array}\right\} \tag{4-41}$$

代入到 $\ddot{z}$ 方程中，证明这是方程的一个解。在力学中，这是一个简谐运动。

x 和 y 方向是耦合的，但可以求解得

$$\left.\begin{array}{l} x = x_0 + 2\dfrac{\dot{y}_0}{\omega}(1-\cos\omega t) + \left(4\dfrac{\dot{x}_0}{\omega} - 6y_0\right)\sin\omega t + (6\omega y_0 - 3\dot{x}_0)t \\[2mm] y = 4y_0 - 2\dfrac{\dot{x}_0}{\omega} + \left(2\dfrac{\dot{x}_0}{\omega} - 3y_0\right)\cos\omega t + \dfrac{\dot{y}_0}{\omega}\sin\omega t \\[2mm] \dot{x} = 2\dot{y}_0\sin\omega t + (4\dot{x}_0 - 6\omega y_0)\cos\omega t + 6\omega y_0 - 3\dot{x}_0 \\[2mm] \dot{y} = (3\omega y_0 - 2\dot{x}_0)\sin\omega t + \dot{y}_0\cos\omega t \end{array}\right\} \tag{4-42}$$

式中　x_0，$\dot{x}_0$，y_0，$\dot{y}_0$——$t=0$ 时刻 x 和 y 向的位置和速度分量。

下面给出了这些解的矩阵形式，这是一种简洁的描述形式。只要给定初始位置和速度，未来任一时刻的位置和速度可由这些方程确定。

$$\begin{bmatrix} x \\ y \\ z \\ \dot{x} \\ \dot{y} \\ \dot{z} \end{bmatrix} = \begin{bmatrix} 1 & 6(\omega t - \sin\omega t) & 0 & -3t+\dfrac{4}{\omega}\sin\omega t & \dfrac{2}{\omega}(1-\cos\omega t) & 0 \\[2mm] 0 & h-3\cos\omega t & 0 & \dfrac{2}{\omega}(-1+\cos\omega t) & \dfrac{1}{\omega}\sin\omega t & 0 \\[2mm] 0 & 0 & \cos\omega t & 0 & 0 & \dfrac{1}{\omega}\sin\omega t \\[2mm] 0 & 6\omega(1-\cos\omega t) & 0 & -3+4\cos\omega t & 2\sin\omega t & 0 \\[2mm] 0 & 3\omega\sin\omega t & 0 & -2\sin\omega t & \cos\omega t & 0 \\[2mm] 0 & 0 & -\omega\sin\omega t & 0 & 0 & \cos\omega t \end{bmatrix} \begin{bmatrix} x_0 \\ y_0 \\ z_0 \\ \dot{x}_0 \\ \dot{y}_0 \\ \dot{z}_0 \end{bmatrix}$$

$$\tag{4-43}$$

4.2.2.3 双脉冲交会机动

假设服务航天器相对于目标航天器（位于坐标原点）的位置和速度分别为 ρ_0 和 $\dot{\rho}_0$，交会时间为 τ。现在的问题是要求解 $t=0$ 时刻作用的 ΔV_1 和交会完成时刻（$t=\tau$）作用的 ΔV_2。图 4—12 给出了这种双脉冲交会机动的示意图。

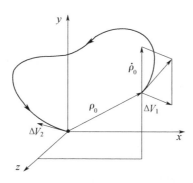

图 4—12 双脉冲交会机动的示意图

求解过程如下。

如果 $t=0$ 时刻的相对位置 x_0，y_0，z_0 已知（ρ_0 的分量），在假设 $x=y=z=0$ 的前提下，可由 x，y，z 的方程解出 $t=\tau$ 时刻交会所需的速度分量 $\dot{x}_{0r}$，$\dot{y}_{0r}$，$\dot{z}_{0r}$

$$
\left.
\begin{aligned}
\frac{\dot{x}_{0r}}{\omega} &= \frac{x_0 \sin \omega \tau + y_0 [6 \omega \tau \sin \omega \tau - 14(1 - \cos \omega \tau)]}{\Delta} \\
\frac{\dot{y}_{0r}}{\omega} &= \frac{2x_0(1 - \cos \omega \tau) + y_0(4\sin \omega \tau - 3 \omega \tau \cos \omega \tau)}{\Delta} \\
\frac{\dot{z}_{0r}}{\omega} &= \frac{-z_0}{\tan \omega \tau}
\end{aligned}
\right\}
$$

$$(4-44)$$

式中 $\Delta = 3\omega\tau\sin \omega\tau - 8 (1 - \cos \omega\tau)$。第 1 个速度脉冲为

$$\Delta V_1 = [(\dot{x}_{0r} - \dot{x}_0)^2 + (\dot{y}_{0r} - \dot{y}_0)^2 + (\dot{z}_{0r} - \dot{z}_0)^2]^{1/2} \quad (4-45)$$

式中 $\dot{x}_0$，$\dot{y}_0$，$\dot{z}_0$——$t=0$ 时刻服务航天器相对于目标航天器的实际（初始）速度。

第 2 个速度脉冲 ΔV_2 是 $t=\tau$ 时的相对速度分量 $\dot{x}_\tau$，$\dot{y}_\tau$，$\dot{z}_\tau$，由

初始条件 x_0，y_0，z_0 和 $\dot{x}_{0r}$，$\dot{y}_{0r}$，$\dot{z}_{0r}$，有

$$\Delta V_2 = (\dot{x}_\tau^2 + \dot{y}_\tau^2 + \dot{z}_\tau^2)^{1/2} \qquad (4-46)$$

ΔV_2 是服务航天器到达目标航天器位置处要停下来时所需要的脉冲。

4.3　在轨释放或发射

在参考文献 [22] 中，Berreen 和 Crisp 研究了从圆轨道上运行的空间站上释放到同平面椭圆轨道上的探测器的相对运动问题的解。他们通过建立已知轨道运动向旋转坐标系的坐标转换矩阵得到了精确解析解。

但是，Berreen 和 Crisp 的解存在 3 个限制条件：

1）探测器在 $t=0$ 时刻从空间站释放时具有初始速度 x'_0 和 y'_0，但不允许具有初始位置偏离 $\rho_0 = (x_0^2 + y_0^2)^{\frac{1}{2}}$；

2）探测器的运动局限于空间站轨道平面，是二维运动；

3）假设空间站运行在圆轨道上。

如前所述，在这一节中将通过如下方式解决限制条件 1，即推导探测器相对于空间站具有任意方向的初始相对速度和距离分量的相对运动方程。限制条件 2 和 3 的解决将在以后的研究中进行。

4.3.1　几何关系与坐标系

下面使用 Berreen 和 Crisp 的符号定义和表述，首先考虑图 4—13 所示的坐标系。以空间站为中心的坐标系为 X，Y；地心惯性坐标系为 X_i，Y_i，地心旋转坐标系为 X_e，Y_e，其中 Y_e 轴总是通过空间站。坐标系 R_p，θ_p 和 R_p，α 为探测器对应于惯性系和旋转系的极坐标。

大写字母代表真实的距离和速度，小写字母代表相对于空间站半径 R_s 与圆轨道速度 V_s 的相对位置和速度的比值。因此，

$$x = \frac{X}{R_s} \qquad r_p = \frac{R_p}{R_s} \qquad \nu_p = \frac{V_p}{V_s} \qquad (4-47)$$

其中

$$V_{\rm s} = \sqrt{\frac{\mu}{R_{\rm s}}}$$

式中　μ——地球引力常数。下标 s 和 p 分别代表空间站和探测器。

空间站的平均运动 $N_{\rm s}$ 为

$$N_{\rm s} = \frac{V_{\rm s}}{R_{\rm s}} \qquad (4-48)$$

在 $t=0$ 的初始条件下，空间站的角位移 $\theta_{\rm s}$ 为

$$\theta_{\rm s} = N_{\rm s}t$$

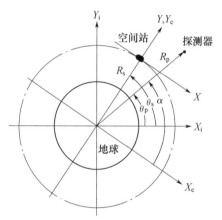

图 4—13　直角坐标系 $(X_{\rm i},\ Y_{\rm i})$，$(X_{\rm e},\ Y_{\rm e})$，

和 $(X,\ Y)$ 与极坐标系 $(R_{\rm s},\ \theta_{\rm s})$，$(R_{\rm p},\ \theta_{\rm p})$，和 $(R_{\rm p},\ \alpha)$ 的关系

4.3.2　被释放航天器精确运动方程

在惯性坐标系中，航天器沿由偏心率 $e_{\rm p}$、相对于 $R_{\rm s}$ 的半通径比值 $p_{\rm p}$ 及拱点方位 θ_0^* 描述的 Kepler 轨道运动。Berreen 和 Crisp[22] 通过初始相对速度比值分量 x'_0 和 y'_0 及下列方程描述这些要素

$$p_{\rm p} = (1 - x'_0)^2 \qquad (4-49)$$

$$e_{\rm p}^2 = 1 + p_{\rm p}\nu_p^2 - \frac{2}{r_{\rm p}} = 1 + (1 - x'_0)^2 [y'^2_0 + (1 - x'_0) - 2]$$

$$(4-50)$$

及

$$\theta_{\text{p}}^* = \arccos[(p_{\text{p}}-1)/e_{\text{p}}] = -\arcsin[(1-x'_0)y'_0/e_{\text{p}}]$$

$$(4-51)$$

其中　$-\pi < \theta_{\text{p}}^* \leqslant \pi$。在下一节中将把这些方程拓展到包含初始相对位置分量 x_0，y_0，以及初始相对速度分量 x'_0 和 y'_0。

图 4-14 给出了共面任意轨道探测器和空间站之间的初始条件。

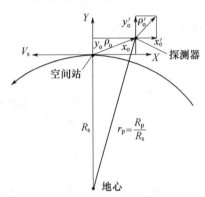

图 4-14　探测器和空间站的初始条件

对于图 4-14 所示的几何关系有

$$r_{\text{p}} = [(1+y_0^2)+x_0^2]^{1/2} = (1+2y_0+x_0^2+y_0^2)^{1/2} \quad (4-52)$$

及

$$\nu_{\text{p}} = [(1-x'_0)-y'_0]^{1/2} = (1-2x'_0+x_0'^2+y_0'^2)^{1/2} \quad (4-53)$$

由角动量守恒定理

$$p_{\text{p}} = r_{\text{p}}^2 \nu_{\text{p horizontal}}^2 \quad (4-54)$$

其中

$$\nu_{\text{p horizontal}} = 1-x'_0 \quad (4-55)$$

将式（4-50）和式（4-53）代入式（4-52），有

$$r_{\text{p}} = (1+2y_0+x_0^2+y_0^2)(1-x'_0)^2 \quad (4-56)$$

式（4-56）是参考文献 [22] 中式（17）的一般形式。

由能量守恒有

$$\nu_{\text{p}}^2 = \frac{2}{r_{\text{p}}} - \frac{1}{a_{\text{p}}} \quad (4-57)$$

将 a_p 代入偏心率方程得

$$e_p^2 = 1 - \frac{p_p}{a_p} = 1 + p_p\nu_p^2 - \frac{2}{\nu_p} \qquad (4-58)$$

将式（4-52）和式（4-53）代入式（4-58）有

$$e_p^2 = 1 + p_p\left[1 - 2x'_0 + x'^2_0 + y'^2_0 - \frac{2}{(1 + 2y_0 + x_0^2 + y_0^2)^{1/2}}\right]$$
$$(4-59)$$

式（4-56）可以用于代替 p_p。且式（4-59）是参考文献［22］中式（18）的一般形式。

轨道运动方程为

$$r_p = \frac{p_p}{1 + e_p\cos\beta_p} \qquad (4-60)$$

式中　β_p——真近点角。

拱点方位 $\theta_0^* = -\beta_p$，因此，

$$\theta_p^* = -\arccos\left[\frac{(p_p/r_p) - 1}{e_p}\right] \qquad (4-61)$$

式（4-52）、式（4-56）和式（4-59）可用于替代 r_p，p_p 和 e_p。且式（4-61）是参考文献［22］中式（19）的一般形式。这样就推导出了以相对于空间站的初始速度分量 x'_0 和 y'_0、初始位置分量 x_0，y_0 表示的 p_p、e_p 和 θ_p^* 的精确方程。

4.3.3　基于极坐标的精确相对运动方程

Berreen 和 Crisp 根据极坐标 R_p，α 推导了探测器相对于空间站的精确运动方程（见图 4-13）。r_p 的方程仅仅是由真近点角 β_p 或偏心率 E_p 表示的轨道方程

$$r_p = \frac{p_p}{1 + e_p\cos\beta_p} = a_p(1 + e_p\cos E_p) \qquad (4-62)$$

其中

$$a_p = \frac{p_p}{1 - e_p^2} \qquad (4-63)$$

变量 β_p 和 E_p 之间的关系为

$$\tan\frac{E_p}{2} = \left(\frac{1-e_p}{1+e_p}\right)^{1/2}\tan\frac{\beta_p}{2} \tag{4-64}$$

当然时间 t 和 E_p 之间的关系可用 Kepler 方程描述为

$$N_p(t-t^*) = E_p - e_p\sin E_p \tag{4-65}$$

其中　　t^*——探测器过近地点的时刻;

　　　　N_p——由 Kepler 第 3 定律确定的探测器平均运动。

$$\frac{N_s}{N_p} = a_p^{3/2} \tag{4-66}$$

　　然后,Berreen 和 Crisp 得到了极角 γ 的表达式

$$\gamma = \beta_p - \frac{N_s}{N_p}(E_p - e_p\sin E_p) \tag{4-67}$$

式中　$\gamma = \alpha - \alpha^*$,且当 $t=t^*$ 时 $\alpha = \alpha^*$。γ 的方程可以直接得到

$$\alpha = \frac{\pi}{2} - (\theta_s - \theta_p) \tag{4-68}$$

这可由图 4—13 看出。

　　因此,式(4—62)和式(4—67)是用极坐标 r_p 和 α 描述的探测器相对于空间站的相对运动方程。

4.4　在轨伴随运动

　　当两个航天器都在环绕地球的轨道运动时,其中一个航天器又相对于另一航天器做周期运动,这称之为伴随运动,其相对运动轨迹称为伴随轨道。伴随轨道可用于航天器间的编队飞行、观测和干扰、监视和救援等。伴随航天器是做伴随运动的航天器,为主星提供在轨服务,也可和主星组成局部星座。随着航天技术的不断发展,航天器和航天器、航天器和空间站、航天器和各类航天器之间的在轨服务将会越来越多,这些都要涉及伴随运动和伴随轨道。目前,对伴随运动的研究较少。本节将研究伴随运动的运动学特性,提供

研究伴随运动的理论基础。众所周知，研究长期伴随运动，首先要建立长期伴随运动动力学方程。在研究伴随航天器之间的相对运动中，常常采用早在 20 世纪 60 年代建立的 C－W 方程。该方程有模型误差，以此方程进行长期伴随运动分析，将带来较大误差，因此，需要建立精确伴随运动方程。本节也将研究、建立精确长期伴随运动动力学方程，并进行伴随运动动力学分析。

4.4.1　伴随航天器与主星的相对运动学关系与应用

4.4.1.1　伴随航天器与主星的相对运动学关系

建立主星轨道坐标系 $o_1 x_1 y_1 z_1$，原点为主星质心 o_1，$o_1 x_1$ 轴沿位置矢量方向，$o_1 y_1$ 在轨道平面内，垂直 $o_1 x_1$ 轴指向前进方向，$o_1 z_1$ 垂直轨道平面，形成右手直角坐标系。地心赤道坐标系 $o_e xyz$，原点为地心 o_e，$o_e x$ 轴在赤道面内，指向春分点，$o_e z$ 轴垂直赤道面，与地球自转角速度矢量一致，$o_e y$ 轴与 $o_e x$ 轴和 $o_e z$ 轴构成右手直角坐标系。地心赤道坐标系 $o_e xyz$ 到轨道坐标系 $o_1 x_1 y_1 z_1$ 间的转换关系为

$$\begin{bmatrix} x_1 \\ x_2 \\ x_3 \end{bmatrix} = \tilde{\boldsymbol{R}} \begin{bmatrix} x \\ y \\ z \end{bmatrix} - \begin{bmatrix} r_1 \\ 0 \\ 0 \end{bmatrix} = \begin{bmatrix} R_{11} & R_{12} & R_{13} \\ R_{21} & R_{22} & R_{23} \\ R_{31} & R_{321} & R_{33} \end{bmatrix} \begin{bmatrix} x \\ y \\ z \end{bmatrix} - \begin{bmatrix} r_1 \\ 0 \\ 0 \end{bmatrix}$$

$$(4-69)$$

$$\left.\begin{aligned} & R_{11} = \cos\Omega_1 \cos u_1 - \sin\Omega_1 \sin u_1 \cos i_1, \\ & R_{12} = \sin\Omega_1 \cos u_1 + \cos\Omega_1 \sin u_1 \cos i_1, R_{13} = \sin u_1 \sin i_1, \\ & R_{21} = -\cos\Omega \sin u_1 - \sin\Omega_1 \cos u_1 \cos i_1, \\ & R_{22} = -\sin\Omega_1 \sin u_1 + \cos\Omega_1 \sin u_1 \cos i_1, R_{23} = \sin i_1 \cos u_1, \\ & R_{31} = \sin\Omega_1 \sin i_1, R_{32} = -\cos\Omega_1 \sin i_1, R_{33} = \cos i_1 \end{aligned}\right\}$$

$$(4-70)$$

伴随航天器在 $o_e xyz$ 坐标系中的坐标为 (x_2, y_2, z_2)，且有

$$x_2 = r_2(\cos\Omega_2 \cos u_2 - \sin\Omega_2 \sin u_2 \cos i_2),$$
$$y_2 = r_2(\sin\Omega_2 \cos u_2 + \cos\Omega_2 \sin u_2 \cos i_2),$$
$$z_2 = r_2 \sin u_2 \sin i_2$$

利用变换关系（4-69），可得伴随航天器在 $o_1x_1y_1z_1$ 中的坐标为

$$\begin{bmatrix} \rho_u \\ \rho_v \\ \rho_w \end{bmatrix} = \begin{bmatrix} R_{11}x_2 + R_{12}y_2 + R_{13}z_2 - r_1 \\ R_{21}x_2 + R_{22}y_2 + R_{23}z_2 \\ R_{31}x_2 + R_{32}y_2 + R_{33}z_2 \end{bmatrix} \qquad (4-71)$$

此为伴随航天器相对主星的相对运动运动学关系。

4.4.1.2　伴随航天器与主星的相对运动运动学关系的应用

利用伴随航天器相对主星的相对运动运动学关系，可以解决以下问题。

1）若主星运行轨道已知，当通过相对运动动力学方程中其他方法确定了伴随轨道，则利用式（4-70）可求伴随航天器运行轨道 (x_2, y_2, z_2)，即

$$\begin{bmatrix} x_2 \\ y_2 \\ z_2 \end{bmatrix} = \widetilde{\boldsymbol{R}}^{-1} \begin{bmatrix} \rho_u + r_1 \\ \rho_v \\ \rho_w \end{bmatrix} \qquad (4-72)$$

其中　$\widetilde{\boldsymbol{R}}^{-1} = \widetilde{\boldsymbol{R}}'$。

2）若主星和伴随航天器的运行轨道已知，利用式（4-70）可解算伴随轨道。

3）与2）成逆问题，即由两航天器的伴随运动确定两个航天器的轨道。显然，这一逆问题比正问题2）更有工程实际意义。

随着航天技术的发展，对航天器之间的伴随运动将会提出越来越多的要求，例如，要求一个航天器围绕另一个航天器沿小椭圆飞行；一个航天器在另一个航天器前面做往复直线运动；一个航天器在另一个航天器后面沿小圆飞行；或多个航天器围绕一个航天器组成八卦阵和长蛇阵等。轨道设计人员的任务，就是根据任务规定的伴随轨道，确定航天器的轨道参数。一般情况下，对伴随轨道的要求往往多于两点，无法由已知的伴随轨道直接解算出两个航天器的轨道参数，因此，要进行轨道拟合。

4.4.2　伴随运动的运动学分析

假设主星轨道为圆，轨道半径和转速分别为 r，ω。

4.4.2.1　伴随航天器按圆轨道运行时的伴随运动分析

（1）共面情况（伴随航天器的轨道半径和转速分别为 r，ω 与主星相同）

1）在地心固连坐标系 $o_e xy$ 中（o_e 为地心，xy 为主星轨道平面，与地球固连），

主星：
$$\left.\begin{array}{l} x_1 = r\cos\theta_1 = r\cos(\omega t + \varphi_1) \\ y_1 = r\sin\theta_1 = r\sin(\omega t + \varphi_1) \end{array}\right\} \tag{4-73}$$

伴随航天器：
$$\left.\begin{array}{l} x_2 = r\cos\theta_2 = r\cos(\omega t + \varphi_2) \\ y_2 = r\sin\theta_2 = r\sin(\omega t + \varphi_2) \end{array}\right\} \tag{4-74}$$

伴随运动：
$$\left.\begin{array}{l} \rho_x = x_2 - x_1 = A_x \sin(\omega t + \varphi) \\ \rho_y = y_2 - y_1 = -A_x \cos(\omega t + \varphi) \end{array}\right\} \tag{4-75}$$

式中　ρ_x，ρ_y 为相对运动坐标，$A_x = 2r\sin\dfrac{\varphi_1 + \varphi_2}{2}$，$\varphi = \dfrac{\varphi_1 + \varphi_2}{2}$，可见在地心固连坐标系中，伴随轨道是以地心为圆心，以 A_x 为半径的圆（如图 4-15 所示）。

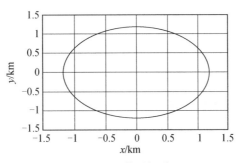

图 4-15　伴随轨道

在轨道坐标系 $o_1 x_1 y_1 z_1$ 中（o_1 为主星质心，x_1 沿位置矢量，y_1 与 x_1 垂直，z_1 向前），设 $\boldsymbol{u}$，v 为 x_1，y_1 方向的单位矢量，伴随运动为

$$\begin{bmatrix} \rho_u \\ \rho_v \end{bmatrix} = \begin{bmatrix} x_2\cos\theta_1 + y_2\sin\theta_1 - r \\ -\sin\theta_1 + y_2\cos\theta_1 \end{bmatrix} = \begin{bmatrix} r\cos(\varphi_2 - \varphi_1) - r \\ r\sin(\varphi_2 - \varphi_1) \end{bmatrix} \qquad (4-76)$$

可见，在轨道坐标系中，伴随运动为固定点。

由式（4—76）可见，$\Delta\varphi = \varphi_2 - \varphi_1$ 的正负决定伴随航天器相对主星的前后位置，正则在前。其大小决定距离主星的远近，大则远。另外，ρ_u 始终不大于零，即伴随航天器在主星斜下方。

（2）非共面情况（设两轨道平面夹角为 Ψ）

1）在地心固连坐标系 $o_e xyz$ 中，

主星：
$$\left. \begin{aligned} x_1 &= r\cos\theta_1 = r\cos(\omega t + \varphi_1) \\ y_1 &= r\sin\theta_1 = r\sin(\omega t + \varphi_1) \\ z_1 &= 0 \end{aligned} \right\} \qquad (4-77)$$

伴随航天器：
$$\left. \begin{aligned} x_2 &= r\cos\theta_2 = r\cos(\omega t + \varphi_2) \\ y_2 &= r\sin\theta_2\cos\Psi = r\cos\Psi\sin(\omega t + \varphi_2) \\ z_2 &= r\sin\theta_2\sin\Psi = r\sin\Psi\sin(\omega t + \varphi_2) \end{aligned} \right\} \qquad (4-78)$$

伴随运动：
$$\left. \begin{aligned} \rho_x &= x_2 - x_1 = A_x\sin(\omega t + \varphi_x) \\ \rho_y &= y_2 - y_1 = A_y\sin(\omega t + \varphi_y) \\ \rho_z &= z_2 - z_1 = z_2 = r\sin\Psi\sin(\omega t + \varphi_2) \\ &= A_z\sin(\omega t + \varphi_z) \end{aligned} \right\} \qquad (4-79)$$

式中　$A_x = -2r\sin\dfrac{\varphi_2 - \varphi_1}{2}$，$A_z = r\cos\Psi$

$$A_y = \sqrt{(r\cos\Psi\cos\varphi_2 - r\cos\varphi_1)^2 + (r\cos\Psi\cos\varphi_2 - r\sin\varphi_1)^2}$$

$$\varphi_x = \frac{\varphi_2 - \varphi_1}{2}, \quad \varphi_y = \operatorname{arctg}\frac{r\cos\Psi\sin\varphi_2 - r\sin\varphi_1}{r\cos\Psi\cos\varphi_2 - r\cos\varphi_1}, \quad \varphi_z = \varphi_2$$

可见伴随轨道是空间平面椭圆轨道，在 xy 面的投影是圆，在 xz 面的投影是直线。如图 4—16 所示。

2）在轨道坐标系 $ox_1 y_1 z_1$ 中，伴随运动为

$$\begin{bmatrix} \rho_u \\ \rho_v \\ \rho_w \end{bmatrix} = \begin{bmatrix} x_2\cos\theta_1 + y_2\cos\theta_1 - r \\ -x_2\sin\theta_1 + y_2\cos\theta_1 \\ z_2 \end{bmatrix} = \begin{bmatrix} A_u\sin(2\omega t + \varphi_u) + B_u \\ A_v\sin(2\omega t + \varphi_v) + B_v \\ A_z\sin(\omega t + \varphi_z) \end{bmatrix}$$

$$(4-80)$$

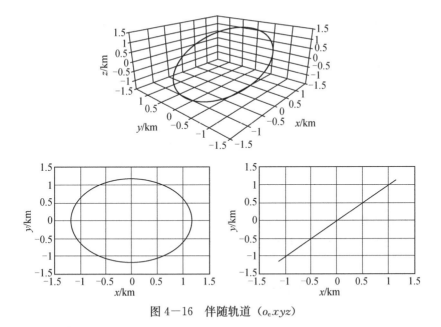

图 4－16　伴随轨道（$o_e xyz$）

其中　$A_u = \dfrac{r}{2}(1-\cos\Psi)$，$A_v = \dfrac{r}{2}(1-\cos\Psi) = A_u$，$A_z = r\sin\Psi$

$B_u = \dfrac{r}{2}\cos(\varphi_2 - \varphi_1)(1+\cos\Psi) - r$

$B_v = \dfrac{r}{2}\sin(\varphi_2 - \varphi_1)(1+\cos\Psi)$

$\varphi_u = \varphi_2 + \varphi_1$，$\varphi_v = \varphi_2 + \varphi_1 = \varphi_u$，$\varphi_z = \varphi_2$

可见，在轨道坐标系中，轨道平面内的伴随运动（如图 4－17（a）所示）为圆，圆心为（B_u，B_v），半径为 A_u，角速度为 2ω。垂直轨道平面的伴随运动（如图 4－17（b）所示）为简谐振动，角速度为 ω。

此外，B_u 始终不大于零，即伴随航天器在主星斜下方。又 $\Delta\varphi = \varphi_2 - \varphi_1$，$\Psi$ 均很小，则 $B_u \cong 0$。另外 $A_v = A_u = 0$，则轨道平面内的圆可看作一点。这样，整个伴随轨道可看作只有垂直轨道平面的直线摆动。$\Delta\varphi = \varphi_2 - \varphi_1$ 的正负决定轨道中心相对主星的前后，正则在前。其大小决定轨道中心距离主星的远近，大则远，Ψ 大小决定垂

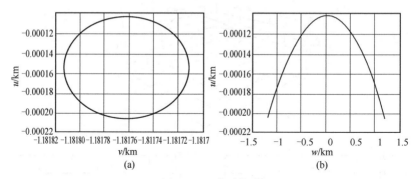

图 4-17　伴随轨道

直轨道平面的振幅，大则振幅大。

4.4.2.2　伴随航天器按椭圆轨道运行时的伴随运动分析

（1）共面情况

1）在地心固连坐标系 $o_e xy$ 中，

主星：
$$\left.\begin{array}{l} x_1 = r\cos\theta_1 = r\cos(\omega t + \varphi_1) \\ y_1 = r\sin\theta_1 = r\sin(\omega t + \varphi_1) \end{array}\right\} \qquad (4-81)$$

伴随航天器：
$$\left.\begin{array}{l} x_2 = r\cos\theta_2 \\ y_2 = r\sin\theta_2 \end{array}\right\} \qquad (4-82)$$

其中　$r_2 = \dfrac{p}{1 + e\cos\theta_2}, \theta_2 = \displaystyle\int_0^t \omega_2 \, dt + \varphi_2, \omega_2 = \dfrac{h}{r_2^2} = \dfrac{\sqrt{pu}}{r_2^2}$

伴随运动：
$$\left.\begin{array}{l} \rho_x = x_2 - x_1 = r_2\cos\left(\displaystyle\int_0^t \omega_2 \, d t + \varphi_2\right) - r\cos(\omega t + \varphi_1) \\ \rho_y = y_2 - y_1 = r_2\sin\left(\displaystyle\int_0^t \omega_2 \, d t + \varphi_2\right) - r\sin(\omega t + \varphi_1) \end{array}\right\}$$
$$(4-83)$$

可见，伴随轨道是椭圆轨道，如图 4-18 所示。

在轨道坐标系 $o_1 x_1 y_1$ 中，伴随运动为

$$\begin{bmatrix} \rho_u \\ \rho_v \end{bmatrix} = \begin{bmatrix} x_2\cos\theta_1 + y_2\cos\theta_1 - r \\ -x_2\cos\theta_2 + y_2\cos\theta_1 \end{bmatrix} = \begin{bmatrix} r_2\cos(\theta_2 - \theta_1) - r \\ r_2\sin(\theta_2 - \theta_1) \end{bmatrix}$$

$$(4-84)$$

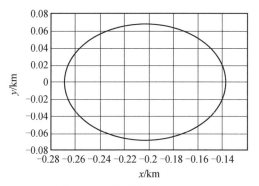

图 4-18　伴随轨道（$o_e xyz$）

可见，伴随航天器相对主星的运动是以（0，0）为焦点的椭圆，如图 4-19 所示。

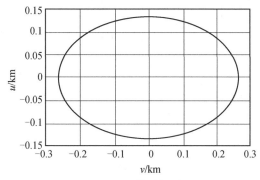

图 4-19　伴随轨道

（2）非共面情况（设两轨道平面间的夹角为 Ψ）

1）在地心固连坐标系 $o_e xyz$ 中，

主星：
$$\left.\begin{array}{l} x_1 = r\cos\theta_1 = r\cos(\omega t + \varphi_1) \\ y_1 = r\sin\theta_1 = r\sin(\omega t + \varphi_1) \\ z_1 = 0 \end{array}\right\} \qquad (4-85)$$

伴随航天器：
$$\left.\begin{array}{l} x_2 = r_2\cos\theta_2 \\ y_2 = r_2\sin\theta_2\cos\Psi \\ z_2 = r_2\sin\theta_2\sin\Psi \end{array}\right\} \qquad (4-86)$$

式中　$r_2 = \dfrac{p}{1+e\cos\theta_2}$，$\theta_2 = \displaystyle\int_0^t \omega_2 \mathrm{d}t + \varphi_2$，$\omega_2 = \dfrac{h}{r_2^2} = \dfrac{\sqrt{pu}}{r_2^2}$

伴随运动：

$$
\left.
\begin{aligned}
\rho_x &= x_2 - x_1 = r_2\cos(\int_0^t \omega_2 \mathrm{d}t + \varphi_2) - r\cos(\omega t + \varphi_1) \\
\rho_y &= y_2 - y_1 = r_2\sin(\int_0^t \omega_2 \mathrm{d}t + \varphi_2)\cos\Psi - r\sin(\omega t + \varphi_1) \\
\rho_z &= y_z - y_z = r_2\sin(\int_0^t \omega_2 \mathrm{d}t + \varphi_2)\sin\Psi
\end{aligned}
\right\}
$$

$$(4-87)$$

可见，伴随轨道是空间轨道，在 xy 面的投影是近椭圆，在 xz 面的投影是类抛物线状的轨道，如图 4-20 所示。

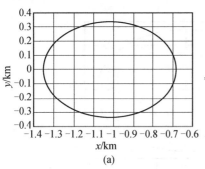
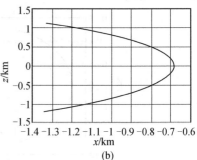

图 4-20　伴随轨道（$o_e xyz$）

2）在轨道坐标系 $o_1 x_1 y_1 z_1$ 中，伴随运动为

$$
\begin{bmatrix} \rho_u \\ \rho_v \\ \rho_w \end{bmatrix}
=
\begin{bmatrix} x_2\cos\theta_1 + y_2\cos\theta_1 - r \\ -x_2\sin\theta_1 + y_2\cos\theta_1 \\ z_2 \end{bmatrix}
=
$$

$$
\begin{bmatrix}
\dfrac{r_2}{2}(1+\cos\Psi)\cos(\int_0^t \omega_2 \mathrm{d}t - \omega t + \varphi_2 - \varphi_1) + \dfrac{r_2}{2}\cos(\int_0^t \omega_2 \mathrm{d}t + \omega t + \varphi_2 + \varphi_1)(1-\cos\Psi) - r \\
-\dfrac{r_2}{2}(1+\cos\Psi)\sin(\int_0^t \omega_2 \mathrm{d}t - \omega t - \varphi_1 - \varphi_2) + \dfrac{r_2}{2}\sin(\int_0^t \omega_2 \mathrm{d}t + \omega t + \varphi_2 + \varphi_1)(1-\cos\Psi) \\
r_2\sin(\int_0^t \omega_2 \mathrm{d}t + \varphi_2)\sin\Psi
\end{bmatrix}
$$

$$(4-88)$$

$$(\rho_u + r)^2 + \rho_v^2 = 2\left(\frac{r_2}{2}\right)^2\left[(1 + \cos^2\Psi) + (1 - \cos^2\Psi)\cos(2\int_0^t \omega_2 dt + \varphi_2)\right]$$

$$(4-89)$$

所以，轨道平面内的运动（如图4—21（a））是以（0，0）为焦点，以 r_p 为半径的近似椭圆，在这里 $\rho_v^2 = 2\left(\frac{r_2}{2}\right)^2\left[(1 + \cos^2\Psi) + (1 - \cos^2\Psi)\cos(2\int_0^t \omega_2 dt + \varphi_2)\right]$

垂直轨道平面的伴随运动如图4—21（b）所示，角速度为 ω。

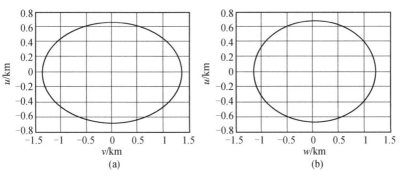

图4—21　伴随运动

4.5　在轨机动绕飞与接近

绕飞是一个航天器在一定距离范围内伴随另一个航天器飞行的相对运动，有自然绕飞和机动（快速）绕飞之分。自然绕飞运动的周期与目标航天器的轨道周期相同，随着目标航天器轨道高度的增加，自然绕飞的周期也增加。绕飞运动为航天器提供了全方位和全面探查目标的能力，在航天器在轨检查与监视、空间目标识别、辅助航天员舱外活动、航天器编队飞行、空间交会对接等空间活动中具有重要应用。

在轨航天器遇到紧急特殊情况时，如航天器外部故障、受到空间碎片或陨石的撞击、在轨外部故障检测、战时特殊应用等，要求根据需要能及时、多次、连续地提供航天器外部的故障情况和相关信息，这就要求一个航天器根据需要可快速进入、近距离停靠、快速伴随飞行、退出伴飞，或接近、捕获乃至摧毁目标航天器，其伴随目标飞行的周期远小于其自身围绕地球运行的周期。

机动绕飞是指航天器在距目标近距离或超近距离，通过特殊的机动和控制方式，快速、精确、可控、优化地建立起与目标确定的相对运动关系，以便在轨完成临近作业的空间活动。机动绕飞周期通常为 0.1~0.5 轨道周期（低地球轨道航天器的机动绕飞周期为几分钟~几十分钟），随着绕飞周期的减小，完成绕飞运动所需的总脉冲增加。显然，机动绕飞也是一种先进的在轨作业，具有重要的军事和民用价值，在航天器近距离观测、空间目标识别与侦察、在轨应急服务中具有广泛应用前景。

研究航天器自主接近与机动绕飞的轨道设计、制导与控制问题，探讨其在航天器在轨支援与服务中的应用具有重要的理论和现实意义。

4.5.1　长期绕飞轨道设计

借助轨道保持和控制技术，服务航天器可以长期沿自然绕飞轨道运行，称这种持续时间较长的绕飞运动为长期绕飞运动。长期绕飞轨道可以作为服务航天器的待命轨道，从这种轨道机动到机动绕飞或超近距离绕飞等其他形式的绕飞轨道上，执行对目标航天器的监测、接近、捕获等任务。对于长期绕飞轨道的设计与控制问题，其中最关键的是减少维持长期绕飞轨道所需要的速度脉冲消耗，延长对目标航天器的绕飞时间。

减少长期绕飞轨道速度脉冲消耗有两种途径：一是在轨道设计时减少或利用摄动因素对相对轨道的影响，延长无控绕飞时间；二是进行相对轨道控制时根据最优控制理论设计控制律，减少相对轨道的控制代价。以此为出发点，本节提出两种长期绕飞轨道设计方法：基于平均轨道要素的同步摄动方法和基于相对轨道要素的设计方法。

4.5.1.1 基于平均轨道要素的长期绕飞轨道设计

（1）相对轨道同步摄动条件

本节只考虑受 J_2 项摄动影响最小的长期绕飞轨道设计。由于平均轨道要素直接反映摄动的长期项影响，因此，可以通过选择相对平均轨道要素来消除摄动长期项的影响，使两航天器的轨道实现同步摄动。J_2 项摄动引起平升交点赤经 Ω、平近地点幅角 ω 及平近点角 M 的长期漂移，漂移率可以表示为

$$\left.\begin{aligned}
\frac{\mathrm{d}\Omega}{\mathrm{d}t} &= -\frac{3}{2}J_2 n\left(\frac{R_\mathrm{e}}{p}\right)^2 \cos i \\
\frac{\mathrm{d}\omega}{\mathrm{d}t} &= \frac{3}{4}J_2 n\left(\frac{R_\mathrm{e}}{p}\right)^2 (5\cos^2 i - 1) \\
\frac{\mathrm{d}M}{\mathrm{d}t} &= n + \frac{3}{4}J_2 n\left(\frac{r_\mathrm{eq}}{p}\right)^2 \sqrt{1-e^2}(3\cos^2 i - 1)
\end{aligned}\right\} \quad (4-90)$$

这里所有的轨道要素都是平均轨道要素。

下面对方程进行无量纲化处理。距离的无量纲尺度为地球赤道半径 R_e，时间的无量纲尺度 $\tau = t n_\mathrm{e}$，其中 $n_\mathrm{e} = \sqrt{\dfrac{\mu}{R_\mathrm{e}^3}}$。这样平升交点赤经的变化率可以写为

$$\frac{\mathrm{d}\Omega}{\mathrm{d}t} = \frac{\mathrm{d}\Omega}{\mathrm{d}\tau}\frac{\mathrm{d}\tau}{\mathrm{d}t} = \Omega' n_\mathrm{e} \quad (4-91)$$

其中 $(\ )' = \dfrac{\mathrm{d}(\ )}{\mathrm{d}\tau}$。定义 $\eta = \sqrt{1-e^2}$，无量纲平升交点赤经的变化率可以写为

$$\Omega' = -\frac{3}{2}J_2 \sqrt{\frac{R_\mathrm{e}^7}{a^7}}\frac{\cos i}{\eta^4} \quad (4-92)$$

定义无量纲平半长轴 L 为

$$L = \sqrt{\frac{a}{R_\mathrm{e}}} \quad (4-93)$$

则无量纲化平均轨道要素变化率可以写为

$$\left.\begin{array}{l}
\Omega' = -\dfrac{3}{2} J_2 \dfrac{\cos i}{L^7 \eta^4} \\[3mm]
\omega' = \dfrac{3}{4} J_2 \dfrac{(5\cos^2 i - 1)}{L^7 \eta^4} \\[3mm]
M' = \dfrac{1}{L^3} + \dfrac{3}{4} J_2 \dfrac{(3\cos^2 i - 1)}{L^7 \eta^3}
\end{array}\right\} \qquad (4-94)$$

为了使相对轨道不随时间漂移，理想的情况是使服务航天器和目标航天器平均轨道要素的漂移率 Ω'、ω'、M' 相等，而这只有在两航天器的 L、η 和 i 的值完全相等的情况下才能实现，这样就严重约束了可能的相对轨道。这里通过使两航天器的平升交点赤经 Ω 和平纬度幅角 θ_M 的漂移率相等来实现对长期轨道漂移的抑制，即要求

$$\left.\begin{array}{l}
\Omega'_T = \Omega'_C \\[2mm]
\theta'_{M_C} = M'_C + \omega'_C = \theta'_{M_T}
\end{array}\right\} \qquad (4-95)$$

这样两航天器的平近点角及平近地点幅角的漂移率可以不同，而只要它们的漂移率之和相等就可以了。通常情况下取这两个平均轨道要素的漂移率大小相等、方向相反。

根据式（4-91），平纬度幅角的变化率 θ'_M 可以表示为

$$\theta'_M = \dfrac{1}{L^3} + \dfrac{3}{4} J_2 \dfrac{1}{L^7 \eta^4} \big[\eta(3\cos^2 i - 1) + (5\cos^2 i - 1) \big]$$

$$(4-96)$$

认为 $\theta'_M = \theta'_M(L, \eta, i)$，则服务航天器的平纬度幅角变化率可以围绕目标航天器的平纬度幅角变化率展开为

$$\theta'_{M_C} = \theta'_{M_T} + \dfrac{\partial \theta'_{M_T}}{\partial L} \delta L + \dfrac{\partial \theta'_{M_T}}{\partial \eta} \delta \eta + \dfrac{\partial \theta'_{M_T}}{\partial i} \delta i + H.O.T.$$

$$(4-97)$$

式中　$H.O.T.$——表示高阶项。

定义平纬度幅角变化率的差值为 $\delta\theta'_M$，则式（4-97）的一阶近似为

$$\delta \theta'_{M} = \theta'_{M_{C}} - \theta'_{M_{T}} = \frac{\partial \theta'_{M_{T}}}{\partial L}\delta L + \frac{\partial \theta'_{M_{T}}}{\partial \eta}\delta \eta + \frac{\partial \theta'_{M_{T}}}{\partial i}\delta i$$

$$(4-98)$$

同样平升交点赤经变化率 Ω' 的差值 $\delta\Omega'$ 为

$$\delta \Omega' = \frac{\partial \Omega'_{T}}{\partial L}\delta L + \frac{\partial \Omega'_{T}}{\partial \eta}\delta \eta + \frac{\partial \Omega'_{T}}{\partial i}\delta i \qquad (4-99)$$

为了表述方便，所有的下标 T 将略去，除非特别说明，所有的轨道要素均为目标航天器的轨道要素。

为了使服务航天器和目标航天器的 θ'_{M} 和 Ω' 相等，必须使式 (4-98) 及式 (4-99) 中的 $\delta\theta'_{M}$ 及 $\delta\Omega'$ 为零。式 (4-99) 分别对 L、η 和 i 求偏导数，并代入式 (4-98)，可以得到两航天器平纬度幅角漂移率相等的条件为

$$-\frac{3}{L^4}\delta L + J_2\frac{21}{4L^8\eta^4}\big[\eta(1-3\cos^2 i) + (1-5\cos^2 i)\big]\delta L +$$

$$J_2\frac{3}{4L^7\eta^5}\big[3\eta(1-3\cos^2 i) + 4(1-5\cos^2 i)\big]\delta \eta -$$

$$J_2\frac{3}{2L^7\eta^4}(3\eta + 5)\cos i\sin i\delta i = 0$$

$$(4-100)$$

可以证明上式中 δL 的量级同 J_2 相同，因此，式中的 $J_2\delta L$ 作为高阶项可以略去，这样式 (4-97) 的一阶近似为

$$-\delta L + J_2\frac{1}{4L^3\eta^5}\big[3\eta(1-3\cos^2 i) + 4(1-5\cos^2 i)\big]\delta \eta -$$

$$J_2\frac{1}{2L^3\eta^4}(3\eta + 5)\cos i\sin i\delta i = 0$$

$$(4-101)$$

式 (4-91) 中的第一式分别对 L、η 和 i 求偏导数，并代入式 (4-99)，可以得到两航天器平升交点赤经漂移率相等的条件为

$$\frac{3J_2}{2L^7\eta^5}\Big[\frac{7}{L}\cos i\delta L + 4\cos i\delta \eta + \eta\sin i\delta i\Big] = 0 \qquad (4-102)$$

同样略去高阶项 $J_2\delta L$，可以得到服务航天器和目标航天器平升

交点赤经漂移率相等的一阶近似条件为

$$\delta\eta = -\frac{\eta}{4}\tan i\delta i \qquad (4-103)$$

将式（4－103）中的 δi 代入式（4－101）可以得到

$$\delta L = \frac{J_2}{4L^4\eta^5}(4+3\eta)(1+5\cos^2 i)L\delta\eta \qquad (4-104)$$

式（4－104）即为两航天器平纬度幅角漂移率相等的一阶近似条件。

式（4－103）和式（4－104）即为基于平均轨道要素的两航天器相对轨道同步摄动条件。采用同步摄动方法设计相对轨道，当 δi、δe 和 δa 中的一个确定以后，其余两个可以根据式（4－103）和式（4－104）确定。在不影响同步摄动条件的前提下，$\delta\Omega$、$\delta\omega$ 和 δM 可以任意选取，但要满足对相对轨道尺寸的要求。值得注意的是，式（4－103）的处理方法并不适用于运行在极地轨道上的目标航天器。

由于所得到的同步摄动条件只是非线性问题的一阶近似，因此，根据这两个条件设计出来的相对轨道在 J_2 项摄动的影响下，还是会有一些漂移。

（2）长期绕飞轨道设计

根据同步摄动条件确定两航天器的初始平均轨道要素后，进行从平均轨道要素到密切轨道要素的转换，得到两航天器的初始密切轨道要素，进而求得两航天器在惯性系下的初始位置和速度。考虑 J_2 项摄动，在惯性系下分别积分两航天器的运动方程，做差得到惯性系下的相对位置和速度，通过坐标变换得到目标航天器曲线坐标系下的相对位置和速度。当绕飞过程有距离约束时，平均轨道要素差值的选取要满足相对距离要求。

取初始时刻目标航天器的初始平均轨道要素为 ｛7 148 865，0.05，45°，20°，30°，0°｝，分别为半长轴（m）、偏心率、倾角、升交点赤经、近地点幅角和平近点角。取两航天器的平升交点赤经差值 $\delta\Omega = 0.005°$，平近地点幅角差值和平近点角差值分别为 $\delta\omega = 0.01°$ 和 $\delta M = -0.01°$。平偏心率差值 $\delta e = 0.000\ 1$，根据式（4－103）和式（4－104）可以计算平半长轴差值 $\delta a = -0.379\,98$ m，平轨道倾角差值 $\delta i = 0.001\,149°$。考虑 J_2 项摄动，在一天的仿真时间内两航天器之间的相对轨道如图 4－22 所示。在一天时间内，两航天器之间相对距离的最大值为 1 921.65 m，最小相对距离为 673.5 m。

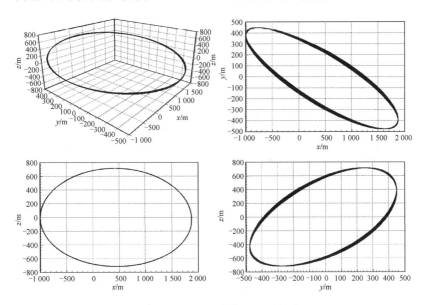

图 4－22　理想长期绕飞相对轨道

在上面的仿真中初始条件是以平均轨道要素的形式给出，若假设上述初始轨道要素是密切轨道要素，则考虑 J_2 项摄动，不考虑同步摄动条件，在一天的仿真时间内两航天器之间的相对轨道如图 4－23 所示。在一天时间内，两航天器之间相对距离的最大值为 2 133.36 m，最小相对距离为 606.55 m。

对比图 4－22 与图 4－23 可以看出，图 4－22 中 x 轴方向相对轨道的漂移要明显小于图 4－23 中 x 轴方向的相对轨道漂移，这也说明了按照同步摄动条件在平均轨道要素域内选择长期绕飞初始条件，能够减少 J_2 项摄动对相对轨道的影响。

在同样的初始条件下，若采用相对运动状态转移矩阵进行长期绕飞轨道设计，结果如图 4－24 所示。在一天时间内，两航天器之

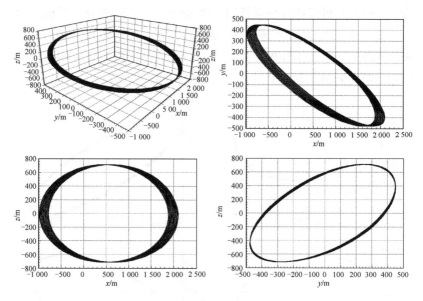

图 4—23　不考虑同步摄动条件的长期绕飞相对轨道

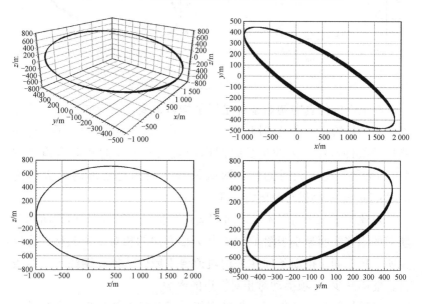

图 4—24　理想长期绕飞轨道

间相对距离的最大值为 1 919.74 m，最小相对距离为 671.65 m。

对比图 4－22 与图 4－24 可以看出，采用相对运动状态转移矩阵进行长期绕飞轨道设计，所得到的在目标航天器轨道坐标系下的相对轨道与目标航天器曲线坐标系下的标准相对轨道误差很小，可以认为相对运动状态转移矩阵同样能够进行长期绕飞轨道的设计。

4.5.1.2　基于相对轨道要素的长期绕飞轨道设计与控制

相对轨道要素能够直观地反映绕飞轨道相对目标航天器的方位、相对轨道的尺寸以及服务航天器在绕飞轨道上的位置，适用于结合任务需求的长期绕飞轨道设计。

（1）相对轨道要素

C－W 方程的解析解可以写为

$$
\left.
\begin{aligned}
x(t) &= x_0 + 6(nt - \sin nt)z_0 + \left(\frac{4}{n}\sin nt - 3t\right)\dot{x}_0 + \frac{2}{n}(1 - \cos nt)\dot{z}_0 \\
y(t) &= y_0 \cos nt + \frac{\dot{y}_0}{n}\sin nt \\
z(t) &= (4 - 3\cos nt)z_0 - \frac{2}{n}(1 - \cos nt)\dot{x}_0 + \frac{\dot{z}_0}{n}\sin nt \\
\dot{x}(t) &= 6n(1 - \cos nt)z_0 + (4\cos nt - 3)\dot{x}_0 + 2\dot{z}_0\sin nt \\
\dot{y}(t) &= -ny_0\sin nt + \dot{y}_0\cos nt \\
\dot{z}(t) &= 3nz_0\sin nt - 2\dot{x}_0\sin nt + \dot{z}_0\cos nt
\end{aligned}
\right\}
$$

$$（4-105）$$

定义相对轨道要素

$$
\left.
\begin{aligned}
a_e &= 2\sqrt{\left(\frac{\dot{z}}{n}\right)^2 + \left(2\frac{\dot{x}}{n} - 3z\right)^2} & x_d &= x + 2\frac{\dot{z}}{n} \\
z_d &= 4z - 2\frac{\dot{x}}{n} & \beta &= \arctan\left(\frac{-\dot{z}}{2\dot{x} - 3nz}\right) \\
y_{\max} &= \sqrt{\left(\frac{\dot{y}}{n}\right)^2 + y^2} & \psi &= \arctan\left(\frac{ny}{\dot{y}}\right)
\end{aligned}
\right\}
$$

$$（4-106）$$

下面具体介绍相对轨道要素的含义。服务航天器相对目标航天器的相对轨道是一个中心在 $(x_d, 0, z_d)$ 的空间椭圆，这一椭圆的中心沿 x 方向以 $\dfrac{3nz_d}{2}$ 的速率漂移。空间椭圆在目标航天器轨道平面内的投影是一个半长轴为 a_e，半短轴为 $\dfrac{a_e}{2}$ 的椭圆，其半长轴沿 x 方向，半短轴沿 z 方向。β 角表征服务航天器在投影椭圆上的位置，$\beta = 0$ 对应服务航天器绝对轨道的近地点（投影椭圆的最低点）。y 方向的相对运动为一简谐振荡，振幅为 y_{max}，相位角为 ψ。服务航天器在惯性系下的轨道与目标航天器在惯性系下的轨道在 $\psi = 0$（y 方向分量由正变负）与 $\psi = \pi$（y 方向分量由负变正）处相交，在 $\psi = \dfrac{\pi}{2}$ 与 $\psi = \dfrac{3\pi}{2}$ 处，y 向相对运动分别达到最小值与最大值。定义 $\psi = 0$ 的点为相对升交点，$\psi = \pi$ 的点为相对降交点。

根据 t_0 时刻的相对轨道要素，由式（4—105），t 时刻在目标航天器轨道坐标系下的相对位置和相对速度可以表示为

$$\left.\begin{array}{l} x = a_{e0}\sin(\beta_0 + nt) + x_{d0} + \dfrac{3}{2}nz_{d0}t \\[2mm] y = y_{max0}\sin(\psi_0 + nt) \\[2mm] z = \dfrac{a_{e0}}{2}\cos(\beta_0 + nt) + z_{d0} \\[2mm] \dot{x} = a_{e0}n\cos(\beta_0 + nt) + \dfrac{3}{2}nz_{d0} \\[2mm] \dot{y} = y_{max0}n\cos(\psi_0 + nt) \\[2mm] \dot{z} = -\dfrac{a_{e0}}{2}n\sin(\beta_0 + nt) \end{array}\right\} \qquad (4-107)$$

将式（4—107）代入式（4—106）可以得到任意时刻 t 相对轨道要素的表达式

$$\left.\begin{array}{ll} a_e = a_{e0} & x_d = x_{d0} + \dfrac{3}{2}nz_{d0}t = x_{d0} + \dfrac{3}{2}nz_d t \\[2mm] z_d = z_{d0} & y_{max} = y_{max0} \\[2mm] \beta = \beta_0 + nt & \psi = \psi_0 + nt \end{array}\right\} (4-108)$$

从上式可以看出，根据 C—W 方程的解析解，相对轨道要素 a_e、z_d、y_{max} 为常值，因此，式（4—107）又可以写为

$$
\left.
\begin{aligned}
x &= a_e\sin\beta + x_d &\quad \dot{x} &= a_{e0}n\cos\beta + \frac{3}{2}nz_d \\
y &= y_{max}\sin\psi &\quad \dot{y} &= y_{max}n\cos\psi \\
z &= \frac{a_e}{2}\cos\beta + z_d &\quad \dot{z} &= -\frac{a_e}{2}n\sin\beta
\end{aligned}
\right\}
\quad (4-109)
$$

由式（4—108）中的第 2 项可以看出，x_d 是随时间而变的，其速率正比于 z_d。要使相对椭圆中心不随时间漂移，则对应 $z_d=0$，x_d 为常值，这种情况下两航天器轨道的半长轴相等。

（2）长期绕飞轨道设计

首先根据任务要求确定绕飞轨道的相对轨道要素。根据相对轨道要素可以得到两航天器之间的相对位置和相对速度，进而确定服务航天器在惯性系中的初始位置和速度，不考虑摄动因素在惯性系中分别积分两航天器的运动方程，将两航天器惯性系中的位置、速度作差并转换到目标航天器轨道坐标系中进行长期绕飞轨道设计。

取初始时刻目标航天器密切轨道要素为 $\{7\,148\,865，0.01，45°，20°，30°，0°\}$，初始相对轨道要素 $a_e=100$ m，$x_d=200$ m，$z_d=0$ m，$\beta=270°$，$y_{max}=20$ m，$\psi=0°$，仿真时间为一天，所得到的绕飞轨道如图 4—25 所示。在一天时间内，两航天器之间相对距离的最大值为 296.13m，最小相对距离为 100 m。

由于相对轨道要素建立在 C—W 方程的解析解的基础上，因此，只适用于目标航天器运行在小偏心率椭圆轨道或圆轨道且两航天器之间相对距离较近的情况。在仿真中，目标航天器的轨道偏心率为 0.01，可以看出所得到的仿真结果与相对轨道要素所描述的绕飞轨道有些出入，但差别很小。采用上述方法设计的绕飞轨道可以作为长期绕飞轨道控制中的理想轨道。

4.5.1.3　两种长期绕飞轨道设计方法的联系

首先，在基于平均轨道要素的轨道设计中，给定初始时刻目标

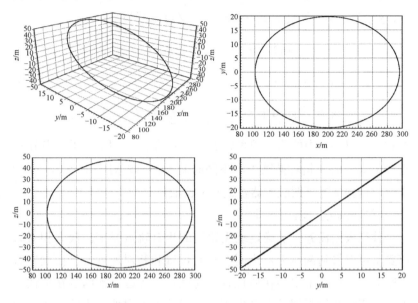

图 4-25　理想长期绕飞轨道

航天器平均轨道要素和两航天器平均轨道要素之差，可以得到初始时刻目标航天器轨道坐标系下的相对位置、速度，然后根据式（4-106）可以得到初始时刻的相对轨道要素，从而确定相对轨道的大致方位和形状。同样若已知相对轨道要素，则可以得到两航天器的平均轨道要素之差，从而判断所设计的相对轨道是否满足同步摄动条件。

4.5.2　接近与机动绕飞轨道设计

机动绕飞是指航天器在距目标近距离或超近距离，通过特殊的机动和控制方式，快速、精确、可控、优化地建立起与目标确定的相对运动关系，以便在轨完成临近作业的空间活动。机动绕飞与自然绕飞相比，可以在目标航天器的一个运行周期内对其进行多次观测，对其进行长时间固定监视、侦查、拍照等。这些特性在军民两方面都有广阔的应用前景。因此，进行机动绕飞技术与应用研究具有重要意义。

在实施机动绕飞运动的过程中，服务航天器首先需要机动到规划的机动绕飞轨道上来，然后再进行机动绕飞运动；在机动绕飞运动完成后，还需要服务航天器机动到其他的轨道上去。因此，整个机动绕飞过程包括 3 个阶段：接近或进入绕飞阶段，快速绕飞和绕飞阶段，撤离或退出绕飞阶段。由于撤离和退出绕飞阶段与接近和进入阶段在很多方面都是类似的，因此，这里重点对接近和进入绕飞轨道的设计与制导进行描述。

服务航天器在接近目标航天器的过程中，在一些情况下需要对其接近轨迹进行约束，以满足轨迹的安全性要求或满足测量敏感器的测量视场要求。在轨道快车演示验证计划中，提出了走廊接近的概念，即要求 ASTRO 相对 NEXTSat 的接近轨迹在一个假想的锥体范围内。

机动绕飞运动是在外力作用下实现的，服务航天器可在短时间内伴随目标航天器周期飞行。存在有多种形式的机动绕飞轨道，包括振荡轨道、悬挂轨道、泪滴轨道等。本节仅介绍泪滴形状的机动绕飞轨道设计和等时间/等角度机动绕飞轨道的设计，并对影响机动绕飞轨道的主要因素进行分析。

4.5.2.1　泪滴形状的机动绕飞轨道设计

根据前面提到的基于 C－W 方程的零接近速度制导律，当服务航天器沿 R 轴方向接近目标航天器时，如果初始时刻的相对速度满足一定的条件，那么服务航天器在到达目标位置时沿 R 轴方向的相对速度为零，而沿目标航天器轨道坐标系 x 轴方向存在一个相对速度，此时若不作用速度脉冲，那么服务航天器能够回到原来的初始相对位置。重复上述过程，则服务航天器与目标航天器之间形成泪滴形状的相对轨道。

泪滴轨道的特点是只经过一次脉冲作用就到达指定位置，并借助自然规律远离目标形成泪滴形状的相对轨道。泪滴轨道的周期为 2 倍的采用零接近速度制导律接近的时间。运行在泪滴形状机动绕飞轨道上的服务航天器可以在目标航天器的上方或下方进行盘旋侦察。

假设目标航天器运行在圆轨道上，半长轴为 7 148 865 m，两航天器的初始相对位置为 $x_0 = 0$、$y_0 = 0$、$z_0 = -1\ 000$ m，$z_f = -600$ m，$\lambda_{max} = 5°$，根据上面所述的方法可以得到仿真结果如图4—26所示。

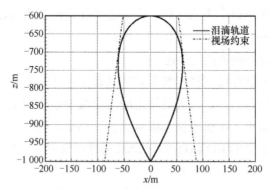

图4—26　泪滴形状的相对轨道

由图中可见，泪滴相对运动轨道满足视场约束条件。要形成泪滴轨道，初始时刻的相对速度为 $\dot{x}_0 = -0.553\ 762$ m/s，$\dot{y}_0 = 0$，$\dot{z}_0 = 1.366\ 57$ m/s。泪滴轨道的周期为 1 136.25 s，远小于目标航天器的轨道周期。一个绕飞周期后，服务航天器回到原来的初始位置，即 $x = 0$、$y = 0$、$z = -1\ 000$ m，此时的相对速度为 $\dot{x} = -0.553\ 895$ m/s，$\dot{y} = 0$，$\dot{z} = -1.366\ 67$ m/s，可以看出 x 方向的相对速度基本上与初始相对速度相同，而 z 方向的相对速度与初始相对速度相反。为了实现下一个泪滴相对轨道，需要沿 z 轴正方向作用速度脉冲 2.733 24 m/s。在一个目标航天器轨道周期内可以实现 5 次这样的泪滴形状的机动绕飞轨道，形成这种相对轨道所需要的速度脉冲为 13.666 2 m/s。

4.5.2.2　等时间/等角度机动绕飞轨道设计

这里的等时间/等角度机动绕飞轨道是指以目标航天器为中心，规划一条半径已知的圆轨道，借助速度脉冲作用使服务航天器沿规划的相对轨道运动。速度脉冲作用点在规划轨道上，两次速度脉冲之间的角度间隔和时间间隔相等。在脉冲作用点，实际轨道与规划轨道重合。在两次速度脉冲之间的实际相对运动轨道不和规划轨道重合，其运动规律满足相对运动方程式。如果脉冲作用次数 $N \to \infty$，则实际轨道与规划轨道重合。

　　为了方便描述服务航天器对目标航天器机动绕飞的一般情况，定义机动绕飞轨道平面固连坐标系 $ox'y'z'$：y' 轴垂直于绕飞轨道平面，x' 轴在绕飞轨道平面内指向绕飞初始位置方向，z' 轴与 x' 轴、y' 轴构成右手坐标系。机动绕飞轨道平面固连坐标系 $ox'y'z'$ 可以由目标航天器轨道坐标系 $oxyz$ 通过三次旋转来实现。以坐标系 $oxyz$ 为基准坐标系，先沿 z 轴旋转角度 θ_z，得到中间坐标系 $ox''y''z$，接着，再沿 x'' 轴旋转角度 θ_x，得到坐标系 $ox''y'''z'''$。此时的 y' 轴方向就和绕飞轨道平面的法线方向重合。最后绕 y' 轴旋转角度 θ_y 得到坐标系 $ox'y'z'$。

　　这样与目标航天器共面或异面的机动绕飞轨道可以用 4 个特征量来描述：r，θ_z，θ_x，θ_{yt}。其中，r 为绕飞轨道半径；θ_x，θ_z 为目标航天器轨道坐标系 $oxyz$ 与 $ox'y'z'$ 系之间的旋转角度，表征机动绕飞轨道平面与目标航天器轨道平面之间的方位；θ_{yt} 为 t 时刻服务航天器相对位置与 ox' 轴之间的夹角，决定服务航天器在机动绕飞轨道上的位置。当服务航天器位于 x' 轴上时，$\theta_{yt} = 0$；当绕飞轨道与目标航天器轨道共面时，$\theta_x = \theta_z = 0$。当 $\theta_x = 0$，$\theta_z = \pm\dfrac{\pi}{2}$ 时，绕飞平面是 yz 平面。当 $\theta_x = \pm\dfrac{\pi}{2}$，$\theta_z = 0$ 时，绕飞平面是 xy 平面。

　　由于机动绕飞过程中，脉冲作用点等时间、等角度间隔分布，则在任意时刻 t，有

$$\theta_{yt} = \theta_{y0} + 2\pi t/T \qquad (4-110)$$

式中　θ_{y0}——初始时刻服务航天器相对位置与 ox' 轴之间的夹角；

　　　　T——机动绕飞周期。

　　根据坐标系 $oxyz$ 与 $ox'y'z'$ 之间的坐标变换关系，可以得到 t 时

刻服务航天器在 $oxyz$ 系内的瞬时相对位置 $\boldsymbol{r}_t$

$$\boldsymbol{r}_t = r \begin{bmatrix} \cos\theta_{yt}\cos\theta_z + \sin\theta_x\sin\theta_{yt}\sin\theta_z \\ \cos\theta_{yt}\sin\theta_z - \sin\theta_x\sin\theta_{yt}\cos\theta_z \\ \cos\theta_x\sin\theta_{yt} \end{bmatrix} \qquad (4-111)$$

假设服务航天器通过 N 次速度脉冲实现一周的机动绕飞，在某个时刻 $t_m = m\Delta t$ （$m=0$，1，$\cdots$，$N-1$），经过第 m 次速度脉冲后，服务航天器从 r_m 转移到 r_{m+1}，根据式（4-111）可以求出 r_m 和 r_{m+1}。采用相对运动状态转移矩阵作为描述机动绕飞过程的相对运动模型，对相对位置 r_m 和 r_{m+1} 进行变换，得到 $\tilde{r}_m$ 和 $\tilde{r}_{m+1}$。然后计算出速度脉冲大小，以及两次脉冲之间的机动绕飞轨迹。

第 5 章　有人在轨服务

5.1　概述

有人在轨服务是指：由航天员主导或有航天员直接参与的空间在轨服务活动。美国和苏联的在轨服务活动均是从有人在轨服务开始的。

有人在轨服务主要通过 2 种方式实施：舱外活动（EVA）和舱内活动（IVA）。其中，EVA 是指航天员在航天器之外的活动，也就是人们通常所熟悉的太空行走，涉及各种不同的活动。采用 EVA 的形式，通过航天员在空间身着压力服对航天器进行各种操作，可以完成多种在轨服务活动，主要包括：计划或临时的航天器组装、维护等任务；航天器可替换单元的在轨安装、移除和位置移动；结构零件、太阳能帆板、热/磁防护板的检测、修补和替换；在轨加注；大型结构的装配和展开等。与此相对应，IVA 则是指航天员在航天器之内的活动，可以完成的在轨服任务主要包括：舱内仪器的维护和维修；科学实验；遥操作机械臂在轨服务作业等。

本章将主要讨论以 EVA 为核心的有人在轨服务。通过 EVA 进行的在轨服务已经得到了多次应用，例如：俄罗斯和美国多次进行了空间站的补给与维护任务，美国对哈勃空间望远镜的在轨维修等。目前，有人在轨服务的应用主要包括以下几类。

（1）服务于人造地球卫星的运行

对于大型低轨卫星，有人在轨服务可以对其进行维修和在轨加注，从而延长其使用寿命，降低运行成本。同时，对卫星的捕获与释放也常常需要航天员的直接参与。

（2）服务于空间探测装置的运行

例如，对哈勃空间望远镜的维修与维护。

（3）服务于空间站的运行

大型空间站常常遭遇太空垃圾的袭击，并且复杂的太空环境会使一些仪器设备失效，所以经常需要航天员的维修和维护。同时，空间站的长期建设也需要航天员的大量参与。

（4）服务于航天飞机和飞船自身的运行

航天飞机和飞船在发射和在轨运行期间都有可能出现故障或受到损坏，从而影响航天员能否安全返回地面（2003年"哥伦比亚"号航天飞机返回时在空中解体，其原因就是发射期间脱落的防热瓦损坏了机翼），因此，需要航天员能够对其进行在轨维修。

（5）服务于商业活动

目前，已经出现在太空中做广告之类的商业活动。随着太空旅游项目的开展，将来可能会形成庞大的太空旅游业，航天员必定参与其中。

尽管目前自主在轨服务技术快速发展，部分有人在轨服务的任务将逐步由自主在轨服务技术来完成，但有人在轨服务仍然有其不可替代的优势。例如：航天员舱外操作具有很强的灵活性，能够通过充分发挥航天员的主观能动性，运用智力、身体上的优势进行一些复杂精细的操作，并能够灵活应对各种情况和突发问题。正如先后4次在航天飞机之外进行EVA活动，并参与了哈勃空间望远镜的在轨维修任务的美国航天员杰弗里·A·霍夫曼所描述的那样[31]："维修哈勃空间望远镜时，几次遇到意外，迫使我们采取的措施同任务前所计划的或任务中地面飞行控制中心所建议的完全不同。例如，为了关闭缠绕住的舱门（如果开着的话，会损坏望远镜），我花了将近半个小时的时间摆弄舱门，确定问题所在。需要从不同的角度观察，感觉不同的门插销如何衔接，以尽量多的方式摆动门；还有——很难精确表达——能够后退。通过多年的训练和经验，加上某种灵感，我们能够了解整个局面。我的出舱活动同事和我做出计划，以非传统方式使用标准出舱活动工具锁住门。我们向地面飞行控制中心口头描述了问题和建议的解决方案，发送了大量电视图像；但是地面人员对问题的理解看起来跟我们的并不一样。他们建议的几种方式我们认为不起作用——其中一种方法，我们认为甚至可能会损坏望远镜。另一方面，他们也担心我们会损坏望远镜。我想即使最好的虚拟现实工具也无法使我们能够真正无障碍地相互沟通。如果我们是等待改编程序的机器人，我担心我们会很不走运。幸运的是，经过大量讨论，任务指挥做出命令决定，既然 NASA 花费巨大精力训练我们，将我们送往太空，我们在现场比地面人员能更好地理解形势，他们最终应该信任我们的判断力，让我们按照我们的计划行动——我们最终取得了成功。在意外危急关头，人类的效率和灵活性还是要远高于最好的机器人。"

因此，有人在轨服务的突出优势在于其灵活性，既可以完成预定维护升级任务，也可以执行未预先安排的临时任务。通过航天员进行在轨服务的多次成功应用也充分体现了该类在轨服务的巨大应用价值。

5.2　有人在轨服务典型应用

1965 年 3 月 18 日，苏联航天员阿里克谢·列昂诺夫走出上升 2 号载人飞船，实现了人类第 1 次 EVA 活动。之后，美苏两国分别进行了的大量出舱试验，为进一步利用 EVA 进行在轨服务做了充分、细致的准备。

1973 年 5 月 25 日，航天员保罗·韦茨进行直立出舱活动，试图将美国天空实验室因铝条缠绕而未能展开的太阳能帆板打开，但由于无法施展全力而没有成功。接下来在 6 月 7 日的出舱活动中，航天员康拉德和克尔温成功切断了铝条，并展开了太阳能帆板。直到 1974 年 2 月，美国航天员围绕天空实验室的出舱活动基本任务就是回收或置换阿波罗空间望远镜的胶片盒，对星体进行拍摄，维修维护天空实验室与阿波罗空间望远镜。这是美国进行的最早的有人在轨服务系列活动。

　　苏联也在随后的礼炮系列空间站上进行了大量出舱活动，大大发展了太空行走、空间维修和装配技术，并完成了许多具体的维修维护和装配任务。

　　而自 1981 年 4 月第 1 架航天飞机哥伦比亚号成功进入太空以来，美国进行了大量基于航天飞机的有人在轨服务活动。1984 年 4 月，航天飞机成功地对太阳峰年任务卫星进行了捕获与修复，这标志着有人在轨服务从概念和试验阶段正式迈入了应用阶段。在 1983 年 4 月至 2008 年 7 月期间，美国共完成了 162 次航天员出舱活动，其中 149 次与卫星的维护、修理和回收有关。

　　目前，有人在轨服务的服务范围已经覆盖了在轨服务的 3 类典型任务，即在轨维护、后勤支持及在轨装配。

5.2.1　在轨维护

5.2.1.1　哈勃空间望远镜的在轨维修

　　1990 年，哈勃空间望远镜发射成功。哈勃空间望远镜在设计阶段就已经对在轨服务作了可行性分析，计划每 3 年进行一次维修任务。

　　在发射后的十几年间，美国先后对其进行了 4 次大规模的在轨维护工作。第 1 次大修（SM—1）发生在 1993 年 12 月，当时由于望远镜主镜磨镜时发生了 1.3 mm 的误差，导致望远镜不能正确对焦。航天员通过 5 次 EVA，为哈勃空间望远镜加装了矫正焦距的装置（COSTAR），更换了陀螺、太阳能帆板、照相机等设备，使之能够正常工作，同时也证明进行大规模、高度复杂的在轨维护服务是可行的。

　　第 2 次大修（SM—2）于 1997 年 2 月进行，航天员通过 EVA 为哈勃空间望远镜加装了近红外照相机和多天体摄谱仪，以及空间望远镜成像摄谱仪，更换了戈达德高分辨率摄谱仪和暗弱天体摄谱仪，以及数据存储设备和用于精细调整望远镜指向的敏感器，提高了望远镜的综合性能。

第 3 次大修（SM－3A）于 1999 年 11 月进行，当时，望远镜的 6 个陀螺中已有 3 个发生损坏，NASA 临时派遣航天员更换了全部陀螺。同时更换的还有望远镜的绝缘外罩、一台用于数据传输的 S 波段发射机和望远镜的计算机系统等部件。

2002 年 3 月 1 日至 12 日，美国哥伦比亚号航天飞机在编号为 STS－109 的太空飞行任务中，圆满完成了对哈勃空间望远镜的第 4 次在轨维修任务（SM－3B），这是迄今为止最为复杂的在轨维修的例子，航天员为哈勃空间望远镜更换了太阳能帆板和电力控制装置，并加装了一台"先进测绘照相机"。其间，4 名航天员共进行了 5 次 EVA，时间总计 35 小时 55 分，创造了航天飞机一次飞行 EVA 累计时间最长的新纪录（见图 5－1）。

图 5－1　航天员在对哈勃空间望远镜进行维修

本次维修任务由 4 名航天员分两组轮流在 5 次 EVA 中完成。3 月 4 日，航天员在第 1 次 EVA 中卸下了太阳能帆板，并换上了一个新的帆板；另一个帆板的更换任务由第 2 组在第 2 和第 3 次 EVA 完成。这次换下的太阳能帆板是 1993 年对哈勃进行第 1 次维修时安装的，每个质量为 154 kg，长 12.2 m，宽 3.3 m，发电功率 4 600 W。在大温差、强辐射的太空环境中，上述帆板渐渐老化，输出功率只有当初的 63%。新帆板的质量为 290 kg，由砷化镓电池代替了原来的硅电池，功率加大到 5 270 W，造价 1 900 万美元。虽然质量增大，但尺寸却大大减小，长 7.6 m，宽 2.4 m，有助于减小近地轨道飞行的空气阻力。这次更换电力控制装置的行动被喻为"心脏移植手术"，首先是因为作业空间狭小，行动不便，而且电缆、接头数量多，操作复杂。该装置有 36 个电连接器，其中一些还隐藏在不可见的位置，没有特殊设计的工具根本无法获取，因此，其复杂程度绝不亚于心脏手术。其次，这个装置肩负着哈勃空间望远镜的全部电力供应任务，如同人的心脏供应血液一样。一旦更换失败，哈勃空间望远镜将彻底报废，成为太空垃圾。第三，为了防止航天员被电击，在整个手术中，哈勃空间望远镜需全部断电。但是如果不能在 10 小时内恢复供电，望远镜上的一些设备将被冻坏，这很像心脏暂时停止跳动的情况。因此，这项工作被 NASA 称为"迄今最冒险"和"最具技术挑战性"的维修工作。维修工作共持续了 6 小时 48 分钟，新的电力控制装置成功通过了测试。航天员在第四次 EVA 中用了 7 个半小时，成功安装了一台价值 7 500 万美元的"先进测绘照相机"，其大小与一个公共电话亭相当，能使哈勃的拍摄能力提高 10 倍。在第五次 EVA 中，航天员为哈勃空间望远镜安装了一台新的冷却系统。哈勃上的"近红外相机与多天体光谱仪"自 1999 年初就因为冷却系统中的制冷剂耗尽而无法工作。至此，本次维修任务取得了圆满成功。

据报道，NASA 计划于 2008 年 10 月发射亚特兰蒂斯号航天飞机执行 STS－125 任务，为哈勃空间望远镜进行第五次大修，也是为其最后一次提供有人在轨服务，编号为 SM－4。在此次在轨服务中，除了为哈勃空间望远镜更换电池模块、陀螺仪、精密制导敏感器、热防护层外，还将增加两个仪器设备，使其至少继续工作到 2013 年。同时，还为其安装了用于与无人航天器进行软对接的对接机构，以便当其达到寿命终期时，由无人航天器对其捕获并将其安全拖离轨道。但此项任务已推迟到 2009 年。

5.2.1.2　国际通信卫星 6 号的在轨维修

国际通信卫星（International Telecommunications Satellite, Intelsat）6 号一共有 5 颗卫星组成，设计寿命为 13 年，用于组成地球同步轨道通信卫星星座。在 1990 年 3 月发射其中的第 3 颗卫星 Intelsat－603 时，由于发射运载器 Titan－3 火箭上面级与 Intelsat－603 错误连接，两者无法正常分离，从而使得 Intelsat－603 被迫停留在发射进入空间的较低轨道运行。为了避免卫星快速进入大气层被烧毁，地面控制卫星与用于将其送入地球同步轨道的远地点发动机分离，从而使火箭上面级也相应分离，然后利用卫星自带的少量推进剂稍微提高轨道，使其在相对安全的轨道停泊运行。为了营救这颗无法进入预定轨道的高价值卫星，NASA 展开了大量研究，最后确定通过航天飞机进行在轨服务，对其进行捕获、维修和投放，是最经济有效的方法。于是 1992 年 5 月 13 日，在奋进号航天飞机的 STS－49 飞行任务中，对 Intelsat－603 进行了营救。在该次飞行任务中，航天员图特、埃克斯和希伯创造了 3 人同时出舱活动的纪录。他们为抓获国际通信（Intelsat）－6 卫星进行了 8 小时 29 分钟的舱外作业，成为当时时间最长的舱外活动。3 位航天员给卫星安装了一台新的远地点发动机，然后再次成功部署（见图 5－2）。

图 5－2　航天员正在回收 Intelsat－603 卫星

5.2.1.3　对发现号航天飞机的在轨维修

2005 年 7 月 26 日，美国发射发现号航天飞机升空执行 STS－114 任务，这是自哥伦比亚号航天飞机解体悲剧发生后，美国首次发射航天飞机。升空过程中，发现号的外挂燃料贮箱上有一块脱落的防热瓦与航天飞机本体在发射瞬间发生触碰而脱落。由发现号上的高分辨率摄影机所摄得的影像分析可知，这块脱落的防热瓦有 24～33 in，宽 10～13 in，厚 2.5～8 in。针对上述发射过程中出现的情况，NASA 临时安排一次紧急的 EVA 任务进行维修，这也是人类有史以来第 1 次通过太空行走对航天飞机表面受损部位进行紧急维修。航天员成功地修复了防热瓦，并清除了一处凸起。这次维修任务完成得非常出色，最终保证发现号平安返回美国加州爱德华兹空军基地。

5.2.2　后勤支持

航天飞机航天员通过舱外活动多次完成卫星的回收与释放等后勤支持任务，以发现号航天飞机于 1984 年 11 月 8 日发射升空执行 STS－51A 飞行任务为例对 EVA 回收卫星进行说明。STS－51A 飞行任务是发射部署 2 颗卫星，同时回收 9 个月前在 STS－41B 飞行任务中因故障而被置于错误轨道的棕榈屋 B2（Palapa－B2）和西星 6 号（Westar－6）。

当航天飞机在轨道上飞行至第 22 圈时，第一任务专家艾伦成功部署了加拿大的一颗通信卫星，1 个小时后确认有效载荷助推器单元的上一级点火正确。第 2 天，航天员安娜成功部署了休斯公司的另一颗通信卫星。

第 5 天，发现号航天飞机按照计划在比棕榈屋 B2 卫星低 11 m 的轨道上运行，棕榈屋 B2 稳定并以 2 r/min 的速度自转。航天员艾伦通过载人机动装置朝卫星靠近。他将胸前安装的长 1.8 m 的长矛状“探刺”装置成功插入卫星的发动机喷嘴，使直径 1 m 的配接环牢牢套在喷嘴上。之后，他启动载人机动装置的推进器使棕榈屋－B2 卫星停止旋转。然后，航天员安娜在驾驶舱中准确地操纵机械臂，准备把卫星和航天员艾伦拖进货舱。但卫星的天线太长，不能放进货舱。于是航天员加德纳出舱，先把天线锯掉，然后在卫星顶部系上一个“A”形架子。为了使艾伦与卫星分离，安娜撤回了机械臂。然后，艾伦取下载人机动装置，换上系缆绳，把脚放进货舱边缘上的固定装置。艾伦抓住卫星，帮助加德纳把这颗 3 m 长的卫星转过来，并把卫星控制在他的头部上方，腾出有效载荷舱以便加德纳在舱底作业。由于卫星质量高达 7 t，航天员作业非常吃力，以至于在卫星进入有效载荷舱时差点发生撞击和摩擦。整个舱外活动持续了 6 个小时。

几天后，航天员加德纳乘载人机动装置去捕获西星 6 号，艾伦站在机械臂端的脚固定装置上等候。加德纳用同样的办法捕获并制止了卫星旋转，然后机械臂将艾伦移出抓取西星 6 号。两人配合默契，提前 1 小时完成了任务。

为捕获这两颗卫星，发现号总共进行了 23 次轨道机动（15 次用于棕榈屋 B2，8 次用于西星 6 号），而原计划要进行 44 次轨道机动。这是一个令人鼓舞的结果，因为剩余的推进剂足以使发现号航天飞机去捕获第 3 颗卫星。

5.2.3　在轨装配

在国际空间站的在轨装配过程中，以航天飞机为基础的航天员有人在轨服务发挥了极其重要的作用。以亚特兰蒂斯号航天飞机执行的 STS-115 任务为例。2006 年 9 月 9 日，亚特兰蒂斯号航天飞机顺利发射升空，飞往国际空间站。这是自 2003 年哥伦比亚号失事后航天飞机首次执行国际空间站建造任务。

亚特兰蒂斯号此行的主要任务是为国际空间站安装由波音公司制造的 P3/P4 段桁架和由洛克西德·马丁公司制造的第 2 对巨型太阳能电池阵（2A 和 4A），总质量 17.5 t。P3/P4 段桁架长 13.7 m，是新的太阳能电池阵的结构支架。能够为空间站提供数据和通信服务，同时也是今后欧洲和日本实验舱的基础和 P5 桁架的连接点。P5 桁架于同年 12 月搭乘发现号航天飞机飞抵空间站。P3/P4 桁架上有一个独特构件，即"太阳阿尔法旋转接头"。它位于 P3/P4 之间，每 90 分钟旋转 360°，能使太阳能电池阵在空间站绕地球飞行时始终朝向太阳，以最大限度地利用太阳能发电。

在第 1 次 EVA 中，两位航天员将 P3/P4 桁架组装到站上，在安装好的桁架间铺设动力和数据电缆，将 17 根缆线和管道连接起来，并固定或松开 167 个螺栓。整个 EVA 持续了 6 小时 26 分。

在第 2 次 EVA 中，航天员在新装的桁架上安装了一个关键设备，即"太阳阿尔法旋转接头"。整个 EVA 持续约 7 个小时。安装工作比较顺利，但美中不足的是，当航天员太空行走进行到约 2 小时的时候，外部保护装置上的一个螺栓丢失，消失于茫茫太空中。

最后一次 EVA 的任务比较繁杂。两位航天员先在新结构组件上安装了一个散热器，回收了站外一些试验材料，安装了一部新的电视天线，更换了原先组件上的一根旧天线，对太阳能电池做了进一步调试，并进行了其他一些站外维修保养工作。该次行走持续了近 7 小时。

NASA 在随后举行的新闻发布会上称：这次飞行任务完成得非常出色。该结论使美国增强了 2010 年前用航天飞机完成国际空间站在轨装配的信心。

5.3　有人在轨服务的主要设备

有人在轨服务的核心是航天员的 EVA。为进行 EVA，必须在保障航天员生命安全的基础上，为其提供必要的辅助工具。航天员进行舱外活动所需的设备主要包括：

1）航天服；

2）主要的生命支持系统（PLSS），该系统为航天服提供增压氧气、气体流通（排出二氧化碳、水蒸气、污染物等），并控制航天服内的温度；

3）所需的作业工具和安全返回工具；

4）空间自由机动工具（视需要而定）。

各国对以上设备功能的划分不尽相同。美国的舱外航天服与主要的生命支持系统是独立的两套设备，而俄罗斯的舱外航天服与主要的生命支持系统则是一体的；美国航天飞机的机械臂既是航天员的作业工具（提供机动），同时也是保证航天员安全返回的手段。美国于 1984 年试飞的载人机动装置（MMU）既是自由机动工具，同时也是安全返回保障设备。

以下分别对上述设备进行介绍。

5.3.1　舱外活动航天服与生命支持系统

5.3.1.1　航天服

（1）舱外活动航天服的作用

舱外活动航天服是航天员的生命保障系统，应具备飞船或航天飞机密封座舱的全部功能，具体包括：

1）舱外活动航天服应能抵御太空的强辐射和微流星体的伤害。

2）舱外活动航天服内应保持一定的气压，对其密封性提出了较高要求，以抵抗太空的高真空。

3）舱外活动航天服应有加温、保温和调温设备和功能，以抵御太空低温和极端温度的伤害。

4）舱外活动航天服应有氧气供应，以维持人员的正常生命活动。

5）舱外活动航天服应能处理航天员呼出的二氧化碳等有害气体，使其浓度保持在规定值以下。

6）舱外活动航天服应能允许航天员进食、饮水和大小便。

除了以上与密封座舱相同的生命保障功能外，舱外活动航天服的关节部位应活动自如，以便航天员能行走和工作。同时，它的衣裤与头盔、鞋袜要便于穿着和脱下。此外，舱外活动航天服还必须具有无线电通讯功能，因为在太空中没有空气，声音无法传播。

舱外活动航天服的最外层是金属层，能防御微流星体和辐射害伤；里面依次是限制层（用来保持形体）、加压层、真空隔热层和内层等。氧气、水和食物常装备在生命背包中，设置在服装的背部。

　　当密封座舱发生漏气时，航天员可换上舱外活动航天服等待救援。这时的舱外活动航天服成为一种救生设备。此外，在飞船与航天飞机的发射和返回期间应该穿着舱外活动航天服，以防发生意外。

　　(2) 苏联/俄罗斯舱外活动航天服

　　苏联和俄罗斯的所有舱外活动航天服都是由"星星"（又译作"星辰"）公司研究、设计和生产的。该公司到目前为止已经研制出十余个型号的舱外活动航天服，但仅有 6 种在载人航天活动中使用过，而且主要使用的是其中的 4 种，即奥兰－D 型、奥兰－DM 型、奥兰－DMA 型和奥兰－M 型。这 4 种航天服都是在奥兰－SKY 型航天服的基础上设计出来的。奥兰－SKY 型航天服是苏联为登月计划设计的，但因为该计划没有实现，所以该型航天服没有派上用场（见表 5－1）。

表 5－1　俄罗斯舱外活动航天服

航天服名称	应用的飞船和空间站名称	研制时间	航天服使用数量/套	乘员组数量（每一组两名航天员）	累计舱外活动时间（h：min）
别尔库特	上升 2 号飞船	1965	1	1	0：12
亚斯特列布	联盟 4 号和 5 号飞船	1969	1	1	1：14
奥兰	L－3 登月计划	1969			
克里切特	L－3 登月计划	1969			
奥兰－D	礼炮 6 号空间站	1977～1984	13	7	9：20
奥兰－DM	礼炮 7 号与和平号空间站	1985～1988	8	4	64：26
奥兰－DMA	和平号空间站	1988	40	14	345：56
奥兰－M	米尔号空间站与国际空间站	1997			1997 年应用至今
EVA Suit－2000	和平号与国际空间站（计划）	1998～2000			应用至今

　　在 4 种奥兰型航天服中，奥兰－DMA 型技术比较成熟，使用次数也最多，因此，重点介绍此型航天服（奥兰又译作海鹰）。

奥兰－DMA 型舱外活动航天服于 1988 年 10 月 20 日在和平号空间站上首次使用。2 名苏联航天员穿着该型航天服在舱外工作了 4 小时 12 分钟。这种航天服的使用寿命是 4 年，使用寿命不长的原因是航天服材料主要由橡胶、皮革和棉纺织品组成，这些天然服装材料没有人工合成纤维耐用。穿着这种服装，苏联航天员每次出舱活动时间大约 5 小时，总共可以完成 50 小时的出舱活动。但是如果对服装上的软材料能定期地进行维修和更换，则这种服装能在轨道上完成 15 至 20 次出舱活动。

奥兰型航天服的一个主要特点是便于维修。例如 1983 年 10 月 28 日，礼炮 7 号空间站上的航天员要进行一次出舱活动，任务是为空间站增加两块太阳电池板，以补充站上的电力不足。在出舱前，一名航天员发现他的航天服左侧踝关节处有漏气，需要马上进行维修。站上的航天员就用剪刀、针、线和粘胶，在尿收集袋上剪下一块胶皮作补丁，粘贴在漏洞上，再用针线缝了几针进行固定，便完成了维修（见图 5—3）。

图 5—3　全套奥兰航天服

奥兰航天服的头盔采用半刚性设计，结构为球形双壁，与服装的金属刚性胸甲连在一起。头盔材料用铝合金，压力面窗有双层玻璃，玻璃之间有 3 mm 的间隙。在戴头盔之前，航天员必须在面窗的里面擦上一层亲水涂料，以防雾气模糊视力。生保系统提供的氧气从头盔顶部进来，通过鼻子和口腔区域。头盔上还装有两块减弱光线的遮阳板，航天员可以方便地调节其位置。

服装由硬的胸甲和软的织物构成。服装背部有背包，背包里是生命保障系统，同时又是进入服装的入口和密封盖。硬的胸甲由 1 mm 厚的铝合金制成。胸甲上还装有带玻璃面窗的头盔。服装的软体部分由 10 层织物构成。这 10 层织物从外向里分别是：1）用耐热尼龙制作的外防护层；2）用多层织物制成的隔热和防流星体层；3）用聚酯纤维织物制成的外限制层，限制下面的气囊在加压时向外膨胀；4）主加压气囊层；5）辅助加压气囊层；6）加压层的衬里；7）氧气输送管道；8）气体循环空间；9）液冷服；10）耐穿衬衫。

服装上装有 4 个转动轴承，分别装在腕关节和肩关节上。轴承的座圈用铝合金制成，轴承上还装有厚的橡胶密封圈，可保证良好的压力密封。手腕部的轴承是服装衣袖的一部分，而轴承的分离环又是手套的一部分。

服装软的下半身与刚性上半身由铝合金的凸缘和压力环相连，凸缘被焊接在上半身的金属板上。髋关节仅仅通过缝制而成，膝关节的波纹与肘关节相似，踝关节则与肩关节相似。下半身的限制系统在腰部、裤裆、大腿和小腿处均可调节。服装内衬有柔软尼龙缝制成的衬里，可以减少摩擦，方便穿脱。

航天服内的液冷服只有冷却功能，没有通风功能，因此，服装内还缝有 3 根并行的聚氯乙烯通气管，专门作为通风用。

俄罗斯航天员的手套可以按自己手的尺寸定做。每只手套上有一个气囊，一层尼龙限制层，手套的外面有一层隔热材料，掌侧有握物垫。手套的手指很短而且粗，不能将手指完全戴进去，航天员只能用拇指和其他手指的前一半去拿物品。由于手套掌关节和指关节部位的做工非常粗糙，手指的灵活性很差，因此，戴着这种手套很难握住物品。不过这种手套也有优点，由于手套内比较宽松，手指周围有暖空气，航天员的手指不会感到寒冷。手套在自然位置时是采取握拳的姿势，当要拿东西的时候，航天员须用力将手张开，如果反复做这种动作，手就会感到疲劳；当手与手套来回摩擦时，还会感到疼痛。航天员出舱活动时要求每一次都戴一副新手套，但是如果空间站上储备的新手套不多，有时也只能戴使用过的手套。

太空靴是用多层织物和皮革制成，只有一个号码，适合于所有航天员穿用。因为体积比较大，航天服裤子的气囊和限制层一直向下延伸到脚，相当于一双"袜子"，太空靴就套在"袜子"上，然后用靴带系在服装的限制层上。航天靴的靴底是用皮革做的，比较柔软，服装加压时航天员有一种"靴向下凹"的感觉。

航天服的胸前安装有生命保障系统的各种控制器。机械功能的开关盒在左侧，电器功能的开关盒在右侧。机械开关盒中，左边的小盒是主要氧气和备用氧气的选择开关。在右手套上画有一副小图表，告诉航天员当压力低于 36 kPa 时能在舱外停留的最长时间。

这种服装的生命保障系统与以前的服装相比，虽然还保留脐带，但是服装的自主性明显提高。特别是生命保障系统的分系统和结构很容易在轨道上进行维修和更换，如氧气瓶、电源、无线电通信设备和天线等，因为这些东西是直接安放在背包的密封盖上，仅简单地用带子扣住。另外在密封盖上还安装有加压、通风和呼吸用气体的循环回路以及冷却液回路。

为了实现失效保护设计，生命保障系统的许多重要功能结构都有备份，如供氧回路、氧气循环风扇、电源和通信等。虽然增加了一些备份，但整套生命保障系统在质量和体积上都比以前的系统减轻和减小了许多。

奥兰－DMA 型航天服的质量为 105 kg，其高度调节器可以适应胸围 96～110 cm 和身高 164～185 cm 的航天员，最长满足进行 9 h 的出舱活动。该型航天服于 1988 年投入使用，截至 1997 年，一共完成了 56 次双人出舱活动，是俄罗斯出舱活动航天服中使用次数最多的一型服装。

俄罗斯目前使用的是最新发展的奥兰－M 型航天服，该型航天服总结了和平号空间站的经验和教训，并满足国际空间站逐渐增多的出舱活动的要求。最早在 1997 年到 2000 年期间用于和平号空间站的出舱活动。为了使身材较大的航天员能够穿着，其胸围增至 96～112 cm，身高增至 164～190 cm。此外，奥兰－M 还配置了出舱救援简化辅助设备单元，在头盔上安装了俯仰观察窗以方便航天员的舱外观测。它的具体改进情况如表 5－2 所示。

表 5-2　奥兰-M 和奥兰-DMA 航天服的主要区别

改进的目的和达到的效果	改进途径（增加的组件和对原有组件的重大改进）
提高了活动性能	
提高了四肢和躯干的活动能力	增加了前臂和小腿轴承；改进了肩部和大腿部的软关节；将通风服与水冷服的设计融为一体
穿脱航天服更容易	抬高了进口舱门；改变了躯干和背包组件的布局；加大了躯干围长的调解范围；改变了头盔的结构
增强了手套的活动性能	设计上增加了手套的尺寸型号
增大了视野	增加了视窗
具有防雾功能	增加了热屏蔽
提高了与母船系统的兼容性	去除了船载污染物的吸收筒和湿气收集器，简化了船载组件；将背包内的污染物吸收筒的工作时间设定为 9 小时；提高了湿气收集器的工作性能
提高了可靠性	水泵冗余；改进了无线电装置；改进了监测和数据传输单元；去掉了第 2 种工作压力模式，简化了控制；更改了供给到水蒸发器以及冷凝水分离器的回路系统；增强了袖口与手套连接的可靠性（去掉了压力袖口）

（3）美国舱外活动航天服

美国在 20 世纪 60 年代研制了 G3C、G4C 和 A7L 三个系列的舱外活动航天服，主要为阿波罗登月计划服务。之后研制的舱外活动航天服均为航天飞机在轨服务活动的专用航天服（见图 5-4）。

航天飞机的舱外活动航天服（EMU）的研制始于 20 世纪 70 年代初，并且取代了过去量身订制的制作方法，这反映了出舱任务的增加和出舱航天员人数的增加。这种航天服包括 19 个部分：主要生命保障系统、辅助氧气瓶、显示控制盒、生理测量系统、气闸舱内用的冷气脐带、电池、服装内气体污染控制盒、服装上身、服装下身、上肢、手套、头盔、液冷通风服、男性用尿收集袋、女性用尿收集袋、头盔上的遮阳板、饮水袋、通信装置和气闸舱内服装固定装置。

图 5—4　航天飞机的舱外活动航天服

　　舱外航天服的服装可分为 14 层：最内层是用尼龙编织物制成的液冷通风服衬里；衬里外是液冷通风服的外层和冷却管系统（算 2 层）；液冷通风服外是加压气密层，用涂氨基甲酸乙酯的尼龙制成；然后是限制层，限制加压气密层向外膨胀，用一种称为"大可纶"的聚酯纤维制成；加压气密限制服的外面是防热防微陨尘服，它包括 8 层，其中最里层是涂氯丁橡胶的防裂尼龙，其余 7 层是用涂铝的聚酯薄膜制成；最外层是外套，也起防热防微陨尘作用，用正原纤维制成。

　　航天飞机舱外航天服是按上半身、下半身和手臂分开裁剪缝制的。上半身还有一个硬质玻璃纤维壳，它是服装的支架，可支持主要生命保障系统、服装的显示与控制盒、手臂、头盔、服装饮水袋、出舱活动电气连接装置以及腰部密封环。下半身包括裤子、靴和腰部连接环，另外在腰部还装有轴承，可保证身体的旋转和活动。

　　液冷通风服是衣裤一体的工装式服装，前面有一条长的拉链，从胸骨到下腹部，可以方便地穿脱。衣服上布满了输送冷却液的塑料细管（全长 91.5 m）。冷却液通过这些塑料细管带走服装内多余的热量。塑料细管与主要生命保障系统相连，后者可对冷却液重新冷却。液冷服 1 小时能带走身体上 200 kJ 的热量。

液冷通风服上除有输送冷却液的细管外，还有较粗的通风管。通风管的吸气口在手腕部和脚踝部，然后沿上肢和下肢外侧上行，最后通到背部。背部通风管与航天服的躯干通气管相连，气体即进入主要生命保障系统。从主要生命保障系统出来的纯氧进入服装后通过另一条管道到达头盔，输出的气流直接对着航天员的面部。通风管不仅带走服装内的二氧化碳和汗液，而且还要补充纯氧。

航天飞机航天服在裁剪时分成几部分，每一部分都有许多标准尺寸，航天员可以根据自己的身体尺寸进行选择，然后组装成一套完整的服装。航天飞机航天服虽然结构复杂，项目繁多，但一般 15 分钟左右即可穿戴完毕。以往的航天服是多功能的，既要作为飞船座舱减压时的备用服，又要在飞船飞行中作为弹射救生时的救生服，当然主要的目的还是在出舱活动中使用。而航天飞机航天服只有一个功能，就是在航天员出舱活动时使用。另外，以往的服装是在飞船起飞和再入时就穿上，目的是防止过载太大对航天员造成危害。航天飞机航天服只在出舱时才穿，而平常航天员是穿着比较舒适的舱内航天服。当航天飞机起飞和再入时，航天员穿一种特制的橘红色的防护救生服。航天飞机航天服质量为 125 kg，服装内的正常压力为 29.7 kPa。

服装生保系统包括主要生命保障系统和辅助氧气瓶。主要生命保障系统就是航天员的背包，尺寸为 80 cm×58.4 cm×17.5 cm。辅助氧气瓶在其下边，用于确保安全供氧。虽然航天飞机服装有独立的生保系统，但它也可以连接"脐带"。"脐带"主要是在气闸舱内使用，通过"脐带"可以向服装生保系统充电、补充氧气和冷却用水。

这种航天服从 1981 年开始使用，1983 年首次完成出舱操作。多年来，它的设计得到不断的改进和提高，并结合了新的技术和飞行操作经验，但对于当前航天飞机和国际空间站的出舱活动，它的变化不是特别大。

(4) 未来舱外活动航天服

美国麻省理工学院的研究人员正在研发一种"生物服装系统"（Bio－Suit System）。这种类似"第 2 层皮肤"的衣服表面将喷有一层可被有机生物分解的涂层，能够同时满足航天员在轨出舱活动和对天体表面探测的需要。这种所谓的"第 2 层皮肤"不仅嵌入由电力驱动的人工肌肉纤维，以增强人的力量和耐力，还内置通信设备、生物敏感器、芯片和用于舱外活动的攀爬工具等。

该院负责研制生物航天服的纽曼教授指出：目前臃肿的航天服对航天员的舱外活动限制很大。虽然在微重力环境中这些限制不是很大的障碍，但是对于未来用于月球和火星表面探测的航天服来说，轻质和灵活性还是非常重要的。

目前，"生物服装系统"由一套紧身服和一个增压头盔组成（见图 5－5）。正在进行的研究包括模拟和预测身穿这种航天服的航天员在从事所有运动时可能出现的各种情况。未来，航天员穿上根据体形定制的"生物服装"后，还要再穿上一件"硬壳"背心。背心上装有便携式生命支持系统，给身体提供所需压力。气压能够自由到达头盔、手套和靴子。

图 5－5　未来生物航天服示意图

这个研究团队的最终目标是：让航天员与航天服之间能够实现人与地球植物那样的交互关系——航天员呼出的二氧化碳和水蒸气在航天服内就能被转化成可呼吸的氧气。

他们认为：制作"生物服装系统"在技术上已经成熟，所需要的开放气室泡沫（open cell foam）材料、记忆合金等先进材料和电子编织（electrospinlacing）等先进技术在近几年发展非常迅速，从而为研制这种航天服提供了相应的技术支持。

5.3.1.2　太空出舱手套

航天员能否成功完成舱外活动高度依赖于航天服手套的性能。自从航天飞机工程启动后，美国基础型的太空手套设计得到了不断改进，在航天飞机中使用的舱外活动手套，最初称为 1000 系列，至今已经发展到 4000 系列。在这几代的改进中，材料的发展是重点。这些材料的变化大幅度提高了手套的性能，但是其基础设计、硬件和设计理念都没有显著的改变（见图 5—6 和图 5—7）。

图 5—6　两款早期的太空手套　　　图 5—7　第 2 代太空手套

迄今所有的太空手套由内向外都分为 3 层：手套的第 1 层是气密层，用于保持手套内部空间的气密性；第 2 层是限制层，采用柔性材料，用来承担所有的压力和人手在操作时赋予手套的载荷；最外层是温度和微陨石防护层（TMG），这一层的功能是提供热屏蔽，同时提供对高速微陨石颗粒冲击的防护。

美国太空手套的发展主要如下。

（1）4000 系列太空手套

4000 系列太空手套于 1985 年作为 3000 系列手套的改进型开始应用于飞行任务中。基于 9 种标准的手型尺寸，4000 系列手套可以提供"最接近合适"的手套尺寸，并对手型不符合标准尺寸的人员进行定制，这些基本设计手段仍然应用在目前的 4000 系列手套之中（见图 5-8）。

图 5-8　第 3 代太空手套

有关手模项目的研究也在进行。将收集到的手型尺寸与手套标准尺寸进行对比，如果手型尺寸没有落在标准尺寸范围内，就需要定制手套。手模的加工是采用环氧树脂材料和手工加工的方法，这种方法严重依赖于传统的手工艺技术。限制层和微陨石防护层是从最接近的尺寸中选择一些平面模板。这些模板被修正可以获取适当的手指长度和圆周尺寸，同时结合其他必要的调整最终满足适配性。这种模板的制作主要是采用手工制作的方法，结合少量的 CAD 辅助设计。对于加工过程，所有的织物部件都是采用手工裁切纸模板。

基于所选择的标准尺寸，无论是原有的标准尺寸还是修改后的定制尺寸，都采用 3 个腕关节尺寸中的一个。在这 3 种尺寸上，腕关节的结构保持统一。其中，关键点是相关尺寸的大小必须随基本手型尺寸的增加而增加。腕关节的设计是利用一个单一的万向节圆环和带状的织物限制绳来提供手腕的内收/外展及弯曲延伸能力。这种腕关节中的纺织物是一种简单的扁平形圆柱体。它的总长设计能够保证在有效 EVA 中所需的最大活动范围。

不足的是，由于仅仅在局部使用纺织物和万向节系统，这种设计会导致腕关节活动的不稳定性。在手套的使用过程中发现，关节容积内意外的移位会导致腕关节的过度突出效应。典型的 4000 系列手套在内收、外展、弯曲和延伸状态下有 3 种中性位置，分别为 $-45°$，$0°$和$+45°$。

4000 系列手套后，对手套改进的努力就聚焦于创造一种新型高性能的、可以支持未来太空探索的手套设计，并创造一种手套性能标准。

（2）第 4 代太空手套

第 4 代手套发展成为可以承受 5.8 kPa 的无加压手套，可以消除在国际空间站工作时的长时间加压，从而能够最大限度地利用舱外活动的时间。从 4000 系列手套开始，第 4 代手套开始寻找可以改善手套适配性的方法。这种方法源自直接从航天员手型翻模获得气密手套模具和限制层形状。这种方法的实现仍需利用手工加工，但是加工是直接对已获得的手模进行的。

此外，对于气密层的改变，新的限制层结构也需要满足加强适配性的要求。这其中包括了发展全织物手指结构，并改进缝合结构以更好地再现膨胀后的理想形状。手套的设计包括一个专门定制并成型加工的高强度手掌限制杆和分段的手掌金属板。这可以使加压后手套的手掌部位保持手形的自然形状，并且这种方法可以提供更多等比例适配性，也可以根据分段式手掌金属板做机动调整。第 4 代手套的腕关节发展成具有 4 个环状摇摆的旋绕式关节。这种结构在关节动作中提供了一个近似不变的活动量，并且具有较低的活动扭矩和稳定的运动轨迹。第 4 代手套的微陨石防护层延续了 4000 系列手套，基本保持不变。然而由于第 4 代手套拥有精巧的气密层和限制层结构，指尖的触感得到了改良。

（3）5000 系列太空手套

作为第 4 代手套的延续，5000 系列手套增强了设计，使之可以满足航天员进行精细飞行任务的需要。对于先前设计，改进包括了可摇摆的旋绕式腕关节，并根据飞行任务中卫星/人工装载的需要增加了手套的力量。新的腕关节具有非常低的扭矩和运动方向感，但在枢轴位置使用轴承导致了设计的复杂化，并增大了对侧面冲击的易受损性。另外，由于使用了许多钢组件，腕关节成为整个手套中相对较重的组件。

（4）第 5 代太空手套

第 5 代手套表现出了自 5000 系列手套后更加精细的技术及实现途径。借助于先进的激光扫描技术可以进行更加精确的扫描，获得的数据更适用于先进的 CAD 建模。在三维建模方面的明显进步，使得 CAD 曲线曲面的非均匀有理 B 样条绘制能力得到实现，可实现更加复杂的面片模型。

在这种先进技术能力的支持下，确定手套结构最小余量的工作有了重大进步。相对于现有的设计，上述方法可以换算出手套内的体积，得到手套气密层与限制层的最小余量，由此减少设计者的工作。第 5 代手套中也引入手掌限制杆和手掌金属板，减少了手掌板的复杂性和手套掌部的松散性。

在腕关节中，由于钛和石墨/环氧合成材料的广泛使用，摇摆旋转机构的重量得到减轻。二级枢轴进行了重新设计以减少腕关节的复杂性。

截至第 5 代手套，美国一直在开发新型的在轨可更换的微陨石防护层。由编织物掌面制作而成，以气密层和限制层的形状为基础。这种方法减少了微陨石防护层上接缝的数量，也减少了掌面的松散性。限制层与微陨石防护层之间设计有附加安装位置，可以允许在轨期间方便地移除或安装手套的微陨石防护层。

（5）第 6 代手套的发展

第 6 代手套工程的目的在于研究定制合适的手套，以大幅度提高灵巧性和使用舒适性，减少疲劳感。延续第 5 代的设计，新的目光聚焦于提高先进手套的性价比。NASA 已经确定未来舱外长时间工作中能够以 2.9 kPa 进行操作。随着这种设计理念的改变，对于硬式腕关节的需要减小了，同时更低的操作压力导致了更小的运动扭矩。与此相关的软织物关节的实现能够更容易满足手套高性能要求。

在第 6 代手套工程开始时，国际橡胶集团（ILC）承担使用最少金属件的新型体积不变的软关节研究。借助国际橡胶集团的试验，美国开始启动旋绕式腕关节的发展。通过实际操作，证明这种关节设计可以提供额外的延伸范围和低扭矩。

1996 年，为航天员定制的第 6 代第 1 双手套在航天飞机发射前出了问题，以至于未能在空间任务中得到试验和检测。1998 年，为另一名航天员定制的第 6 代太空手套首次在国际空间站的装配中得到了检验。在定制过程中，更多的设计改进得到实现并融合到手套中，包括一个修改后具有在轨可更换能力并具有更好适配性的微陨石防护层设计、改进的气密层组件和一个免维护组件。训练用手套和飞行任务手套的交付相继于 1998 年上半年完成。1998 年 12 月，第 6 代手套非常成功地完成了其首次飞行任务。在轨期间，航天员评价该手套的性能超越了 4000 系列手套。

尽管最新一代的太空手套性能有很大提高，但仍然不能保证万无一失。图 5－9 就是 2007 年 8 月奋进号航天飞机的一名航天员在进行第 3 次太空行走时发现手套上有个破损的小洞（在图中已用圆

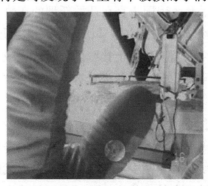

图 5－9　最新一代太空手套

圈标出）。虽然只是外层有点破损，但地面控制中心仍然命令航天员迅速回到舱内，第 3 次太空行走也被迫提前结束。

1991 年，俄罗斯星星公司进行了两国手套的对比测试。其中包括由星星公司设计的奥兰－DMA 太空手套，以及由赫尔梅斯航天飞机计划下的 Aerazur（法国）设计的手套。所有测试都在 0 kPa、25 kPa、40 kPa 和 50 kPa 下进行。在 11～15 名测试对象参与的测试过程中评估以下参数：1）在持续握住物体期间最大抓取力和疲劳度；2）活动范围；3）周期性弯曲期间的指端挤压力和疲劳度；4）球形收缩程度；5）拉棍棒试验（最小自由末端长度）。测试结果证实了奥兰－DMA 手套的优越性。

1995 年，美国也对奥兰－DMA 手套进行了测试。根据测试结果以及美国工程师和航天员的意见，证明俄罗斯手套比美国手套的灵活性稍差一些，美国专家认为原因是俄罗斯手套手指部分比美国的直径大。同时他们也指出：俄罗斯手套不存在热保护问题，而美国航天员在舱外活动期间却发生了手指发冷而中止任务的情况（见表 5－3）。

表 5－3　上世纪 90 年代美俄太空手套性能对比

项目	苏联/俄罗斯	美国
名称	GP－8K	4000～4500 系列
研制者	星星公司	国际橡胶公司（ILC）
航天服	奥兰－DMA	EMU
应用场合	和平号空间站	航天飞机
合体程度	宽松	贴身
热保护	好	电加热时可能会出现问题
手指关节扭矩	3.1～52 N·m	2.3～3.4 N·m
尺码	2	9（可调节）
研制费用	低	高

5.3.2　空间载人机动装置

迄今为止，各国的航天员已进行了数百次、累计上千小时的舱外活动，其间除专门的出舱试验外，还进行了多项科学试验，以及修复、回收航天器等工作。在太空中，由于失重的影响，航天员必须借助于某种工具才能实现出舱、太空行走和返回。

此外，保证航天员出舱后的安全返回也是出舱技术研究中需特别关注的问题，而这也可通过类似的机动工具得到实现。

5.3.2.1　系绳装置

系绳是最早、也是最简单和最自然的一种舱外活动工具，并使用至今。最早实现出舱活动的俄罗斯航天员列昂诺夫使用的脐带式装置就属此类。但列昂诺夫使用的这类装置远非一根简单的保险索，它同时还为航天员提供空间生命支持所需的氧气等物质。系绳的缺点是不够灵活，易发生缠绕，这影响了舱外活动的工作效率。随着舱外活动范围越来越大，工作越来越复杂，系绳的不足日益明显（见图 5—10）。

图 5—10　航天员的系绳装置

5.3.2.2　机械装置

（1）机械臂

美国航天飞机的遥控机械臂系统（RMS）由长 15.3 m 并带有上下臂的机械臂构件和腕组件、末端效应器以及机电控制系统组成。航天飞机货舱装两个机械臂，既可用于输送航天员，也可搬运货物（航天器、设备等），其操作由舱内航天员及地面配合控制。输送航天员时，航天员脚部与机械臂顶端可靠连接，然后通过机械臂的多自由度运动使其到达所需位置，航天员"站"在机械臂顶端实施作业（见图 5—11）。

图 5—11 太空机械臂协助航天员太空行走

航天飞机机械臂用于航天员救生时，可根据具体情况采用两种方法：一种是将机械臂与失事的航天员相连接，直接将其送入气闸舱；另一种是建立失事航天员与航天飞机舱体的连接，然后手动转移。

航天飞机机械臂救生的缺点是活动范围有限，只能用于近距离救生。

（2）"牧羊钩"装置

NASA 原计划在 1992 年 5 月令航天员在自救试验中对以下 4 种此类装置进行试验：1）膨胀杆，靠氮气压力实现伸缩；2）双柄杆，靠一种舱外活动的动力工具实现伸缩；3）伸缩杆，手动实现伸缩；4）宇航索。这 4 种装置的作用是使航天员在与空间站发生分离后能够迅速抓住空间站。装置展开后长达 3.66～6.10 m。前 3 种杆的端头都装有末端效应器，能可靠地固连于空间站外壁上的栏杆或扶手。

在执行任务中，由于 Intelsat 卫星的捕获和修理工作耗去了 3 次舱外活动（超出原计划 2 次），占用了过多的时间，所以最终未能对这 4 种装置进行试验。

5.3.2.3 喷气机动装置

（1）手持式机动装置（HHMU）

这是最早的喷气机动装置，其构型类似于手枪，有 3 个推力器、

1个前喷管、2个后喷管。航天员用手控制各推力器的工作。

（2）"喷气鞋"装置

美国还开发了一种称为"喷气鞋"的喷气机动装置，并在天空实验室进行了试验。其推力器安装在航天员的脚底，航天员用脚踏板控制其工作。

（3）航天员机动装置（AMU）

这是第1种喷气背包式装置，原计划在双子星座－9飞船上试验，但因航天员试图穿上该装置时遇到了问题，试验未能进行。它的首次试验是在天空实验室舱内进行的。试验表明背包式喷气机动装置具有良好的飞行质量与控制精度，可以保持±0.03 m的位置精度和±0.000 9 m/s的速度精度，并能穿过复杂的Z形空间而不发生碰撞。这项试验的成功直接促成了航天飞机载人机动装置的研制。

航天员机动装置主要是作为喷气背包式装置的早期原理性试验样机开发的，试验成功后没有应用。

（4）载人机动装置（MMU）

1984年2月，在载人机动装置的帮助下人类首次实现了无绳的出舱活动。其后，在同年的另两次航天飞机飞行中，它在维修SMM航天器和回收Palapa B－2、Westar－VI通信卫星时得到了应用。

载人机动装置为一大型的喷气背包式机动装置，质量为154 kg，控制臂展开后的包络尺寸为高1 270 mm、宽860 mm、厚1 220 mm。它在空间立方体的8个角上安装了24个推力器，每个角3个，每个推力器的推力均为7.56 N。24个推力器分为主、备份2组，在发生故障时可实现整个推力器组的切换。推进剂为氮气，2个气瓶共携带约11.8 kg，能够提供20 m/s的速度增量。控制系统具有自动姿态保持功能，姿控精度为±1.25°（见图5－12）。

载人机动装置项目于1979年启动，最初拟用作修复航天飞机外表面防热瓦的工具，但由于防热瓦未出现严重问题，故研制成功后没有立即得到应用。后来在卫星出现了故障需要航天员修复和回收

图 5-12　航天员身背 MMU

时才得以使用。迄今为止，载人机动装置的 9 次舱外活动全部是在 1984 年的 3 次航天飞机飞行中进行的，累计时间为 10 小时 22 分钟。

（5）苏联的载人机动装置（YMK）

苏联从 20 世纪 60 年代开始进行空间喷气机动技术的研究，其典型代表是用于暴风雪号航天飞机和和平号空间站的载人机动装置。

该装置总体构型与美国载人机动装置类似，采用了 32 个推力为 5 N的氮气推力器，并分为 2 组，互为备份。4 个角上各设置了 4 个方向的推力器，每个方向均并列安装 2 个推力器。2 个气瓶与 2 组推力器之间可交叉供应，气瓶初始压力为 34.3 MPa。YMK 的推进剂总冲达 12 000 Ns，可提供速度增量达 30 m/s，是历史上机动能力最强的航天员空间机动装置，其姿态控制精度为±2.0°。

5.3.2.4　小型舱外机动救生装置（SAFER）

（1）美国

美国的 SAFER 是由 NASA 约翰逊空间中心研制的一种小型轻质的装置。其主要部件安装在主要生命支持系统的背包下端。它使用 24 个氮气推力器，分别装在 SAFER 的 4 个角上，每角安装 6 个，X 轴、Y 轴、Z 轴正反方向各 2 个。推力器的真空额定推力为 3.56 N。通过手控制器，航天员可借助 24 个推力器实现空间 6 自由度机动。SAFER 具备自动姿态保持能力，能使航天员在空中保持所选择的姿态。其研制目标是同时满足航天飞机与空间站的舱外活动救生的需要（见图 5-13）。

图 5-13　身背 SAFER 的航天员

使用地面充气的气瓶时，SAFER 可携带 2.2 kg 氮气，其合成速度增量至少可达到 3.6 m/s。航天飞机上的氮气系统能给 SAFER 补气。在轨补气后，SAFER 的合成速度增量能达到 3.0 m/s。

SAFER 自身携带了所需的电池，电池组件可在轨更换。

为减小发射时的包络尺寸，SAFER 设计为可折叠式。折叠状态的尺寸为高 356 mm、宽 660 mm、厚 250 mm，展开后高度增加到 889 mm，总质量为 37.6 kg。在出舱活动准备阶段，航天员把 SAFER 展开，挂在主要生命支持系统上。为使结构紧凑，SAFER 使用一个经改进的阿波罗飞船手动控制器来控制航天员的运动。该控制器是 1 个 4 轴机构，有 3 个旋转轴和 1 个平移轴。手柄顶部的按钮开关控制自动姿态保持模式的执行与终止，按下按钮后进入自动姿态保持模式；当按钮在 0.5 s 内被按下 2 次（双击）时，则停止自动姿态保持状态。其他各指令采用通断控制，即手柄在"空"位时无指令，移到指令位后发出各种指令。

手控制器的工作模式有：

1）平移模式，可实现 X，Y，Z 方向的平动及俯仰。

2）转动模式，可实现滚动、俯仰、偏航及 X 方向的平动。通过切换开关可选择工作模式。在正常的出舱活动过程中，SAFER 手控制器置于下端的套子里，当航天员与空间站分离时，拉出手控制器，自动姿态保持功能随即发生作用，这就尽可能地缩短了自救反应时间。

1994 年 9 月 16 日，航天员在发现号航天飞机的 STS-64 任务中首次对 SAFER 的在轨试验样机进行了试飞。试验中，航天员依靠 SAFER 飞离航天飞机数米，时间持续了 6.9 小时。这次试验评估了 SAFER 系统的性能、飞行品质和操作性等。结果表明：SAFER 完全能使翻滚状态中的航天员消旋，并能顺利返回航天飞机。

（2）俄罗斯

1998 年，俄罗斯着手研制 SAFER（见图 5-14）。次年，俄美共同出资继续该项工作，并将该产品应用于俄罗斯的奥兰-M 航天服。为了统一，俄制 SAFER 在性能、要求和操作设计等方面要与美国的 SAFER 尽可能一致，但两者在总体构型、推进系统组成、航天服的安装方式和控制系统等方面相差很大。

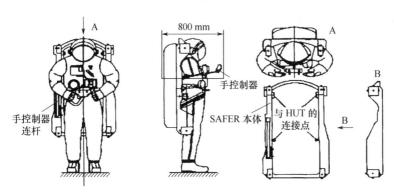

图 5-14　俄罗斯 SAFER 的大致构型

发射时俄制 SAFER 分解为 4 个部分，然后在空间站上组装；其气瓶组件可整体更换。俄制 SAFER 通过 4 个部位与航天服刚性连接，不影响航天服的使用维护，并且不影响航天员进出直径为 1 000 mm 的正常舱口和直径为 800 mm 的紧急舱口。如果需要，还可借助其他航天员将其从航天服上取下。

俄制 SAFER 由奥兰－M 航天服供电，开关设在航天服控制板上，手动控制器通过摆杆与 SAFER 本体连接，平时折合在本体上，需要时用手将手控制器/摆杆拉出。为适应 SAFER 的需要，俄罗斯对航天服做了一些改进，主要包括：修改了两个外侧连接点，增加了两个连接点，以便把 SAFER 可靠地固定在航天服的刚性躯干上；在航天服控制面板上增加一个 SAFER 切换开关；修改了航天服的电路、电缆网、无线通信设备，以便向 SAFER 供电，在推力器工作时给航天员发送音频信号和监测气瓶气量。

5.3.3　舱外维修工具

航天飞机有一个出舱活动基本工具箱，位于货物舱服务区，每次执行任务时都必须包含下列工具：各种扳手、螺丝刀、钳子、锤子、撬杠、镊子、螺钉、螺帽、锯子、探测器和垃圾桶等。空间站的工具箱与之相似。

2003 年初，美国哥伦比亚号航天飞机因防热瓦脱落而于再入中解体，七名航天员牺牲。为了避免悲剧再次发生，美国戈达德航天飞行中心、兰利研究中心和约翰逊航天中心的舱外活动工具设计工程师们通力合作，研制出一整套舱外检查与维修工具（针对航天飞机的防热瓦），尤其适用于处理突发事件。2005 年 8 月，发现号航天飞机的航天员们就是通过使用这些工具完成了在轨修复航天飞机表面防热瓦的艰巨任务。

（1）手提式红外摄像机（见图 5—15）

图 5—15　手提式红外摄像机

该装置用于扫描防热瓦，以便发现裂缝。

（2）CCD 数码相机

于 2005 年 7 月 26 日发射的发现号航天飞机与国际空间站对接前，空间站上航天员先用 2 台型号为柯达 CDCS660 的航天员专用 CCD 数码相机对发现号的背部、侧面和腹部进行全面拍照，以检查防热瓦有无损伤。其中焦距为 400 mm 的相机能以 6.3 cm 的分辨率进行拍照，用于记录防热瓦的整体状况；而焦距为 800 mm 的相机能以 2.5 cm 的分辨率拍照，用于拍摄敏感区域的防热瓦。

（3）手提式温度敏感器（见图 5－16）

该装置用于测量航天飞机机翼和修补材料的温度，因为机翼和修补材料只有在适宜的温度下才能修复得更牢固。

图 5－16　手提式温度敏感器

（4）碳－碳增强型裂纹修复包（见图 5－17）

这个包里装有修复裂纹的各种材料和盛放材料的面板。

（5）碳－碳增强型裂纹修复板（见图 5－18）

图 5－17　碳－碳增强
　　型裂纹修复包

图 5－18　碳－碳增强型
　　裂纹修复板

这个有乒乓球拍大小的板子用来盛放修补裂纹的材料。板子上有温度感应带，用来感知修补材料是否处于合适的温度；同时也可以使修补材料保持最合适的温度。不用时放置在裂纹修复包里。

（6）小型工作站工具储藏盒（MMWS）（见图5—19）

MMWS是一种工具带，为了方便航天员携带工具而设计。它绕在航天员身上，同时连着可收回的拴链；拴链上的夹子与工具相连。这样可以确保所有工具不会从航天员手中漂走，从而成为可怕的太空垃圾。

图5—19　小型工作站工具储藏盒（MMWS）

MMWS里放置着镊子、锯子、剪刀、扳手、钳子、泥铲和刮刀等工具。为防止工具在升空和着陆时损坏，MMWS把工具包装得足够结实。对于机翼表面的突出物，航天员可以先尝试用手直接拔掉；如果不成功，可以再用镊子将伸出的部分夹住，然后用锯子锯断；倘若还不成功，则用剪刀将伸出部分剪掉。

（7）填缝枪（见图5—20）

图5—20　填缝枪

填缝枪是最经常使用的一种工具，用来维修空间站、航天飞机、卫星以及哈勃空间望远镜。

（8）泡沫橡胶刷

这种刷子由日常生活中的橡胶刷改进而来，能够将修补材料填充到航天飞机表面防热瓦的破损处。NASA 声称，这种刷子的原型的零售价不到 1 美元。

（9）螺帽（见图 5—21）

为满足太空维修建造工作的要求，NASA 的工程师们于 1999 年为电子束焊枪特别设计了一种螺帽，以方便在太空中安装各种设备。这种螺帽可以在很短的时间内方便地安装。同时，它还可以应用在其他工程上，比如钻井和采矿等。

图 5—21　太空螺帽

螺帽的成本比较低，按照不同的型号只有 30～200 美元。

（10）电子束焊枪（见图 5—22）

为了缩短研制周期，美国从乌克兰引进了空间焊接电子束焊枪等关键设备，并和乌克兰巴顿焊接研究所合作，共同设计、制造空间焊接用地面模拟装置，共同进行航天员的焊接培训。

图 5—22　美国航天员在舱外焊接

苏联过去使用的是多功能焊机（URI），质量约 30 kg，尺寸为 400 mm×450 mm×500 mm，工具头质量为 2.5 kg，可以进行喷涂、电焊和切割。使用前必须将焊机固定在空间构件表面，然后加载 750 V 的工作电压。

（11）其他常用工具

为了适应空间环境，人们在地面维修建造中常用的工具不能立即拿到太空中去使用，必须加以改进与革新。

比如航天员使用的锤子，其结构非常简单，但构思却很独特：锤子的敲击部分采用空心结构，内部装有两个金属球。当敲击时，下面的金属球向上运动，而上面的金属球向下运动．并通过它们之间的摩擦来消除反冲力。所以航天员在敲击后锤子不会出现反弹，从而有利于操作。

在太空中使用的剪刀、钳子和起子等工具是与手柄组装而成的，航天员可以根据需要把剪刀等卸下，而把平口钳、克丝钳其他工具换到手柄上。

5.4　有人在轨服务特点分析

5.4.1　有人在轨服务的优势

虽然当今的自动化系统非常先进，将来还会更加完善，但是任何自动化系统都不可能完全取代人。例如：人的眼睛和大脑相结合的功能就是任何自动化系统所无法相比的。人眼有一套极为有效的聚焦和亮度调节系统，它与大脑的共同作用可以使人观察和区分物体的大小、远近、亮度、色调、对比度、动静和表面纹理，以及这些因素综合而成的细微差别。例如：太空中一些航天员看得很清楚的物体在照片上却没有显示出来；航天员在空间能观察到 1 600 km 以外发出的亮度比闪光灯还要弱的激光束。如果再装备信号放大器、敏感器、扫描仪和图像处理设备等先进仪器，则航天员的感知能力会大大提高。

同时，航天器上的各种仪器设备经人的精心管理、操作和使用，其功能的灵活性、可靠性都会有很大提高，人机结合的综合效果也使效费比大大提高。另外，大量事实也证明：人的眼、耳、鼻、脑、手对信息的收集、处理、分析、判断和学习的能力，利用经验和直觉对意外事件的处理、计划修改和创造能力，决策和操作能力等方面都远远优于自动化系统。当人的这些能力和自动化系统结合以后，航天系统就可以发挥最大作用。因此，有人在轨服务无论从哪个方面讲都具有十分重要的意义。

NASA 曾经做出过如下论述："航天员的出舱活动可以为有效载荷提供灵敏、可靠、低成本的服务操作，因为出舱活动可以使有效载荷的设计者选择轨道上的设备维护保养方式，而不需要把它们送回地球进行修理和更换。即使在最坏的情况下，还可以通过出舱活动把失去使用价值的有效载荷回收返回，避免成为太空垃圾。有了出舱活动的能力，就可以使航天飞机的每一次飞行获得最大的回报。"

不难看出，美苏/俄几十年的载人航天实践有力地证明了"任何自动化系统都无法代替人的作用"的观点。所以，有人在轨服务有其独特的作用和优势，不可能由基于先进控制技术和机器人技术的无人在轨服务所完全代替。

5.4.2　有人在轨服务的局限

人们在长期的研究与应用中发现，有人在轨服务存在着以下一些缺点：

1) 航天员必须参与其中，增加了服务航天器的制造成本、发射成本和使用成本。服务航天器必须能够满足航天员的生活和工作条件要求，使得质量增大、系统复杂、研制周期长。同时为满足高可靠性的要求，其各方面成本也会增加。

2) 限制了服务航天器的活动范围和使用范围。由于服务航天器承载航天员，所以限制了所带燃料的质量；同时为保证航天员能够安全返回地球或空间基地，服务飞行器不能进行对其自身产生危险的活动，从而限制了使用功能和使用范围。

3) 航天员频繁的太空行走也对生命安全带来了很大威胁。航天员在舱外执行任务时会有很多意想不到的情况发生。这些情况将可能造成航天员的疲劳、疏忽甚至犯错误，从而威胁到航天员的安全。另外，一些任务本身就带有危险性，航天员在没有自动化系统的帮助下可能会出现危及生命的情形。

4) 航天员的生理条件决定了其舱外活动时间和强度的范围。舱外维护受到航天员单次出舱的最长工作时间（目前为 6 小时）、同时作业人数（最多两人）、航天员的舱外活动范围、机械臂的活动范围和运动精度的制约。

5) 存在高成本和高风险的问题。航天飞机任务费用一次需花费 3～4 亿美元，并且出于对航天员的安全等因素的考虑，只能在有限轨道内执行载人飞行任务，对于运行在极地轨道、太阳同步轨道以及地球同步轨道等的航天器无能为力。

因此，有人在轨服务只能用于成本很高或价值极大的在轨航天器，如前文所述的国际空间站、哈勃空间望远镜等，而难以普及到所有服务任务中去。特别是挑战者号和哥伦比亚号航天飞机的失事，不仅使人类的航天事业蒙受巨大损失，而且还沉重打击了有人在轨服务技术的发展。此外，未来太空的军事化也决定了大型的、高成本的载人航天器难以在复杂的、危险的和瞬息万变的太空战场环境中生存，也就更难以实施有人在轨服务了。

而无人在轨服务在一定程度上可以避免航天员的参与，从而能够降低空间服务航天器的成本，减少航天员出舱操作的危险；并且无人在轨服务可以减少天地间的交互，使航天器不易受到敌方的干扰和攻击，从而增强其在轨运行的隐蔽性，并提高在空间环境中的生存能力。

5.4.3　有人在轨服务的应用范围

虽然就目前的实际情况而言，几乎所有的在轨服务均是由航天员来完成的。但未来随着自主在轨服务技术的发展，微小服务卫星和空间机器人将能够完成一些相对简单的任务，如探测航天器损伤部位、在轨加注、装配空间构件、搬运各种配件和工具等，从而分担航天员的部分工作。

有人在轨服务具有其他任何智能化的精密系统都无法比拟的优势：人员执行任务的灵活性和可靠性。但同时由于人员的生理极限、生命安全等因素的约束，使其执行任务的能力受到限制。因此，现在提出了通过有人在轨服务和无人在轨服务结合进行太空作业的方式。其优点在于：

1）航天员可以避免繁重、重复性的低级劳动，从而能够提高工作效率，避免过度劳累，进而保障自身和航天器的安全；

2）将具有危险的任务分担给空间机器人，可以有效减少航天员的失误和危险，并能够使执行航天任务的效费比达到最优。

为此，欧空局在认真总结美苏/俄发展载人航天的经验教训后，制定了如下基本原则：

1）一切不需要人的参与就可以完成的航天活动，都应该由无人航天器（包括卫星）完成；

2）一切能用机器人去完成的航天活动都应该由机器人完成；

3）只有那些必须要人去完成的航天活动才应该由航天员完成。

关于由机器人和微小服务卫星进行的自主在轨服务技术将在下一章进行论证。概括起来，由于航天员在轨服务的任务操作灵活性很强，因此，适用于具有以下特点的任务应用领域：

1）任务需要推理、分析和判断能力；

2）任务需要根据具体问题进行灵活处理；

3）任务需要在高噪声、强干扰的环境下进行准确操作；

4）任务过程中可能出现未预见的情况；

5）任务难以通过一系列程序控制操作完成；

6）任务需要依靠操作人员的经验。

第6章 自主在轨服务

6.1 概述

自主在轨服务是指无人现场参与服务操作的一类在轨服务。按照自主程度从低到高的顺序，目前，自主在轨服务的实现主要包括以下3种模式。

（1）人员遥操作在轨服务

人员遥操作在轨服务是指通过远程控制作动器和敏感器，使人员能够在远离工作现场的位置对工作仪器设备进行操作。该操作不仅仅是简单地打开或关闭仪器，还包括对复杂系统（如机械臂）的控制，使其完成指定任务。操作人员通过敏感器对工作现场和操作效果获取数据信息，在充分的反馈信息支持下，操作人员实现安全有效的设备操作。其流程结构框图如图6-1所示。

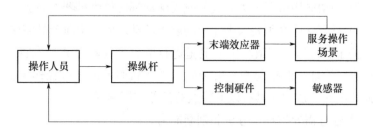

图6-1 人员遥操作在轨服务操作流程结构框图

（2）人员监控下自主服务

人员监控下自主服务是指在人员监控条件下进行程序化服务操作。操作过程主要由人员控制，任务过程中间的部分子任务操作可通过封装好的程序化序列进行控制执行。在此子任务过程中允许人员的干预和中断控制。其流程结构框图如图6-2所示。

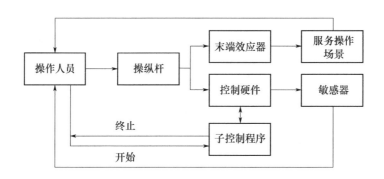

图 6-2 人员监控下自主服务操作流程结构框图

(3) 完全自主在轨服务

完全自主在轨服务是指在人工智能或神经网络系统的支持管理下进行自主服务操作。智能系统能够根据预定逻辑对所面临的问题进行自主分析、判断，制定相应解决措施和方案，并有效执行。在整个服务任务制定和执行过程中，无须人员进行全程跟踪监测，但是人员能够根据需要对操作过程进行干预（见图 6-3）。

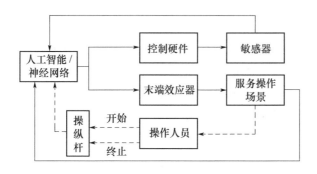

图 6-3 完全自主在轨服务操作流程结构框图

为了进一步对上述 3 种自主服务模式的操作流程和实现方式的异同进行说明，以 ORU 模块的在轨更换任务为例，分别对 3 种服务模式的具体操作流程进行分析比较，如表 6-1 所示。

表 6-1　ORU 模块更换任务的自主服务流程与操作说明

服务流程	人员遥操作在轨服务	人员监控下自主服务	完全自主在轨服务
接收故障信号	操作人员接受信号	操作人员接受信号	机器人接受信号
确定维修方案	操作人员决策	机器人根据预编对策算法确定维修方案	机器人根据智能系统进行维修方案决策
汇集必须工具	操作人员安装相应的机械末端效应器	操作人员安装相应的机械末端效应器	机器人确定预先准备的工具箱、工具和末端效应器
确认目标，轨道机动接近目标	远距离测量敏感器辅助下，由操作人员导引控制交会对接过程	远距离测量敏感器辅助下，自主制导交会对接过程	远距离测量敏感器辅助下，自主制导交会对接过程
与目标近距离接近、对接	中/近程测量敏感器辅助下，操作人员导引控制接近、对接过程	中/近程测量敏感器辅助下，自主导引控制接近、对接过程	中/近程测量敏感器辅助下，自主导引控制接近、对接过程
获取失效 ORU	操作人员确定失效 ORU；操作人员遥操作机械装置抓持失效 ORU；敏感器对遥操作的作用力进行测量	操作人员辅助接近失效 ORU；对失效 ORU 的识别预编入程序；敏感器将机械动作的作用力信息反馈至机器人	智能系统辅助接近失效 ORU；对失效 ORU 的识别预编入程序；敏感器将机械动作的作用力信息反馈至机器人
移出失效 ORU	各类敏感器辅助，通过合适的抓手工具移出失效 ORU	各类敏感器辅助，通过合适的抓手工具移出失效 ORU	各类敏感器辅助，通过智能系统控制移出过程
运送失效 ORU 至预留位置	各类敏感器辅助，操作人员辅助控制平移运动	各类敏感器辅助，预编程序控制运动	各类敏感器辅助，智能系统控制平移运动
完成失效 ORU 的接口安装	通过操作人员遥操作合适的抓手工具控制接口安装	预编程序控制合适工具进行接口安装	智能系统控制接口安装过程

续表

服务流程	人员遥操作在轨服务	人员监控下自主服务	完全自主在轨服务
获取替换 ORU	各类敏感器辅助,操作人员控制获取替换 ORU	各类敏感器辅助,操作人员引导监督获取过程	各类敏感器辅助,智能系统控制获取过程
将替换 ORU 从存储位置移至目标安装位置	各类敏感器辅助,操作人员控制移动替换 ORU	各类敏感器辅助,操作人员引导监督移动替换 ORU	各类敏感器辅助,智能系统控制移动替换 ORU
安装替换 ORU	各类敏感器辅助,操作人员控制安装替换 ORU	各类敏感器辅助,操作人员引导监督安装 ORU	各类敏感器辅助,智能系统控制安装替换 ORU
确认安装正确	操作人员进行 ORU 连接和功能测试	内置预编测试程序进行 ORU 连接和功能测试	内置预编测试程序进行 ORU 连接和功能测试
两星分离,完成服务	操作人员遥操作分离过程	操作人员监督分离过程	自主分离

上述 3 种自主在轨服务模式的不同集中体现于服务操作自主性的不同,亦即人在服务任务执行过程中的作用和地位不同。3 者的自主水平逐步提高,直到第 3 种实现完全自主的服务模式。本章围绕自主在轨服务的需求,对其支撑关键技术进行分析,并对其服务特点和适用范围进行总结。

6.2 自主在轨服务典型应用

自主在轨服务作为在轨服务的重要实现途径,从提出"在轨服务"的概念以来就一直得到关注与发展,并代表着未来的发展方向。目前,很多航天大国都开展了自主在轨服务技术研究,部分项目计划已经完成飞行试验,部分项目则正在进行相关技术研究与地面试验。下面将其按照人员遥操作在轨服务、人员监控下自主服务和完全自主在轨服务 3 类进行总结。

6.2.1　人员遥操作在轨服务

由于这种模式对于自主程度的要求最低，因此，从技术上来说也最易实现。人员遥操作在轨服务涉及的遥操作关键技术早已在相关领域得到研究发展，并已经在一些地面工程中得到应用，如通过遥操作技术实现对机器人的控制，使其代替人员在恶劣环境下进行危险操作，包括进行地下或海底探测等。由于其技术成熟度高，相对其他两种自主模式更有可实现性，因此，目前已经进行的飞行试验在轨服务项目中，大部分均采用该模式的自主操作。比较典型的项目计划包括：德国的 ROTEX 计划、日本的 ETS－VII 计划、美国的 RTFX 计划和轨道快车计划，上述计划的基本情况可参见第 2 章，下面简要分析其人员遥操作技术的应用情况。

6.2.1.1　ROTEX 计划

1993 年 9 月，德国在哥伦比亚号航天飞机的密封实验舱中进行了空间机器人技术试验 ROTEX。该机器人安装在空间实验室的导轨上，通过航天飞机的航天员或者地面操作员进行遥操作控制。机器人安装有各类敏感器件，以增强操作人员对工作现场的遥感知能力。机器人通过遥操作成功完成了机械装配、拔插各种接头和抓取浮游物体等任务。

ROTEX 首次演示了在空间特殊环境中由机器人代替航天员进行在轨服务操作的可能性，是空间机器人研究领域的一个重大事件，极大促进了后期空间机器人技术的发展。

6.2.1.2　ETS－VII 计划

1997 年日本成功进行了工程试验卫星 ETS－VII 的飞行试验，演示验证了空间机器人技术和交会对接技术。ETS－VII 的主要试验内容之一就是进行大延时情况下空间机器人的遥操作试验及在轨服务试验。通过遥操作机械臂系统，成功进行了以下试验操作：利用安装在机器人手臂的摄像头对卫星进行监测；利用机器人手臂进行电池 ORU 更换；利用机器人手臂进行贮箱 ORU 更换实现燃料补给；用安装在服务航天器上的机器人手臂抓持目标星，并使其围绕服务航天器运动，以此演示空间机器人对大型载荷的抓持和移动能力；先进机器手（三指多敏感器手）试验；桁架结构装配遥操作试验；天线装配试验。

通过上述遥操作在轨服务的飞行试验，一方面验证了遥操作空间机器人进行在轨服务的可行性，另一方面也暴露了一些问题，例如：遥操作大延时问题对操作人员的感知、判断和决策带来严重影响；操作人员的个人能力和生理差别对操作效果有很大影响，给遥操作服务的可靠性引入许多不确定性因素。这些问题为自主在轨服务的进一步发展提供了参考。

总之，ETS-VII 飞行演示验证任务的成功完成是自主在轨服务发展的一个重要里程碑事件，它带动了世界各航天国家对自主在轨服务的进一步研究。

6.2.1.3　RTFX 计划

"巡逻兵"（Ranger）遥操作机器人飞行试验计划 RTFX（见图 6-4 至图 6-9）是由美国马里兰大学空间系统实验室于 1992 年 6 月提议并开始展开的，该项目是 NASA 空间遥操作机器人项目（Space Telerobotics Program，STP）研究计划的一部分。实验室完成了 Ranger 地面演示原理样机的设计，并在水池模拟失重环境中进行了

图 6-4　Ranger 轨道机动

图 6-5　Ranger 交会对接

图 6-6　Ranger 监视检查

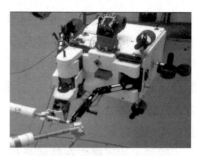

图 6-7　Ranger 桁架结构装配

图 6-8　Ranger 携带更换模块机动

图 6-9　Ranger 更换模块

遥操作试验，包括：轨道规划与机动、交会对接、监视检查、桁架结构装配和模块更换。地面试验的成功进行为进行遥操作机器人飞行试验奠定了良好的基础。

6.2.1.4　轨道快车计划

轨道快车计划的服务星 ASTRO 与目标星 NEXTSat 于 2007 年 3 月发射入轨，共进行了 9 个阶段的演示任务。9 个演示任务中，对不同级别的自主在轨服务均进行了演示。根据该项目的划分，自主级别分为 4 个，分别为：

1）级别 1。所有操作需要地面进行批准和数据上传。

2）级别 2。在系统自主执行命令前，留有充分的时间使地面进行替代控制。

3）级别 3。自主运行，不定期向地面发送命令进行验证。

4）级别 4。完全自主运行，仅在发生故障时加入地面分析。

其中，级别 1 为遥操作在轨服务，级别 2 与 3 为人员监控下自主服务，级别 4 为完全自主在轨服务。

9 个演示任务中，对遥操作在轨服务进行的演示主要集中于零号任务中：

1）在遥操作模式下进行了服务星和目标星之间的多次燃料往返传输试验，对在轨加注关键技术，包括压力控制、测量、加注接口适配器连接/分离以及检漏等技术进行了成功演示验证。

2）进行电池 ORU 的更换操作。机械臂在地面操作人员的遥操作下将电池 ORU 模块从 ASTRO 中取出，然后将其安装于 NEXTSat 的指定位置。当 ORU 集成于 NEXTSat 的电源系统后，该模块提供的额外电量使 NEXTSat 能够降低对日定向的姿态要求。

通过上述轨道快车中的遥操作在轨服务技术飞行试验，演示验证了该自主服务模式的技术可行性，并且与 ETS－VII 相比有很大的进步，为遥操作在轨服务的进一步发展奠定了基础。

6.2.2　人员监控下自主服务

从实现难度来看，人员监控下自主服务介于人员遥操作在轨服务与完全自主在轨服务之间。目前已经进行该模式自主服务的飞行演示试验项目主要包括轨道快车计划。在其 1 号任务中，进行了 ASTRO 和 NEXTSat 之间的多次燃料往返传输试验，对多种工况下的在轨燃料传输技术进行了演示验证。并在自主等级 2 下，ASTRO 通过机械臂将电池 ORU 从 NEXTSat 取出并将其移回安装于 AS-TRO。此操作过程仅需要地面进行 4 次状态认定和指令认可即能自主完成操作。

6.2.3　完全自主在轨服务

到目前为止，完全自主在轨服务主要处于概念探索和地面试验阶段，唯一进行的完全自主在轨服务飞行试验为 2007 年在轨道快车项目 2 号和 8 号试验任务中进行的全自主在轨服务演示验证试验。根据轨道快车项目对自主水平的划分，完全自主操作定义为：服务航天器完全自主运行，仅在发生故障时需要地面人员的干预。在为期十余天的试验任务中，进行了以下自主服务操作：

（1）全自主交会对接

在 2 号试验任务中，服务星 ASTRO 与目标星 NEXTSat 分离至 10 m 距离，然后在此位置 ASTRO 进行距离保持。ASTRO 保持该状态达到预定要求后，向 NEXTSat 进行自主接近操作，并通过三爪式对接机构完成自主捕获和对接（见图 6-10）。

图 6-10　轨道快车计划通过机械臂捕获目标星示意图

在 8 号试验任务中，服务航天器 ASTRO 首先与目标星 NEXT-Sat 分离，并飞离至 7 km 距离。然后 ASTRO 自主机动、接近 NEXTSat，在距离为 1 m 时，ASTRO 自主控制机械臂捕获目标星。这一操作的成功实现使通过机械臂捕获其他航天器的设想变为现实，具有十分重要的意义。完成捕获后，两星进一步通过对接机构自主完成刚性对接。

（2）全自主燃料传输

两星完成对接后，ASTRO 自主控制向 NEXTSat 进行了燃料的传输。

（3）全自主模块更换

完成燃料传输后，ASTRO 自主控制机械臂将其携带的电池 ORU 单元取出，并安装于 NEXTSat 的指定位置。完成电池 ORU

更换后，ASTRO 又以相同操作实现了从 ASTRO 移出计算机 ORU 单元并将其安装于 NEXTSat。最后，ASTRO 将计算机 ORU 从 NEXTSat 取出，再次将其安装于 ASTRO，并对其进行了测试，表明计算机单元的正常工作。

上述自主服务试验操作均十分简单，但是充分演示了完全自主在轨服务的可行性和优越性。因此，轨道快车计划的成功完成是自主在轨服务发展的里程碑事件，并将引领未来自主在轨服务的发展方向。

6.3　自主在轨服务的关键技术

与有人在轨服务不同，自主在轨服务由于是在无人直接参与的情况下进行的，因此，其在轨服务操作将主要依靠程序控制下的各类机械装置完成，一次成功的自主在轨服务必然是服务系统、客户系统之间密切配合的结果。从目前国外的成功案例来看，无论采取上述的哪一种模式，都需要进行客户系统、服务系统及服务操作技术之间的匹配设计，例如：在设计作为客户系统的目标航天器时，必须考虑如何接受服务操作；在设计作为服务系统的服务航天器时，必须考虑如何配备能完成相应服务操作所需的工具和设备；在设计相关的服务操作时，必须支持燃料等耗费品补给、故障模块更换等服务任务等。

本节将从客户系统、服务系统及服务操作技术 3 个方面对自主在轨服务关键技术进行初步的分析，本书后续的 3 章将在此基础上分别针对这 3 个方面的关键技术进行深入讨论。

6.3.1　客户系统

6.3.1.1　设计要求

在轨服务的执行首先要求客户系统具备接受在轨服务的能力，例如：客户系统的故障部件能够支持在轨更换、系统软件能够进行加载更新、具备气液传输接口进行在轨加注等。特别是对于自主在轨服务，客户系统的设计必须尽可能降低在轨服务操作的复杂度，以提高无人参与下进行在轨服务的可靠性和成功率。

不同的在轨服务任务和服务方式对客户系统的设计有不同要求，下面分别进行讨论。

(1) 在轨装配

在轨装配要求接受装配的航天器采用模块化设计，入轨后通过服务航天器对各个模块进行组装，即可搭建形成预先指定的航天器。由于无人参与组装过程，主要通过服务航天器携带模块进行对接组装，或者通过机械臂进行连接操作，因此，对模块、连接件和工具进行操作的灵活程度有限。为了可靠完成安装连接工作，形成预订的特殊构型或完成具有特殊要求的高精度安装（如大型空间望远镜的光学镜头安装等），组装工作应尽量简化，避免由于机械操作系统的精度、灵活性限制而造成装配错误。因此，接受组装航天器的设计应充分考虑上述无人参与在轨装配的特点，对航天器组成模块和连接件进行设计，主要有以下要求：

1) 组装模块与连接件尽量采用轻质材料，以降低机械搬运组装负担。

2) 组装操作简单，尽量多采用机械插拔组装连接形式，减少通过焊接进行固连的任务要求。空间焊接难度大，需要的辅助设备多，焊接工艺难以保证，且对机械控制要求极高。

3) 组装模块和配件应有明确标识，以便于机械装置携带的敏感器对其进行正确识别，进而进行获取操作，避免误操作。

(2) 在轨维护

在轨维护包括对目标航天器进行观察、监视、检查、诊断、表面修补、维修、部件替换、污染物清除、测试、检验等维护性活动。其中，在观察、监视、检查、诊断、表面修补、污染物清除等在轨服务操作中，主要依靠服务航天器采用相应设备对目标航天器进行拍摄、表面喷涂等，因此，无需目标航天器进行特别的匹配设计。

维修、部件替换、测试、检验等服务需要服务航天器与目标航天器进行机械、电源或信息连接，对目标航天器相关部件进行软件检测、硬件插拔等操作，这样，目标航天器需要进行匹配设计才能支持该类操作的实现。目标航天器的匹配设计主要有以下要求：

1) 航天器外部设计有用于测量的特征标识（信标），以及用于支持服务航天器和机械臂抓持的固定装置，以便于服务航天器在交会对接过程中对其进行捕获、测量和对接。

2) 需要更换的部件模块布局于服务航天器或机械臂易于获取的位置，便于对其进行插拔、更换和现场测试维修。

3) 具有与服务航天器适配的机械、电源和数据接口。机械接口支持服务航天器与目标航天器之间形成可靠的刚性连接，保证服务任务执行过程的顺利完成。电源和数据接口支持服务航天器获取目标航天器的电源和数据信息，以此实现对目标航天器运行状态的检验和测试，以及软件的注入、调整和更新等。

4) 具有用于插入新模块的接口，能够支持模块与目标航天器之间可靠的机、电、热和信息连接，能够支持模块的即插即用。

5) 目标航天器的星务管理系统能够根据服务需要向服务航天器提供所需数据，以支持检测、校验操作。并能够从服务航天器获取指令修正、更新各类软件，实现软件的重构。星务管理系统还能够自动对新插入的模块进行检测、激活和集成，支持模块更换。

（3）后勤支持

后勤支持主要包括对目标航天器的消耗品进行补给和替换等后勤保障任务，具体包括：在轨气液加注、在轨消耗品更换、在轨消耗性载荷补充、轨道清理、轨道转移和在轨发射等。除轨道清理与目标航天器的设计没有直接关系外，其他操作均需要目标航天器进行匹配设计，主要包括以下要求：

1) 在轨气液加注要求目标航天器具有相应接受加注的接口，支持与服务航天器提供加注的接口进行自动连接。能够在完成连接后自主进行检漏等操作。贮箱系统能够支持推进剂等耗费品的注入，能够有效的对加注过程进行监测，准确判断加注过程的进度，掌握控制加注完成的时间节点。

2）在轨消耗品的更换主要指电池、胶片等封装耗费品的补充和更换，因此，待更换模块的布局位置应在服务航天器或机械臂易于获取的位置，便于更换操作。

3）在轨消耗性载荷补充主要是对目标航天器耗尽的硬件模块进行补给，如天基武器平台携带的载荷等，对其补给主要指将指定数量的新载荷模块安装至目标航天器预定位置。该操作要求目标航天器的预定存储位置便于服务航天器获取，并便于进行载荷安装操作。要求目标航天器上安装载荷的装置便于打开和锁紧，以便于能够快速可靠的完成单个载荷的安装。特别是对于载荷数量多的安装情况，要求载荷安装的布局（如载荷模块间的间隔距离等）便于操作机械装置控制，同时尽量节约安装空间。

4）轨道转移和在轨发射操作要求目标航天器能够与服务航天器有可靠的刚性机械连接，以保证在与服务航天器进行组合体在轨运行时能够进行有效控制，同时不造成意外故障。

6.3.1.2 关键技术分析

综合上述目标航天器设计要求，确定客户系统研制的关键技术主要包括：

（1）模块化设计与布局

目标航天器要支持在轨组装、模块更换等操作，必须采用模块化设计的方法。模块化设计包括对航天器进行模块划分，对各个分系统功能进行模块封装，对各个功能模块采用适当的方式进行集成。模块的划分合理与否直接影响航天器整体的效能。模块的集成包括对各个功能模块进行机、电、热和数据信息的集成，集成的关键是模块连接的标准化接口。标准化接口一方面支持模块间的组装，另一方面还支持模块插拔，以实现在轨模块更换。同时，需要在轨更换的模块应尽量安装于便于服务航天器获取的位置，由此进一步对航天器的布局提出了要求。JPL 设计的一种可接受在轨服务的目标航天器如图 6—11 所示。通过采用模块化设计和航天器 ORU 外部布局的构型，可以灵活实现与服务航天器对接、接受 ORU 模块更换以及其他模块的增加等服务操作。

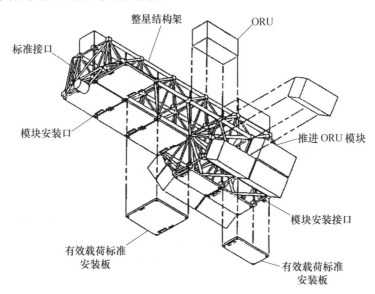

图 6—11　JPL 设计的可接受在轨服务的模块化目标航天器

（2）ORU 模块设计

ORU 模块的构型、布局和外部抓持装置的设计需要满足在轨更换的操作要求，能够便于机械更换设备的抓持和安装，并有利于节省服务航天器和目标航天器有限的安装空间。ORU 模块的热控系统应尽量能够保证模块自身的热控要求，避免对目标航天器造成影响。ORU 的电源控制系统应能够从目标航天器电源系统获取电源并对其进行相应转换，能够独立于目标航天器的电源系统对模块内部电源分配进行控制，能够有效保护模块内部的设备不受外部电源不稳定造成的干扰和影响。模块遥测装置能够可靠有效的获取模块内部预定的遥测数据，并根据要求进行处理或输出上传至目标航天器的星务管理系统。ORU 的模块接口采用标准化设计，支持机、电、热、信息的标准连接，并便于更换机构的插拔操作，能够即插即用。

（3）对接机构匹配设计

对接机构具有交会对接信标设计，能够便于服务航天器接近和对接阶段的测量和对准。对接机构与服务航天器的对接机构必须进行匹配设计，便于服务航天器的捕获和连接。能够支持两星的快速、可靠刚性连接和安全分离。对接机构在质量、布局方面应尽可能降低对目标航天器的影响，尽量采用标准化设计，能够应用于多种目标航天器上，并支持与多颗服务航天器的对接。

（4）外部电源/信息接口和加注接口设计

电源/信息接口支持与服务航天器的简便可靠连接，支持服务航天器对其进行电源与数据获取，对其工作状态进行检测和校验，对系统或应用软件进行注入更新。加注接口支持与服务航天器加注口的快速插拔和密封连接，能够在特殊的空间环境下进行气、液传输。外部接口的布局应根据具体任务和服务航天器的接口位置进行匹配设计，一般情况下布局于对接面上，以便于接口连接。

（5）先进星务管理系统

星务管理系统的先进性，亦即与传统航天器星务管理系统的最大区别，主要体现于该系统支持的以下6项功能：1）对航天器进行自主健康监测与管理。能够根据监测信息，结合飞行任务，对航天器的运行状态进行综合全面的测评。2）能够对出现的异常进行推理判断，对故障进行自主诊断，并对故障和异常的处理方案进行自主决策，为地面控制人员的判断和决策提供参考意见。3）能够对故障进行隔离，根据故障解决方案进行系统的重构，或者制定接受在轨服务的方案。4）能够对插入目标航天器的新模块进行自动检测和集成，支持新模块的即插即用。5）能够对服务过程的系统状态进行测量，如对加注过程中的管路系统进行实时监测，以保证服务过程的正常进行。6）能够支持系统软件的更新。特别是在新增模块的情况下，能够更新姿轨控软件，以适应新的质量特性要求。

除上述关键技术研究外，为保证高质量的完成在轨服务，目标航天器的设计还需要考虑以下 5 点：

1) 合理制定在轨服务方案，包括服务周期、服务方式等。以此为基础，对航天器自身和支持服务的软/硬件设备提出设计需求。其中，服务方案和设计要求的制定必须充分考虑在轨服务操作的可靠性和风险，特别是对于采用无人自主在轨服务的方式，要充分考虑机械装置的操作精度和灵活性问题，保证操作任务的正常进行。

2) 基于费用模型和航天器故障失效分析，确定航天器的模块化设计方案，包括模块化程度、模块的数量、ORU 单元的类型和数量等。

3) 在航天器的内部和外部接口设计中，尽量采用政府部门、商业或学术机构制定的得到公认的标准。

4) 航天器设计与集成尽量遵循简单化原则。

5) 支持地面进行充分的仿真测试，以对其可接受在轨服务能力进行验证。

根据以上讨论，本书第 7 章将进一步分析"可接受在轨服务"的目标航天器的相关技术与方案。

6.3.2 服务系统

6.3.2.1 设计要求

在无人自主在轨服务中，服务航天器是服务操作的提供者，是在轨服务实现的关键。无论是哪种自主程度的服务模式，服务操作现场都是无人直接参与的，所有操作执行者都是机器设备，只是在操作控制回路中人员承担的角色和责任不同，亦即控制机器装置执行动作的人/机分工不同。由于所有对目标航天器的直接操作都是由服务航天器完成，因此，对其设计提出了很高要求。下面分别针对不同的服务任务对服务航天器的设计需求进行讨论。

（1）在轨装配

在轨装配要求服务航天器对发射入轨的各个目标航天器子模块进行组装。如第 3 章中对在轨服务任务体系结构的分析所述，在轨装配包括多个层次，如在轨航天器组合、在轨扩展、在轨整星组装、在轨模块组装、在轨零部件制造等。在轨航天器组装主要指多个在轨独立运行的航天器通过自主交会对接形成一个整体的更为大型复杂的航天器，一般情况下无须服务航天器的辅助参与。在轨扩展指为在轨运行的航天器增加模块，以扩展航天器功能。此任务的操作与服务航天器为目标航天器进行模块更换和补加的维护操作相似，其任务需求将在在轨维护任务中进行详细讨论。在轨模块组装和零部件制造组装为部件级装配，一般在服务航天器舱内进行，属于后勤物资准备，与目标航天器的服务操作无关。此处主要讨论在轨整星组装，亦即通过服务航天器的操作，将目标航天器模块部件组装为一个航天器整体。该类典型的在轨组装操作包括以下两种方式：在大型服务平台由机械臂进行组装操作；由自由飞行微小服务卫星或空间机器人携带搬运各个模块进行组装。

对于前一种组装方式，服务航天器为大型服务平台，对其设计要求如下：

1) 平台能够为目标航天器的装配提供良好的空间环境。对于结构复杂、体积庞大的航天器，在安装过程中要求其与服务平台固结，则服务航天器提供的安装空间必须与之相容。同时，部分在轨组装的目标航天器对安装环境有特殊要求，如光学设备对环境洁净度的要求等，则服务航天器提供的安装操作空间需充分考虑避免由于操作引起的污染影响。服务航天器在组装过程中还需能够为目标航天器提供外部环境保护，如避免其遭受轨道碎片撞击等，以此保证组装过程的顺利进行。

2) 机械臂灵活可靠。执行组装操作的机械臂要求能够进行模块获取、抓持、搬运操作，能够根据要求将模块通过连接件进行装配。由于安装精度的要求，机械臂必须能够准确的进行定位和控制，包括位置、运行速度、对模块和目标航天器的作用力度等，以保证装配的正确性，同时避免由于机械臂操作不当而对模块和目标航天器造成损伤。

对于后一种装配方式，服务航天器为微小服务卫星或者空间机器人，对其设计要求如下：

1）具有灵活机动能力。能够准确的进行定姿、定位和机动，根据要求从预定位置获取组件模块，将其搬运到指定位置，与指定模块进行连接。搬运过程中，能够通过敏感器对周围环境进行感知，避免与其他模块或结构组件发生碰撞。服务航大器能够灵活往返运行，辅助组件模块进行机动和模块间的对接，直至完成所有模块的装配任务。

2）具有捕获、抓持、组装操作组件模块的机械装置，如机械臂等。该机械装置要求既能灵活的捕获、锁紧组件模块，与之形成可靠连接，将其搬运至指定地点使其与指定模块对接，然后能简便的与之解锁与分离，完成该模块的装配。对于部分简单的装配任务，部件模块均构型规则、组装简便，则服务航天器的组装操作机械装置可以只是一个对接口，能够与组件模块的固定把手配合连接并对其进行搬运，使其与其他模块通过标准接口连接即可。对于部分复杂的装配任务，部件模块体积小或者构型不规则，则必须采用灵活机械臂技术才能完成灵巧的操作任务。

（2）在轨维护

在轨维护任务中，观察、监视、检查、诊断、表面修补、污染物清除等在轨服务操作主要通过服务航天器从外部采用相应设备对目标航天器进行拍摄、表面喷涂等，该类操作的实现对服务航天器的设计提出以下要求：

1）服务航天器能够灵活的对目标航天器进行伴、绕飞。通过服务航天器伴、绕飞，能够灵活的从指定角度或多个视角对目标航天器的指定表面位置进行观察和检查，全面获取目标航天器信息。通过与目标航天器保持稳定的相对位置，能够支持表面喷涂等操作的正常连续进行。

2）服务航天器能够携带相关的仪器设备对目标航天器进行指定操作，如携带可见光相机对目标航天器进行拍照、携带喷枪等装置向目标航天器表面进行覆盖层填涂修复和污染物清理等。这些仪器设备在服务航天器上的安装位置应能够满足其进行服务操作的空间和指向要求，同时不会因为服务操作而对其他设备造成影响。

维修、部件替换、测试、检验等服务任务需要服务航天器与目标航天器进行机械、电源或信息连接，对目标航天器相关部件进行软件监测、硬件插拔等操作。该类操作的实现对服务航天器的设计提出以下要求：

1) 具有灵活轨道机动能力，能够与目标航天器进行交会对接。特别是在对接过程中，要求服务航天器的推进系统和姿态控制系统能够满足与目标航天器进行自主对接的精度要求，能够高效率的完成对接过程，同时能够尽量降低发生碰撞等风险。

2) 具有与目标航天器配套的对接机构，支持快速捕获、可靠连接、安全分离的要求。对接机构尽量采用标准化设计，以支持一对多服务。

3) 具有支持模块更换操作的机械装置。对于部分服务任务，只需服务航天器能够将新模块插入目标航天器的预留接口，然后服务航天器与之分离即可。在该类任务中，无须机械臂的参与，只需将模块置于服务航天器表面，服务时将模块与目标航天器对接即可完成模块的插入。但在很多其他服务任务中，需要首先移出旧模块，然后再安装新模块，则在此情况下一般需要机械臂的参与。总之，服务航天器应根据任务需要携带相应装置，完成模块的更换和增加等操作。

（3）后勤支持

后勤支持中，在轨消耗品更换、在轨消耗性载荷补充与在轨维护任务中的模块补加与更换操作相似，此处不再赘述。其他后勤支持操作的实现对服务航天器的设计提出以下要求：

1) 在轨气液加注要求服务航天器具有提供加注的接口，能够通过主动操作与目标航天器的匹配接口进行密封连接。能够进行自主检漏。贮箱管路系统能够支持推进剂等耗费品的输出，能够有效的对加注过程进行监测，准确判断加注过程的进度，掌握控制加注完成的时间节点。

2）轨道转移和在轨发射操作要求服务航天器能够携带目标航天器进行组合体在轨运行与机动，要求服务航天器能够与目标航天器实现可靠的刚性机械连接，尽量降低由于组合体轨道机动与姿态调整控制对目标航天器造成的影响。到达指定位置后，该刚性连接机构能够方便的解锁分离，对目标航天器进行释放或在轨发射。

6.3.2.2 关键技术分析

综合上述服务航天器设计要求，确定服务系统研制的关键技术主要包括以下 7 项。

（1）总体设计与布局

服务航天器应根据具体的服务任务进行总体设计与布局。例如：对于在轨装配的大型服务平台，应充分考虑目标航天器的特殊要求，预留充足的安装空间和良好的装配环境；对于外部监测、检查、表面清理等任务，需要服务航天器携带的相关硬件设备能够满足其操作空间和指向要求；对于在轨消耗品更换、在轨消耗性载荷补充等服务任务，需要服务航天器携带补充物资与目标航天器交会对接，并将物资安装于指定位置，则要求服务航天器在设计时充分考虑物资的运输量，包括体积、质量等，以预留相应的"货仓"空间，同时，该空间的物品应易于安装和取出，以便于装填和服务操作；对于加注任务，服务航天器的贮箱、加注系统的设计和布局应充分考虑加注过程中由于气液传输引起的质量特性改变，进而对姿态控制造成的影响等。

（2）先进星务管理系统

服务航天器能够根据目标航天器或地面传来的故障报告进行自主分析，合理决策确定服务方案。在服务过程中，与目标航天器完成连接后，能够根据需要进行控制权的移交，由服务航天器或目标航天器对组合体进行总体控制。能够对服务操作过程进行自主监测，对每一步操作进行及时评估，以合理确定下一步操作。能够将预定的数据信息内容进行处理并下传至地面。完成服务任务后能够对服务效果进行全面评估。

（3）先进推进系统和姿控系统

由于服务航天器具有灵活轨道机动和与目标航天器交会对接的任务需求，因此，要求其推进系统能够提供预定服务范围内的机动能力。特别是对于一对多服务的航天器，要求其能够在单次飞行中进行多次机动，这对其推进系统及其携带的推进剂提出了很高要求。如何提高推进系统的性能和推进剂利用效率，是实现在有限推进剂条件下提高服务航天器机动能力的关键。同时，与目标航天器的近距离接近和对接对服务航天器的姿态控制精度要求很高，准确实现服务航天器与目标航天器的姿态对准是安全、快速对接的关键。特别是对于携带机械臂的空间机器人，对组合体的姿态稳定控制和机械臂的运行控制十分复杂，因而对姿态控制技术也提出了很高要求。

（4）先进测量系统

服务航天器携带的先进测量系统主要有两种类型：1）用于交会对接的测量系统；2）用于对目标航天器进行观察、监视、诊断和拍照的测量系统。交会对接正常顺利进行的关键在于测量系统获取信息的及时性和准确性。只有通过测量系统全面准确的获取了目标航天器的位置与姿态信息，服务航天器控制系统才能准确进行轨道和姿态的控制与调整，进而保证交会对接的顺利进行。对于用于对目标航天器进行观察、监视和诊断的测量系统，要求其能够在一定距离范围内以预定精度要求对目标航天器的预定部位进行信息获取，如拍照、扫描检测等。

（5）外部电源/信息接口和加注接口设计

电源/信息接口支持与目标航天器进行简单可靠的连接，从其电源与数据母线获取信息，对其工作状态进行检测和校验，对其进行软件注入和更新。加注接口支持与目标航天器的加注接口进行快速插拔和密封连接，能够在特殊的空间环境下进行气、液传输。

（6）先进机械臂技术

对于部分复杂的服务任务，如模块的插拔等，必须通过机械臂才能完成任务操作，由此对先进机械臂技术提出了要求。一方面要求机械臂能够灵活操作，能够进行多个自由度的控制，并能够携带末端效应器或其他工具进行服务操作，如抓持物体、旋转螺丝等。另一方面还要求机械臂具有一定的承载能力，能够对一定质量的载荷进行抓持和移动。随着技术的发展，机械臂操作的灵活性和精确性一定能够得到极大的提高，并不断向航天员的操作能力靠近，以此增强自主服务的能力。

（7）自身接受在轨服务的能力

对于部分服务航天器，要求其能够重复使用、多次执行服务任务，由此对其提出了可接受在轨服务的需求。服务航天器完成一系列服务任务后，通过接受耗费品加注、物资补给、保养维护，能够使其恢复至设计运行水平。在轨对服务航天器进行维护比将其回收至地面进行维护、然后再发射的成本和时间花费少很多，因此，对服务航天器本身进行在轨服务是提高服务航天器的效能、降低服务成本的重要途径。使服务航天器具有可接受在轨服务的能力也是将来服务航天器的一种发展趋势。

除上述关键技术研究外，服务航天器的设计还需要考虑以下3点：

1）合理确定服务航天器的服务类型和服务能力。每一个服务航天器只能为一定范围内的目标航天器提供一定范围内的服务操作，特别是小型服务航天器，其携带的设备和物资是十分有限的。因此，需要在总体设计的初始就对服务内容和能力进行定位，以相应展开设计。

2）服务航天器设计与集成尽量遵循简单化原则。

3）支持地面进行充分的仿真测试，以对其服务操作能力进行验证。

根据以上讨论，本书第8章将进一步分析"提供在轨服务"的服务航天器的相关技术与方案。

6.3.3　服务操作技术

在轨服务操作是连接服务航天器与目标航天器的纽带。服务航天器携带设备装置通过一系列操作过程对目标航天器进行作用影响，达到对目标航天器进行服务的目的。在轨服务操作技术主要包括自主交会对接技术、在轨模块更换技术和在轨加注技术，以及其他服务操作技术，如在轨组装技术、目标航天器表面覆盖层喷涂技术等。

6.3.3.1　自主交会对接技术

成功进行自主交会对接是实现在轨服务的前提条件。自主交会对接的执行者包括3类：

1）服务航天器。通过服务航天器轨道机动，并与目标航天器交会对接，为目标航天器提供服务。

2）目标航天器。目标航天器自主机动，与大型服务平台交会对接，在平台接受在轨服务。

3）运输系统的航天器。携带物资与服务航天器交会对接，提供后勤补给。或者与目标航天器进行交会对接，将其捕获回收至服务平台或地面接受服务。或者辅助服务航天器进行机动变轨，与目标航天器进行交会对接。

这3类航天器对自主交会对接技术的共性要求是：

1）能够自主进行轨道规划，实现最优轨道机动；

2）接近与对接过程安全、可靠，尽量降低出现对接碰撞等风险；

3）交会对接过程能够满足一定的时限要求，提高在轨服务的任务响应能力。

6.3.3.2　在轨模块更换技术

在轨模块更换主要包括故障模块隔离或移出、新增模块插入与集成等操作，是对目标航天器的故障部件进行维修、功能进行升级或扩展的关键操作。在轨模块更换包括内部更换和外部更换两类。内部更换指目标航天器系统内部将故障模块进行隔离，以备份模块取代进行工作。如果没有备份模块，则通过剩余正常部件的系统重构弥补取代该模块的功能，或者降级运行。外部模块更换是指通过服务航天器对目标航天器的故障模块进行更换，将其拔除换入新模块，或者直接插入新模块，取代故障模块工作。内部更换由目标航天器自身操作完成，与服务航天器无关，此处主要讨论外部更换。

外部更换操作中，直接插入新模块的操作较为简单，可以直接将其安装于服务航天器表面，服务时直接将模块推出使其与目标航天器预留接口连接即可。甚至可以使服务航天器直接通过补加模块与目标航天器对接，完成模块集成与校验后，服务航天器与模块分离，完成服务。需要进行模块插拔的操作复杂一些，一般情况下主要通过机械臂完成。也可以通过特殊的更换机构支持模块的自动滑出和新增模块的插入，但是对模块的安装位置有很大限制，且对更换机构的可靠性有较高要求。总之，在轨模块更换技术的关键就在于模块更换机构的设计。

6.3.3.3　在轨加注技术

服务航天器为目标航天器提供气、液耗费品的在轨加注服务，主要通过加注系统完成。由于在轨加注所处的空间环境特殊，使加注操作比在地面进行复杂得多。特别是低温、失重、真空环境对流体的传输有很大影响，必须对加注与接受加注的贮箱、传输管路和加注接口进行特殊设计，以满足安全、可靠、高效、无漏的加注要求。

6.3.3.4　其他服务操作技术

由于在轨服务的内容十分丰富，广泛包括了对各种在轨运行航天器进行的各种类型操作，因此，除上述列出的 3 条主要核心的操作技术外，还有许多其他服务操作，此处不再一一列举。这些技术需要针对具体服务对象和任务要求进行研究。

根据以上讨论，本书第 9 章将进一步分析在轨服务操作的相关技术与方案。

6.4　自主在轨服务特点分析

6.4.1　人员遥操作在轨服务

在目前的技术水平条件下，人员遥操作在轨服务最为成熟。由于系统运行的整个过程中都由人员操作控制，因此，对控制软件的设计要求与其他两种自主服务模式相比可以大大降低。在该模式中，人员远程对工作现场机械系统的运作、操控和感知能力进行控制，工作现场的机械系统（如机械臂）可以作为操作人员工作能力的延伸。

总体来说，人员遥操作在轨服务的主要优势包括以下 2 点：

1）实现难度最小。在硬件上，遥操作、遥感知系统和相关硬件技术的发展相对比较成熟，并且已经在地面得到一定的应用。在软件上，对相关程序开发要求难度较低。由于对服务方案的制定、服务操作的执行、反馈信息的判断、操作控制的调整都是由人员负责完成，因此，不需要具备功能完善的智能系统或者功能相对自主独立的控制算法，大大降低了对相关逻辑系统和控制程序的开发难度，这也是实现高水平自主服务的关键难点。

2）任务执行灵活性最强。由于人员的实时参与控制，能够灵活应对各种突发问题。特别是对于未能预见的特殊复杂问题以及过去没有发生过的新情况，能够通过操作人员充分发挥主观能动性，借鉴已有经验进行临时分析判断，做出正确合理反应。因此，由于在控制执行回路中实时有人参与控制，大大保证了遥操作在轨服务执行任务的灵活性。

人员遥操作在轨服务的实现对遥操作技术和遥感知技术提出了较高要求，同时，由于其自主水平有限，必须人员全程控制，因而

为其应用也带来一定的限制。总体来说，该模式的自主在轨服务主
要存在以下不足：

　　1）对灵巧的机械臂和操纵器技术有很高要求；

　　2）对遥操作系统的开发技术有很高求高；

　　3）命令执行与信息反馈存在较大的时延问题；

　　4）敏感器回传视觉信息可能存在不充分的问题，难以支持操控
人员的正确判断与操控；

　　5）由于时滞和遥感知信息不完全或不准确的影响，遥操作的执
行主要基于操作者对远程机械系统假想的动态预测模型和对其机械
运动特性的理解，使操控人员的操作带有较强的主观性，操作效果
与人员的经验和个人能力有很大关系，为服务任务的执行引入不确
定性。

　　根据上述对人员遥操作在轨服务的优缺点分析可知，其应用范
围主要适用于以下场景：

　　1）简单的在轨服务操作。操作步骤简单，动作简单，不需要十
分高要求的精细操作。工作现场简单，不需要庞大的遥感知数据信
息即可完成对工作现场和操作效果的全面描述。每一步操作对时间
要求不高，能够容忍由于信息传递引起的操作时延。通过遥感知获
取的反馈信息能够即时可靠地了解工作现场的情况和每一步操作的
效果，使操作人员能够正确判断、执行每一个动作，最终完成整个
操作任务，并达到预期效果。

　　2）在服务任务执行过程中，极有可能会出现未能预见的问题，
需要能够即时进行分析、判断，作出合理的反应。这类服务任务必
须依靠人员全程控制来实现，通过充分发挥人员的主观能动性，灵
活应对各种突发问题。

6.4.2　人员监控下自主服务

　　在目前的技术水平条件下，人员监控下自主服务在某些特殊任
务场合中也具有一定的技术可行性。该自主服务模式中，由预编程

序控制机械系统进行重复简单的操作步骤，人员只需对执行过程进行监督管理即可，从而将人员从遥操作在轨服务模式的全程控制中解放出来，特别是使其能够避免进行简单重复、耗时耗力的操作工作，从而大大减轻工作强度和压力。

总体来说，人员监控下自主服务的主要优势包括以下两点：

1) 减轻人员操作压力和工作强度。对于简单重复性工作可通过程序化序列封装为子任务，由机械系统自主执行操作。操作人员只需下达开始命令即可开始操作序列，接下来无须对系统进行实时控制，只需对机械系统的关键操作步骤的效果进行监测、评估，根据需要进行引导调整即可。因此，在机械系统进行自主操作的过程中，人员可以解放出来，从而减轻其操作压力和强度。同时，人员还能进行其他的工作，提高人力资源的利用效率。

2) 提高操作效率和准确度。如果由人员来进行简单重复、耗时耗力的工作，则极有可能会由于生理限制而出现长时间高强度工作后的疲劳、麻痹等现象，进而引起效率降低、操作失误等隐患。同时，人员遥操作是通过遥感知能力实现对工作现场的模拟，信息获取的全面性和直观性均达不到人员直接参与工作现场获取信息的效果，因此，人员做出的反应和控制操作也相应存在出现偏差的隐患。

人员监控下自主服务只能够自主完成部分子任务，而整个任务执行过程的控制与监督，包括自主执行子任务的启动与停止、任务执行效果评估，都是由操作人员完成。特别是对于部分灵活性要求高的任务，还是需要由人员接替进行操作控制。因此，该模式自主服务对遥操作技术和遥感知技术也具有较高要求。总体来说，该模式主要存在以下不足：

1) 对灵巧的机械臂和操纵器技术有很高要求；

2) 命令执行与信息反馈存在时延问题；

3) 敏感器回传视觉信息可能存在不充分的问题，难以支持操控人员的正确判断与操控；

4）对自主执行的子任务控制程序的开发具有较高要求。

根据上述对人员监控下自主服务的优缺点分析可知，其应用范围主要适用于具有重复性简单操作过程的服务任务。对于单调简单的重复性工作，可以通过预编控制程序进行自主完成，由人员进行监控即可，由此提高工作效率和准确度。

6.4.3　完全自主在轨服务

在目前的技术水平条件下，完全自主在轨服务的实现难度最大。该自主服务模式中，机械系统（机器人系统）在人工智能系统的管理下，能够进行分析和决策，并且能够根据所制定的方案进行自主执行任务。在人工智能高度发展的条件下，其逻辑推理能力能够得到极大提高，从而大大增强信息分析能力和应对问题的反应能力，提高其方案制定的合理性和可靠性，进而极大程度降低对人员参与干涉的要求，实现最高级别的全自主服务操作。

总体来说，完全自主在轨服务的主要优势包括以下 3 点：

1）大大提高服务任务的执行效率。智能系统直接根据任务要求制定任务执行方案，然后直接控制硬件系统进行操作。对于操作过程中的突发问题，智能系统能够自主进行分析判断和处理，无须与操作人员进行交互然后再确定解决方案，从而整个执行过程紧凑有序，使任务能够在更短的时间内以更高的质量完成。

2）不存在任务操作执行时延问题。由于任务执行过程中，由智能系统全权进行管理控制，因此，不存在由于信息反馈至远离工作现场的操作人员、操作人员下达命令远程控制硬件进行下一步操作的时延问题，从而能够满足对时效性要求很高的任务操作。

3）大大提高人员的工作效率，降低服务风险和费用。由于任务制定、执行都实现了全自动化，人员只需根据具体情况或需要对任务执行过程进行监督和检查，在必要的时候进行部分干预调整，这样能够极大程度地降低人员的工作压力和劳动强度，使其能够从事其他工作，从而提高人员的工作效率。同时，人力资源的节省一方面能够降低服务任务的费用，另一方面能够使工作质量得到保障，从而降低由于人员误操作造成损失的风险和对参与人员自身造成伤害的风险。

完全自主在轨服务的实现在技术上存在很大难度，该服务模式主要存在以下不足：

1) 对灵巧的机械臂和操纵器技术有很高要求。

2) 对完全支持自主在轨服务操作的人工智能技术要求很高。自主程度提高的核心关键技术就是自主控制技术和支持自主控制实现的人工智能系统等。通过计算机软件建立一套具有较强逻辑推理能力、分析判断能力、快速灵活反应能力的人工智能系统，是科学与工程领域公认的一项难度非常大的挑战。目前的技术水平还不成熟，还只能进行简单的全自主任务操作。距离实现全自主任务规划与操作，还有很大的距离。

3) 对高速率大容量数据管理系统提出了很高的要求。该数据管理系统需要提供人工智能系统正常运行所需的软硬件支持，包括：具有实时快速处理能力的计算机系统，支持故障诊断与隔离、系统重构、决策判断、任务规划、任务调度等自主操作所需数据的大容量存储系统等。

根据上述对完全自主在轨服务的优缺点分析可知，其应用范围主要适用于以下场景：

1) 对时效性要求很高的任务。由于遥操作需要进行信息的往返传递才能完成现场感知信息的反馈和控制命令的下达，在此过程中还有人员判断信息作出下一步操作决策的时间花费，从而使每一步操作过程中都存在严重时延，无法有效执行对时效性要求很高的任务。在此情况下，最有效的途径就是完全自主服务。智能系统对工作现场信息进行实时获取、分析，对操作效果进行实时评估，即时作出反应策略进行下一步控制，从而满足任务执行的时效性要求。

2) 操作过程和工作现场复杂，难以通过遥操作实现的任务。由于任务复杂，如果通过遥操作进行控制，则需要传递的遥感知信息量十分庞大，为传输带来困难；特别是对于部分特殊信息，无法通过敏感器获取，则由于信息的不完整性而为遥操作人员的正确判断带来困难。在此情况下，最有效的途径就是完全自主服务，操作人员只需进行部分监控即可，无需实时干预，从而保证任务执行的正确性和准确性。

第 7 章　可接受在轨服务航天器设计技术

7.1　概述

目前,各国在轨运行的航天器和在研型号主要采用的还是传统的航天器设计方法,即在假设航天器为一次性使用且不可进行维修升级的前提下,采取各种措施尽可能地提高可靠性。航天器一旦入轨后,在无备份的情况下,如出现部件故障、元器件老化、燃料耗尽等问题,将直接导致航天器失效。根据第 6 章中对接受在轨服务客户系统的分析可知,该类航天器接受在轨服务的能力也十分有限,不能支持模块替换/补加等复杂操作,只能进行简单的回收、辅助调姿变轨等,从而对其进行维护、维修和升级十分困难。

正如"汽车维修站"、"加油站"等的出现为汽车工业带来的革命性变化一样,在轨服务为航天领域的发展引入了新的活力,航天器在轨服务技术的发展将大大改变传统航天器的设计思路和运行模式。文献 [36] 中通过所建立的一系列模型并进行仿真后指出:"如果在现有卫星的设计中不引入'可接受在轨服务'的设计理念,则在轨服务的价值很难得到真正体现。"

为与传统的航天器进行区别,将能较好地接受在轨服务的新型航天器称为可接受在轨服务航天器 (Serviceable Spacecraft)。这一概念作为专用名词的正式提出见于美国 NASA 于 1988 年完成的项目研究报告 [37]。在哈勃空间望远镜的设计中就引入了部分可接受在轨服务的设计理念。较完整地按照可接受在轨服务航天器理念进行设计的航天器是美国的轨道快车计划中的目标航天器。在该计划中,ASTRO 是可提供服务的主航天器 (Servicing Satellite),主要用于提供"在轨加注"和"在轨部件更换"两类在轨服务。NEXTSat 则是可接受上述服务的目标航天器，即可接受在轨服务航天器。值得一提的是，该计划的倡导者认为，"可接受在轨服务"代表了未来航天器的发展方向，因此，在该计划中，将上述接受在轨服务的航天器命名为"下一代航天器"（NEXTSat）。

　　本章将在第 6 章的基础上，深入分析可接受在轨服务航天器应解决的几项主要关键技术，包括新型模块化航天器设计技术、在轨可更换单元（ORU）设计技术和先进星务管理技术。虽然从整体上解决了上述全部关键技术且已经投入应用的航天器目前尚未出现，但许多现有的航天器中已经部分解决并应用了上述关键技术。本章试图通过在分析国内外相关实例的基础上，总结和归纳相关关键技术的研究重点及研究方法，为研究可接受在轨服务航天器奠定基础。

7.2　面向在轨服务的模块化设计技术

　　模块化航天器设计（Modular Spacecraft Design，MSD）是使航天器系统能够在轨组装、在轨接受模块更换、补加扩展、升级等服务的首要条件。实际上，模块化航天器设计的概念早已作为突破传统航天器设计局限性的重要创新理念和手段而被提出，并得到了高度的重视和大量的研究。传统航天器设计存在以下不足：首先，传统航天器设计是面向任务的，由用户需求驱动，任务功能专一；第二，传统航天器一般为多系统耦合集成的整体，结构复杂，风险高，为了提高可靠性，典型的做法是增加子系统冗余，但这又进一步增加了航天器的质量和复杂性；第三，这样的复杂系统在地面制造和装配时，往往需要在不同的地点进行生产和运输，这又进一步增加了风险、成本和时间；第四，航天器的发射对其体积、构型和质量也提出了严格的要求，使设计受到极大限制。针对上述问题，模块化航天器设计的概念应运而生。

　　模块化设计方法起源于 20 世纪初，最初应用于建筑行业，后被应用于机械制造、汽车产品制造、航空产品制造及软件产品制造等行业。20 世纪 70 年代左右，开始引入到航天产品的制造中。

模块化设计是指为开发具有多种功能的不同产品，不必对每种产品施以单独设计，而是精心设计出多种模块，将其经过不同方式的组合来构成不同产品，以解决产品品种、规格、设计制造周期、成本之间的矛盾。模块化设计与产品标准化设计、系列化设计密切相关，三者互相影响、互相制约，通常合在一起作为评定产品质量优劣的重要指标。

航天器作为一种特殊的产品，由于一般均为少量产品研制，无法形成批量生产，所以航天器技术发展初期一般采用"面向任务的设计模式"，即针对用户需求进行系统设计，提出设计要求，然后进行分系统及设备设计，最后完成系统设计。由于过去对航天器的需求较少，功能也较为单一，同时技术基础也比较薄弱，因此，采取此种设计模式是比较合适的。随着航天器技术的不断发展，为提高航天器的设计技术水平、节约成本、缩短研制周期，开始研究多任务的公用航天器平台，由此将"模块化设计方法"引入航天器设计。

航天器模块化设计的内涵就是要求将整个航天器依据功能合理划分为多个不同的功能模块，这些模块物理独立、功能独立，通过特定的规则组合到一起，可实现航天器的整体功能。同时，各个模块要求进行标准化设计，即针对同一功能，形成系列，满足不同需求指标的模块，且系列模块具有统一的标准化机械、电源、信号、热控和流体管路接口，保证同系列模块之间的可替换性。模块的组合规则来源于特定航天器的功能及指标要求，通过对组合规则的控制及对功能模块的优化与配置，可以形成满足多种飞行任务的航天器。在此基础上，针对在轨服务的要求，可接受在轨服务航天器的模块化设计还包括以下内容：

1) 对于需要在轨组装的航天器模块，要求模块构型规则简单、接口连接操作简单，便于机械装置对其进行操作装配。

2) 将出现故障概率大的功能模块或者需要进行在轨功能更换或升级的模块设计为在轨可替换单元（ORU），仅通过标准接口与航天器总线连接，在轨更换是通过接口的插拔即可完成模块更换，而与航天器其他模块无关。同时，这些 ORU 要安装于便于获取的位置，避免为更换操作带来困难。

3）如果需要支持在轨集成新的模块，则航天器还需预留标准接口，以接受插入新的模块。

航天器模块化设计把航天器系统的功能分散到一系列独立的单元功能模块中，使航天器系统由多个独立的标准化可重构的组件构成。各个模块的内部组件均集成封装，仅由简单的标准接口与外部连接。这样的设计使航天器全系统装配复杂度大大减小，对系统的风险控制也降低到每一个模块中。通过标准接口连接的模块化系统能够支持多种不同的功能模块，使各模块的研究与开发相对独立，装配简单，使真正的系统重构技术得以实现。通过更换功能模块（如有效载荷模块），航天器系统可以实现不同的功能，满足不同的任务要求，大大提高系统的适应能力，减小不同任务的航天器设计、生产和测试时间。系统的尺寸与构型能够通过对模块的设计和更换进行控制，大型复杂系统也能通过发射模块和在轨组装而满足发射要求。

模块化系统也存在一些不足。由于各个模块的设计相对独立，并且一般具有适应不同任务的通用性，因此，对于某一次具体任务，该设计一般不可能是最优的。同时，由模块构成的系统整体也难以进行整体优化设计。由于各模块都是相对独立的完成各自的功能，这就增加了单点失效的可能性。虽然可以通过增加冗余模块进行解决，但同时也增加了整个系统的质量和费用。

7.2.1 典型实例

最早的多任务模块化航天器（Multi-mission Modular Space-craft，MMS）是由 NASA 戈达德（Goddard）航天中心开发的。该项目起始于 20 世纪 70 年代，由一系列对地观测卫星组成，包括 Landsat4 和 5、TOPEX/Poseidon（The Topography Experiment）

和 UARS（Upper Atmospheric Research Satellite）等。MMS 由推进、电源、姿态控制、数管和其他提供对地观测信号处理的模块构成，通过上述一系列对地观测卫星的成功运行充分演示验证了模块化设计的可行性。

随着航天技术的不断发展，模块化设计的概念得到越来越多的重视。近年来，很多研究工作都把重点放在了对模块化航天器的性能定义和设计复杂性研究上。研究结果表明，模块化设计的复杂性主要体现在接口设计上，因此，接口的设计和标准化以及模块的集成设计技术成为了研究的重点。近年来，关于航天器模块化设计概念和技术的研究项目主要如下。

7.2.1.1　SNAP

SNAP（Surrey Nanosatellite Application Platform）是由英国萨里大学所属萨里卫星技术有限公司（Surrey Satellite Technology Ltd，SSTL）研制的用于提供低价进入太空的纳星平台。该平台采用模块化设计，集成了推进和制导等模块，并有标准机械、电子和数据接口，能够适应多种有效载荷的要求。该平台的规格说明如表7—1所示。SNAP 首先应用于 SSTL 的 SNAP—1 卫星，充分验证了基于商业器件的模块化设计思想的可行性。同时，该次飞行任务还演示了轨道机动和对其他目标进行远距离观测等技术，说明基于纳星级别的微小卫星进行目标观测等在轨服务的技术可行性。SNAP—1 的研究工作起始于 1999 年 10 月，由于采用商用器件进行模块化设计，因此，设计时间大大缩短，仅用 9 个月的时间就完成了设计、制造和测试工作，于 2000 年 7 月成功发射。

表 7—1　SNAP 平台规格参数

任务时间	签订合同到准备发射	10 个月（SNAP—1 实际用 9 个月）
	设计寿命	1 年（可延长）
	运行寿命	与具体任务有关
构型	尺寸	高 330 mm，半径 330 mm
	展开天线	330 mm×500 mm×450 mm

续表

构型	质量	6.5 kg
	SNAP－1 质量	干质量 6.5 kg，发射质量 8.3 kg
	可扩展结构	平台基线 9 个模块，可重叠扩展 3 个模块
无线电频率	S 波段下行链路	比特率标称 38.4 kbit/s，峰值 76.8 kbit/s；TTC 可选调制方法：BPSK 和 QPSK，可选卷积编码：QPSK
	VHF 上行链路	比特率：9.6 kbps；调制方法：FSK
星上计算机	微处理器	Arm SA1100 RISC，时钟 220 MHz
	存储器	闪存 2 MByte；EDAC 3 MByte；看门狗
	星上数据处理	异步上行 9.6 kbit/s/下行 76.8 或 38.4 kbit/s；同步下行 2.4 kbit/s～3.6 Mbit/s；同步上行 2.4 kbps～2.4 Mbit/s
姿控	稳定方式	三轴稳定
	指向精度	$\pm 1°$（3 600 角秒）（1σ）
	指向稳定度	18 角秒/秒（1σ）
	姿控硬件	动量轮；磁力矩器；磁力计
	软件	卡尔曼滤波
	推进	冷气推进：丙烷（<3 ms^{-1}）
电源	太阳能帆板	SNAP－1 配置：4 个体装式帆板，各 7.8 W 可提供更高功率
	峰值	SNAP－1 配置：平均 4 W；峰值 9.1 W
	电池	6 个 1.4 A 的 NiCd 电池（标称电压 7.2～9 V），45 W·h/kg
	电源调解器	4 个电池充电调节器
导航	GPS	SGR－05 接收机，标称精度 25 m（1σ）
操作进程	星上时钟	精度± 1 s，可通过 GPS 接收机

续表

有效载荷范围	质量	3.0 kg
	模块	3 个模快，每个尺寸为：宽 150 mm，高 110 mm
	外表面	250 mm×220 mm
数据接口	TTC 网络	1 Mbit/s CAN
功耗	电源接口	+8 V 未调节电源；+5 V 调节电源

　　SNAP—1 定义了标准电子接口，由一个 9 通道 D 型连接件实现，提供标准 5 V 电源和与 CAN 总线连接的双向数据传输。这种设计使所有模块（除电源模块）均能够仅通过一个 9 通道 D 型连接件就开始工作并接受测试。每一个模块都配备一个 44 通道 D 型连接件，以保证模块间的特殊连接要求。除计算机模块和视觉系统模块（MVS）配有 32 位处理器，其他所有模块均为一个标准 8 位 CAN 微处理器（西门子 C515），提供遥控和遥测操作、数据传输和部分子系统自主操作。所有模块的结构组件均采用统一设计外形，尺寸为 160 mm×100 mm×13 mm。SNAP—1 外形和内部结构如图 7—1 所示。

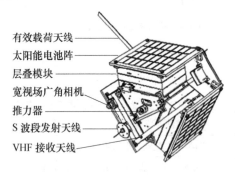

有效载荷天线
太阳能电池阵
层叠模块
宽视场广角相机
推力器
S 波段发射天线
VHF 接收天线

图 7—1　SNAP—1 外形结构示意图

　　SNAP—1 电源系统主要由 4 块砷化镓太阳能板、镍镉电池、电源调节器和电源分配器组成，如图 7—2 所示。每个太阳能板有独立的电池充电回路，平均能够提供 6 W 电能，保证星上计算机和姿控系统的持续工作。电池组件重 270 g，能够提供 7.2 V 电源，最高可提供 10 A 电流，以满足可能安装的大功率载荷要求。

图 7—2　SNAP—1 太阳能板安装图（左）和电池、
电源调节器及电源分配器（右）

SNAP—1 高频接收机和 S 波段发射机如图 7—3 所示。

图 7—3　SNAP—1 高频接收机和 S 波段发射机

SNAP—1 姿轨控模块提供卫星姿态和轨道信息，并提供三轴稳定姿态控制。姿态确定由三轴磁力计和 Kalman 滤波器实现，姿态控制由 Surrey 大学自己设计的一个微型动量轮和 3 个微型磁力矩器实现，轨道确定由 12 通道 GPS 导航系统实现。上述仪器均集成在一个姿轨控模块中，如图 7—4 所示。

SNAP—1 轨道机动由冷气推进系统提供。液态丁烷推进剂（32.6 g）贮存在盘卷钛管中（见图 7—5），由一个提供约 50 mN 推力的喷管加热喷出，能够提供约 3.5 m/s 的速度增量。

图7-4　SNAP-1姿轨控模块

图7-5　SNAP-1冷气推进系统

SNAP-1星上计算机模块如图7-6所示。采用220 MHz StrongARM 32位 SA1100RISC 处理器，能够提供部分卫星自主控制和管理工作。

图7-6　SNAP-1星上计算机模块

SNAP-1有效载荷为1个高频多谱通信载荷（商业用户载荷）、1个高频星间链路接受器（接受 GPS 信号辅助轨道机动）和1个机器视觉系统，如图7-7所示。机器视觉系统由4个商用微型照相机构成，包括3个宽视场广角镜头和一个窄视场镜头。能够提供对地观测和对其他目标的远距离观测。

SNAP-1取得了一系列成果：

1) 体现了快速响应能力：从设计到发射只用9个月时间；

2) 大大降低任务费用：小于100万英镑；

图 7-7　SNAP-1 机器视觉系统

3) SNAP-1 各个功能模块采用统一的构型进行封装，通过标准接口实现各个模块与电源总线和数据总线的连接，为模块集成和接口研究提供了典范；

4) 圆满完成对俄罗斯 Nadezhda 卫星与清华 1 号卫星的远程观测任务，验证了纳星通过微型推进系统实现轨道控制与机动的技术和能力，以及对其他航天器远距离观测的技术和能力，为基于微小卫星进行在轨跟踪、观测、监视等在轨服务的技术研究奠定了基础；

5) 验证了 SNAP 纳星平台的任务灵活适应性。

7.2.1.2　SCOUT

SCOUT（Small，Smart Spacecraft for Observation and Utility Tasks）由 DARPA 和 Aero/Astro 公司合作，用于开发满足战术响应要求的可快速构造和发射的微小卫星。SCOUT 采用由 Aero/Astro 公司开发的智能模块化平台（SMARTBus），该平台具有支持子系统间通过接口进行交互和对子系统模块即插即感知的体系结构 AstroLogic，能够快速识别子模块的插入状态、对接方向、尺寸、质量和模块功能等信息。子模块通过接口能够把动态性能数据实时传输给数管系统，并将必需的软件驱动或全新软件结构移植到中心处理器。SCOUT 采用了高度自治的星务管理系统，具有重构和自检等一系列功能。

　　SCOUT 采用结构和热的一体化设计，其结构的最大特点就是，每一个模块的结构组件都采用统一的设计（见图 7－8 和图 7－9）。

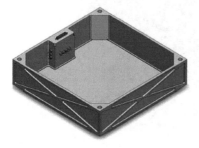 

图 7－8　SCOUT 模块结构顶面视图　　图 7－9　SCOUT 模块底面结构视图

横截面尺寸 25 cm×25 cm，高度根据各个模块的空间需要进行调整（调整单位增量为 2 cm）。结构外部采用加筋结构（实心铝杆），不但可以提供机械强度和刚度的支持，还能够提供热传导途径，实现模块间的热传递、航天器内部与外部的热传递。

　　各个模块通过垂直叠加的方式进行组装（如图 7－10）。模块重叠时，上面一个模块的底部成为下面一个模块的"盖子"，完成模块的封装。模块连接既包括机械连接又包括电路连接。机械连接通过统一连接件完成，电路连接通过各个模块自带的电路中枢连接实现。各模块电路中枢（如图 7－11）能够通过对接插口严密的装配在一

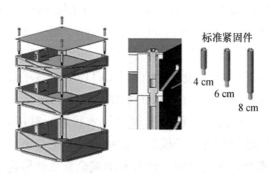

图 7－10　SCOUT 模块组装示意图（垂直连接）

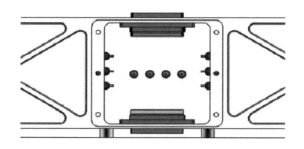

图 7—11　SCOUT 各个模块的电路中枢

起，进而构成一个整体。各个模块均能够从电路总线上获取电能和数据。

　　每一个 SCOUT 航天器都需要通信模块。该模块的设计只需对现有仪器进行封装即可。图 7—12 所示模块就是由 AeroArstro 公司设计的 X 波段雷达收发机封装，整个模块高度仅有 2 cm。

图 7—12　SCOUT 雷达收发机模块

　　SCOUT 姿控系统包括姿态测量（如图 7—13）和姿态控制 2 部分，采用三轴稳定的方式。为了适应不同任务的要求，姿态确定系统的敏感器包括 4 个微型星敏感器（ST），3 个正交安装的微型陀螺仪（GC），一个三轴磁力计（Mag）和 4 个太阳敏感器。

　　姿态控制模块采用以推进模块为辅、磁力矩器（如图 7—14）为主的控制结构。如果对姿控的响应要求较高，还可辅以反作用飞轮组件。

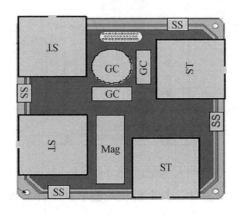

图 7—13　SCOUT 姿态测量模块

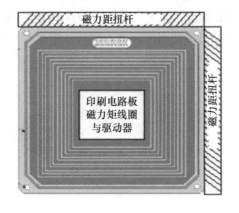

图 7—14　SCOUT 姿态控制磁力矩器模块

SCOUT 推进模块（见图 7—15）采用无毒 N_2O 作为推进剂。整个推进系统采用微机电技术，可产生 120～200m/s 的比冲。推进模块的安装如图 7—16 所示。

为了最大限度满足灵活性的要求，SCOUT 的电源系统分为两个模块：电池模块和太阳电池阵模块（如图 7—17）。AeroArstro 为二次电源设计了 2 种锂离子电池单元（如图 7—18）。根据任务需要，可以增加电池模块数量以满足更高的功耗要求。

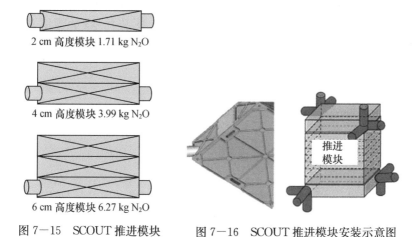

2 cm 高度模块 1.71 kg N₂O
4 cm 高度模块 3.99 kg N₂O
6 cm 高度模块 6.27 kg N₂O

图 7－15　SCOUT 推进模块

推进
模块

图 7－16　SCOUT 推进模块安装示意图

太阳能电池阵模块
蓄电池模块
太阳能
电池阵
分路
调节器
蓄电池
充电器
蓄电池
载荷

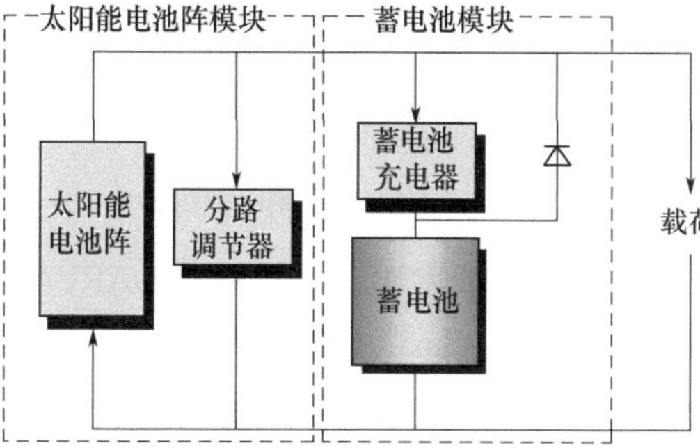

图 7－17　SCOUT 电源系统结构图

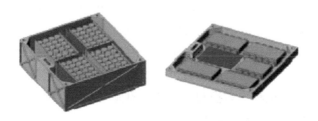

图 7－18　SCOUT 高能电池单元和普通电池单元

　　SCOUT 在太阳电池阵模块采用了三结砷化镓技术和薄膜 CIS 技术。这两项技术能够大大提高转换效率，使功耗/质量密度达到100 W/kg以上。每个太阳翼由 3 个面板组成，发射时所有太阳翼折叠于一个模块中（见图 7—19）。

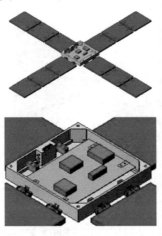

图 7—19　SCOUT 太阳电池阵模块

　　为了满足快速发射的战术要求，特别是 DARPA 提出的 RAS-CAL（Responsive Access，Small Cargo，and Affordable Launch）发射系统的时间响应要求，SCOUT 将以全新的方式实现装配、集成和测试。当接收到装配新 SCOUT 航天器任务时，只需一个便携的专用地面支持装置（Master Universal Ground Support Equipment，MUGSE）和一个不大的场地即可。MUGSE 可对所有模块进行检测，并根据飞行任务需要进行软件驱动配置和参数设置。对组件能够快速检测并进行装配的一个主要原因是结构设计模块化，另一个重要原因是在组件生产和验收过程中的严格检验和把关。通过对模块和组件进行全程质量控制，使最后的检测工作得以简化，质量也得以保证，大大缩短发射准备时间。

　　由于 SCOUT 具有自检功能，因此，可以在轨进行自我测试。用 RASCAL 发射并分离后，SCOUT 能够快速定位定姿，并由自带的检测系统对自身各种功能状态进行快速测试。一般 5 个轨道周期内就能完成各项检测和初始化工作，迅速转入执行任务的阶段。

总体来说，SCOUT 主要有以下几个特点：

1）具有兼容多种任务的能力。SCOUT 的模块化结构使其能够服务于一系列不同的任务。典型的任务包括卫星监视和控制、环境感知、战术通信任务和技术演示验证。

2）能够提供较高的有效载荷质量比和功耗比。为了提高效率，SCOUT 采用轻型结构以保证较高的有效载荷质量比例。在电源功耗方面也采用特殊设计，以保证有效载荷同时具有较高的功耗比。

3）储存时间长。SCOUT 航天器和分系统模块及其组件都能够经受较长时间（几个月到几年）的存储。

4）能够响应快速发射的要求。熟练人员能够在几个小时内将 SCOUT 卫星组装好。为了满足战术要求，SCOUT 卫星只需在很小的场地内完成组装和检测。

5）入轨后能够快速完成初始化并转入工作。SCOUT 入轨后只需 5 个轨道周期就能完成初始化配置并开始执行飞行任务。

6）高制造可靠性。SCOUT 航天器及其模块和组件都将采用高新生产技术和严格制造流程以保证质量和可靠性。

7）星务管理系统高智能化。星务管理系统高度自治，具有重构和自检等一系列功能。在智能模块化平台 SMARTBus 的支持下，能够快速识别插入模块，并对上传的新模块应用软件驱动进行管理，从而支持在轨模块更换和即插即用。

8）模块封装构型设计的统一化，模块集成接口（包括机、电、热和信息连接）的标准化，都是航天器模块化设计的成功范例。

7.2.1.3　FEBSS

FEBSS（The Flexible and Extensible Bus for Small Satellite）由 AFRL 和 Aero/Astro 公司合作，用于开发低价的模块化小卫星平

台。FEBSS 也采用由 Aero/Astro 公司开发的智能模块化平台（SMARTBus），对各个模块采用即插即感知的连接，可以根据用户的需要对平台基本子学科模块进行选择以适应不同任务的需要。FEBSS 能够大大降低小卫星的费用、复杂度和设计时间，满足开发者对航天任务快速、简单和经济的要求（见图 7—20 和图 7—21）。

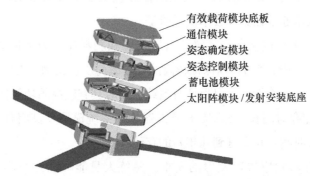

有效载荷模块底板
通信模块
姿态确定模块
姿态控制模块
蓄电池模块
太阳阵模块/发射安装底座

图 7—20　基于 SMARTBus 组装的 FEBSS 整体结构图

图 7—21　FEBSS 模块集成

SMARTBus 有两个关键优势：可快速组装，降低时间成本；标准化系列化设计提高模块的可重用性，从而降低不可重用的工程成本（Non-Recurring Engineering Cost）。由于模块都是按照 SMART-Bus 的标准设计，所以可以进行模块替换，而不必进行新的系统设计和大量重复的地面测试工作。只需找到合适的能够完成任务的模块进行集成即可，如同一般工程产品的制造，从组装、测试到加上有效载荷，只需几个小时。

　　SMARTBus 模块化航天器结构标准于 2004 年 7 月公布，从此开始展开对模块的研制，包括设计、测试和精加工。在结构和软件接口方面也取得了很大进展。

　　SMARTBus 为模块化航天器的设计制定了一系列的机械、电和逻辑接口标准。如图 7-22 所示，SMARTBus 由六边形的标准模块组成，每一个模块执行一种特定的功能。各个模块通过如图 7-23所示的标准接口实现光、机、电、热的连接，层叠构成整星。模块集成的实物如图 7-24 和图 7-25 所示。各个子系统模块采用系列化设计，可根据具体不同的功能要求进行模块选择，以此组装形成满足任务需求的航天器，而无需全部从新设计。该设计理念可以大大缩短设计与制造时间，满足空间快速响应的要求。

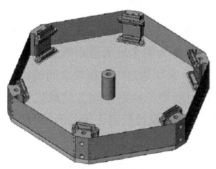
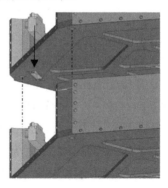

图 7-22　SMARTBus 标准模块外壳结构　　图 7-23　SMARTBus 模块集成接口

图 7-24　SMARTBus 安装姿态确定模块　　图 7-25　SMARTBus 安装通信模块

通过试验证明，SMARTBus 只需与简单的地面支持工具连接即可完成测试，如图 7-26 所示，且整个集成与测试过程可以在几分钟至几个小时之间内完成，与传统的航天器集成测试过程相比有极大的优势。

图 7-26　SMARTBus 集成测试

SMARTBus 与传统航天器的任务执行方式不同。在传统航天器中，通常有一个数管分系统 C & DH 作为整个航天器系统的控制中心，并接受地面控制。而 SMARTBus 采用通过各个模块之间的相互联系和对话进行智能管理的方法，由新型的网络管理方式取代传统的中心控制方式。例如，在数管中心没有设置控制飞轮的开关时间，只是当姿态控制分系统认为需要启动飞轮时，由该分系统提出电源功耗请求用以支持飞轮的启动和运行。接受请求的仲裁器（Arbiter）无需知道具体是哪种设备需要电源，只需准予该请求并通过整体调配实现请求内容即可。如图 7-27 所示，说明了 SMARTBus 通过资源请求与分配实现对地观测任务的流程。

SMARTBus 是围绕资源进行设计的，模块之间交流的本质是资源，所以无论是哪种新技术的应用，只要能够提供所要求的资源，软件的设计就不需要做改变。一旦经过测试，就可以重复使用。

资源的请求与分配建立在 UDP/IP 网络协议基础上，与具体的数据传输总线格式无关，与模块集成的层叠结构设置亦无关。通过 IP 地址允许对设备进行独立访问，而与设备的物理地址无关。仲裁器为每一个设备分配 IP 地址，设备得到 IP 地址后成为一个星上的

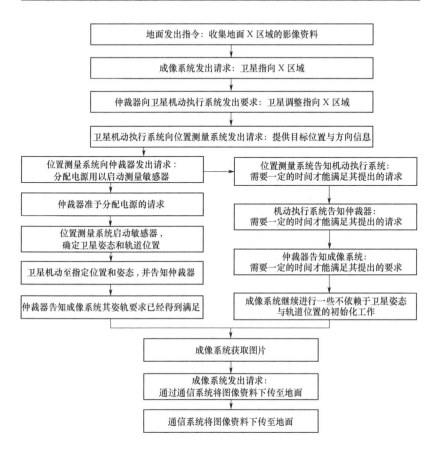

图7-27　SMARTBus通过资源请求与分配实现对地观测任务的流程

逻辑单元。任何一个设备都可以作为资源提供者或资源消耗者。资源提供者在 UDP 端口上监听资源需求。需求者在网络上发布具体的资源需求，并根据具体情况确定采用某一位提供者的资源。资源的请求与提供过程如图7-28所示。

为了适应发射运载要求，在模块六边形的内切圆上分布 6 个机械接口，每个模块都能够向下连接，连接器的设计能够增强连接处的剪切应力，并且增强模块内部的电磁完整性。模块连接之后，通过上层模块公口与下层模块母口对接实现电接口的连接。电接口连

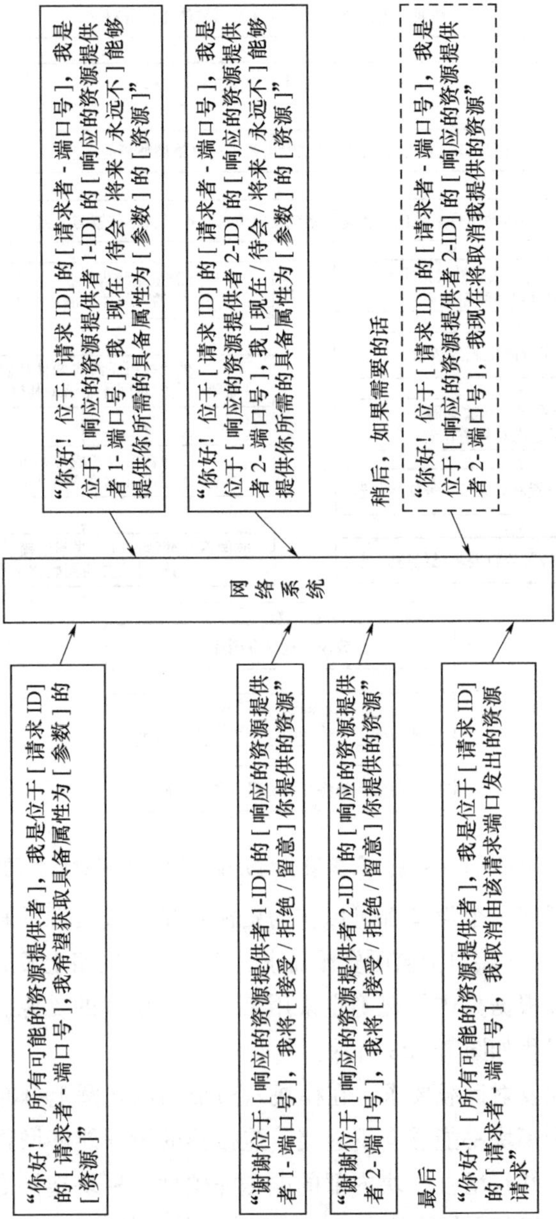

"你好！[所有可能的资源提供者]，我是位子[请求ID]的[请求ID]的[参数]的具备属性取得希望我，[请求ID]子位是我

"谢谢位子[响应的资源提供者1-ID]的[响应的资源提供者1-端口号]，我将[接受/拒绝/留意]你提供的资源"

"谢谢位子[响应的资源提供者2-ID]的[响应的资源提供者2-端口号]，我将[接受/拒绝/留意]你提供的资源"

最后

"你好！[所有可能的资源提供者]，我是位子[请求ID]的[请求ID]，我取消由该请求端口发出的资源请求"

"你好！位子[请求ID]的[请求者-端口号]，我是位子[响应的资源提供者1-ID]的[响应者-端口号]，我[现在/待会/待会][现在/将会/将来/永远不]能够提供你所需的具备属性为[参数]的[资源]"

"你好！位子[请求ID]的[请求者-端口号]，我是位子[响应的资源提供者2-ID]的[响应者-端口号]，我[现在/待会/待会][现在/将会/将来/永远不]能够提供你所需的具备属性为[参数]的[资源]"

稍后，如果需要的话

"你好！位子[请求ID]的[请求者-端口号]，我是位子[响应的资源提供者2-ID]的[响应者-端口号]，我现在取消将提供我的资源"

网络系统

图 7-28 SMARTBus 资源需求/供应交流

接之后，各个模块就可以通过 SMARTBus 电源总线得到各种资源。

各个模块间的交互通过网络中枢（Backbone）实现，该中枢是电源和数据信息的总线。网络中枢主要有以下 8 个功能：

1）提供主要的电源供应；

2）低速数据传输，这是模块间的主要传输方法；

3）高速数据传输，模块间数据传输的可选方法；

4）提供整星同步定时；

5）显示航天器是否与发射运载器连接；

6）提供模块层叠的结构顺序；

7）提示电源短缺的警告；

8）提供可选总线（Assignable lines），用以特定的任务。

电接口的设计都是以标准化协议和设备为基础，并且支持非航天领域的电子器件的使用。

SMARTBus 各个模块采用独立自治的管理方式，各自对其所提供的功能负责。各个模块的控制由模块内部的中心电路板（Core Electronics Board，CEB）实现，该电子单元支持模块内部器件之间的电源、数据和其他信号的安全交换，并提供数据收集和输入输出、模块内部电源二次调节和监控等功能。

AeroAstro 支持两种总线标准：

1）X2000 系统。NASA，APL 和许多小型机构使用，用于简单、低功耗和低速数据传输通信。

2）IEEE1394（FIRWARETM）。用于高速同步数据传输。

SMARTBus 的目标之一就是要发展一个模块化小卫星结构，能够与现实中任意的发射器相匹配，使整个设计过程能够独立于发射器的选择。SMARTBus 的物理参数要求如表 7−2 所示，由此可确定以下发射运载器能够满足要求：Ariane 4 and 5、Atlas II/III/V、Delta III and IV、Peacekeeper、Eurockot、H — IIA、Kosmos、Minotaur、Pegasus、RASCAL、Sea Launch、Space Shuttle、Taurus 等。

表 7-2　SMARTBus 总体参数表

最大质量/kg	75
空间尺寸包络	
高/cm	50
长/cm	44
宽/cm	44
最小基频	
轴向基频/Hz	50
侧向基频/Hz	40
扭转基频/Hz	50
最大静载荷	
轴向最大静载荷/g	13
侧向最大静载荷/g	12.5

根据 Aero/Astro 公司定义的快速任务响应能力，从用户方提出航天器任务需求，到公司进行任务分析和总体方案设计，再到模块选择、组装和测试，最后到发射入轨运行，共计需要 6 天时间。具体的 SMARTBus 任务运行如下：

1) 确定任务要求，建立需求指标。

2) 选择能够完成任务的模块。尽量在已有的模块库范围内进行选择，即使可能部分参数达不到要求。

3) 建立和测试模块层叠的结构顺序，并进行优化组合。

4) 调整任务参数以适应选择的模块。

5) 模块组装、测试。

6) 加入有效载荷。

7) 将任务应用软件装载到星载计算机中，该计算机一般为星上的仲裁器。

8) 载荷接口测试、运行任务操作测试。载荷与 SMARTBus 的标准越相一致，测试过程越简单，自动化程度越高。

9) 航天器环境测试。

10) 发射。

如果各种设备遵循 SMARTBus 标准，且所需模块为现成的，那么在几个小时内就可以完成整个航天器组装、集成和环境测试任务（见图 7—29）。

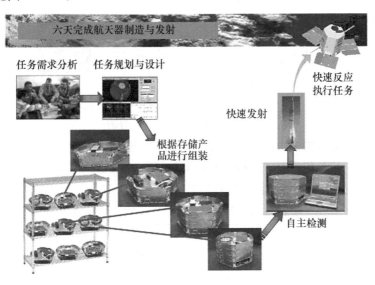

图 7—29　SMARTBus 快速任务响应能力示意图

SMARTBus 的研究对模块化航天器技术的发展起到了很大推动作用。特别是在模块标准化接口设计和其即插即用技术的研究方面，为促进模块在轨组装、插拔更换、软硬件集成等在轨服务奠定了良好的基础。

7.2.1.4　PETSAT

PETSAT 项目（Panel Extension Satellite）由东京大学、大阪大学、OTOWA 和 SOHLA 等公司联合参与进行，用于研究设计由多个功能板构成的模块化卫星。这些功能板包括计算机板、电源板、通信设备板、姿控板、轨控板和任务功能板（由任务决定）。各板通过插口进行连接，共同构成卫星整体（如图 7—30）。

每一个功能板包括以下基本标准组件：

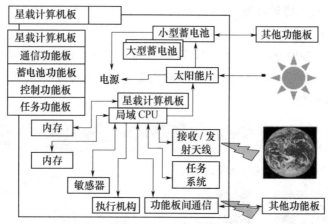

图 7—30 PETSAT 系统配置图

1）电源相关组件：太阳电池阵和小型电池；

2）信息相关组件：板内通信组件和局域 CPU。

每一个功能板的典型配置如表 7—3 所示。

表 7—3 PETSAT 功能板典型组件配置说明表

星载计算机＋内存	速度＞30 Mbit/s，内存＞1 GB
蓄电池	寿命周期＞1 年，30%DOD＞3 W
太阳能电池	＞10 W/基板
通信	下行链路＞250 kbit/s（S 频段或更高频段）
轨道控制	安全推进剂，比冲 I_{sp}＞100 m/s，推力 T＞0.1 N
板间通信	1 Mbit/s，具有冗余备份
信息线路	质量＜传统的 1/2
结构	与传统的结构质量相当（约占整星 10%）

以计算机模块为例，其模块配置与布局如图 7—31 所示。

模块的组装集成通过标准接口实现。接口的设计考虑了机、电、热和数据信息 4 个方面的连接。

（1）机械连接

要求能够提供可靠的收拢和展开功能，并且在展开过程中冲击最小。典型的收拢和展开构型如图 7—32 所示。

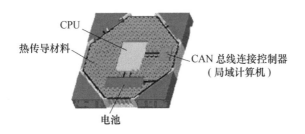

图 7—31　PETSAT 计算机板仪器安装示意图

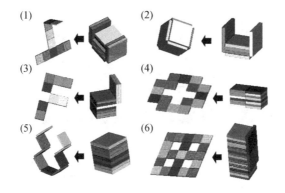

图 7—32　PETSAT 收拢和展开构型图

各板的仪器安装接口和板间连接接口分别由模块主结构（Main Structure）和连接组件（Link Modular）提供。模块主结构板上有均匀分布的通孔，可用于仪器设备和组件的安装。在主结构板的四角上安装连接组件，通过连接组件上铰链的不同安装配置实现模块在不同方向上的连接。当前研究的模块主结构和连接组件的模型实物如图 7—33 至图 7—36 所示。

（2）电路连接

原则上要求各个板的电能自给自足。但由于各个板的功耗不同（如通信板的功耗很高），板之间需要进行电能实时自主分配和调整。各板电源网络结构如图 7—37 示。电池采用锂离子商用产品，太阳能片采用砷化镓材料。每个板的太阳能片分为 4 组，每一组分别对应一个电池。这样可以使卫星在由于构型而引起板之间的遮挡时

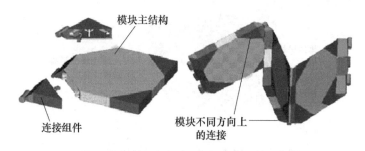

图 7—33　PETSAT 主结构和板间连接组件示意图

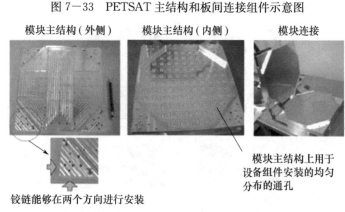

图 7—34　PETSAT 安装主结构示意图

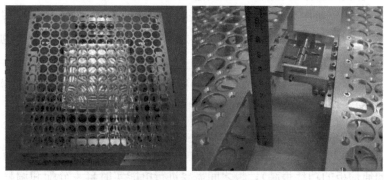

图 7—35　PETSAT 主结构和结构连接模型

（见图 7—38），只有被遮挡部分太阳能片对应的电池充电受到影响，其他电池充电保持正常，从而提高电池使用率。充电回路也采用小

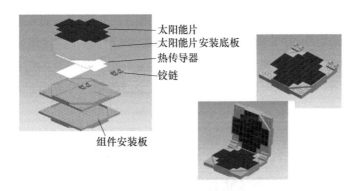

图 7—36 PETSAT 功能板安装和连接 CAD 示意图

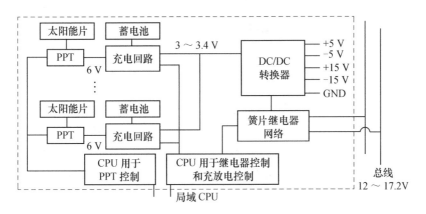

图 7—37 PETSAT 电源网络结构图

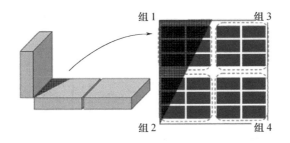

图 7—38 PETSAT 太阳能片工作示意图

型商用器件，一个典型的电路控制板如图 7—39 所示。每一组太阳能片对应一个 PPT 回路，由各板的局域 CPU 控制。通过局域 CPU 和整星的计算机模块（OBC 板）协作控制，可以对整星的电源进行平衡配置，这样也可以避免某些用电量少的模块过分充电，从而延长电池寿命。

图 7—39　PETSAT 电源控制试验板模型

（3）信息连接

要求能够支持各模块的即插即用。整星的信息结构如图 7—40 和图 7—41 所示。OBC 板对其他板的管理和控制具有最高优先权，因此，要求 OBC 板的计算机具有很强的容错功能。当 OBC 板的主计算机失效时，由一台其他板的局域计算机接替其主管角色继续运行。计算机板和各局域计算机的分布式结构能够支持网格计算，以满足大型计算任务的要求。计算机间总线连接实物图如图 7—42 所示。

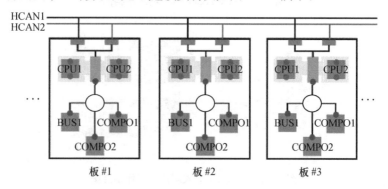

图 7—40　PETSAT 总线集成示意图

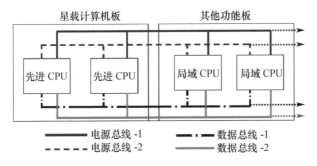

图7—41　PETSAT计算机模块集成示意图

CAN总线评估板

带有CPU的CAN
总线评估板

联接的CAN总线网络

图7—42　PETSAT计算机间总线连接实物示意图

（4）**热连接**

要求能够避免板内和板间出现较大温差。板间传热采用石墨传热片，板内热传导采用高效率的传热条（见图7—43）。板内传热层的布置如图7—44所示。

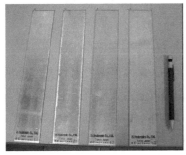

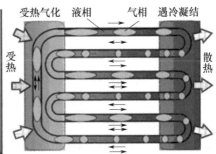

图7—43　PETSAT高效传热条

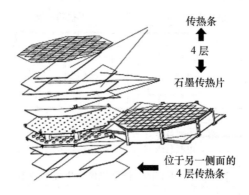

图7—44　PETSAT板内传热层布置

在发射过程中，所有板叠放在一起以减小发射空间。进入轨道后，各板通过铰链和螺栓等机械结构展开成预定构型（如图7—45）。

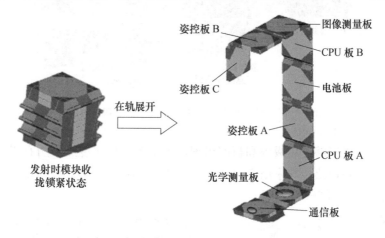

图7—45　PETSAT发射重叠与在轨展开示意图

通过对功能板的设计和规模生产，可以大大提高可靠性并降低成本。即插即用的插入式设计使系统测试时间也大大缩短。卫星采用开放式结构，随时允许其他单位研究项目的加入和新技术的演示与使用。通过功能板的展开还可以从构型上实现一些大卫星才能实现的功能。

PRTSAT的模块化设计研究重点虽然不是面向在轨服务，但是在该项研究中有许多关键技术可以直接借鉴应用于可接受在轨服务航天器的研制，如功能模块的划分、单个功能模块的布局设计等，特别是在模块间机、电、热和数据信息集成的设计上，十分具有借鉴意义。

7.2.1.5　SPHERES

SPHERES（Synchronized Position Hold，Engage，Reorient Experimental Satellites）由麻省理工学院 MIT 开展，计划用于演示编队飞行（分布式卫星飞行技术）和对接技术，包括相关的测量、控制、自动化、人工智能、通信、人机交互等技术。

为了满足对多种技术演示的要求，SPHERES 的设计具有仪器通用性、硬件可扩展性、软件可重构性和操作可遥控性的特点。在硬件设计中，卫星使用通用的航天器平台，为有效载荷提供轨道保持、姿态控制、电源、通信和数据存储等功能，支持多种有效载荷模块。每一个 SPHERES 卫星都有两个用于扩展硬件设备组件的平板接口，分别位于星体外部的两侧。一侧的接口只提供被动的机械连接（见图 7—46），可以用于扩展连接不需要与卫星主体进行电子交互的部件。另一侧的接口称为 SPHERES 扩展端口（见图 7—47），可提供机械和电子连接，卫星主体能够为扩展部件提供电源。同时，扩展部件可以通过连接到卫星主体的处理器，使其算法在 SPHERES

图 7—46　SPHERES 机械连接端口　　　　图 7—47　SPHERES 扩展端口

主程序软件中得以运行。图 7—48 示意了一个 SPHERES 卫星和由 SWARM 项目开发的两个推进模块、一个姿控模块连接的情况，以此演示卫星通过集成新的模块实现功能扩展的任务想定。

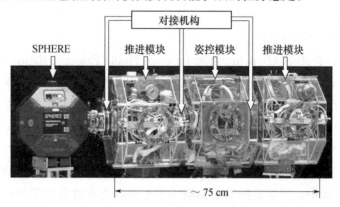

图 7—48　SPHERES 卫星与两个推进模块、一个姿控模块连接示意图

目前，SPHERES 已经在地面实验室、KC—135 和国际空间站上进行了一系列试验和技术演示验证。该项目中对模块集成标准接口的研究为进行在轨组装、在轨模块集成扩展奠定了基础。

7.2.1.6　SWARM

SWARM（Self-Assembling Wireless Autonomous Reconfigurable Modules）由 MIT 主持进行，用于研究模块化航天器系统的可行性。主要研究内容包括模块化设计技术、无线通信技术和标准化接口技术，同时研究模块化设计的成本和效费比。该系统由以下几个独立的模块构成（见图 7—49）：

1）1 个计算机模块；

2）1 个姿控系统模块（Attitude Control System，ACS）；

3）2 个推进模块；

4）1 个平台模块。

每一个模块都共同具有以下几个基本组件，可以支持独立实现相应的子系统功能：

1) 1个结构外壳；

2) 1个电源及分配器；

3) 1个用于无线通信和指令、数据处理的蓝牙芯片；

4) 1个现场可编程阵列（计算机）；

5) 4组测量感应器；

6) 4个对接口。

图7—49 SWARM模块

计算机模块是整个系统的中心处理器，根据标准蓝牙协议向各子模块的局域处理器无线传递指令。由于使用无线通信，各模块无论是通过硬件连接形成整体还是各自独立编队飞行，模块间的通信都能进行。姿控系统模块能够为整星提供旋转力矩并存储角动量。姿控模块主要由1个飞轮、1个陀螺仪和1个微处理器构成。该模块通过飞轮产生力矩，执行从计算机模块获取的角度调整指令。推进模块为整星提供平移和旋转的推力。每一个推进模块有1个点火回路和6个推力器，由1个液体二氧化碳贮箱和1个压力调整装置产生推力。平台模块的主要功能就是为其他模块提供电源。该模块具有前面所述各模块应具备的所有基本组件，除结构外壳组件以外。

由于各模块均高度集成独立封装，仅通过对接口和蓝牙通信与外界连接，因此，接口设计技术和蓝牙无线通信技术是整个项目的重要研究内容之一。对于对接口的设计，要求能够满足各连接模块间实现机械、电源和数据的传递，并能够自动对接和断开。

SWARM 系统主要用于演示模块系统自主装配与重构技术,因此,试验运行过程主要由以下几步构成:首先配置好由很少数量的基本模块(1 个计算机模块、1 个姿控模块和 1 个推进模块)构成的简单系统;然后计算机模块处理从其他模块传来的信息,并通过无线通信向姿控和推进模块传递指令,使上述简单系统向需要新增的模块移动并与之对接;最后构成一个包括 3 个姿控模块、6 个推进模块和 2 个计算机模块的复杂系统。SWARM 的成功地面试验为进行模块自主在轨组装技术研究提供了有重要价值的参考。

7.2.1.7　NEXTSat

NEXTSat(Next Generation Satellite)由 BALL 公司研究设计,用于在轨道快车飞行任务中与由 Boeing 公司设计的 ASTRO 卫星(Autonomous Space Transfer & Robotic Orbital Servicer)配合演示航天器自主对接和在轨服务技术。在轨服务演示燃料加注和组件替换两项技术。在本次飞行试验中,NEXTSat 成功接受了 ASTRO 为其加注单组元肼燃料,并接受了组件替换操作,包括更换电池 ORU 和姿控计算机 ORU。其中,电池 ORU 能够与 NEXTSat 电源总线连接,为其提供额外的电源。姿控计算机 ORU 能够通过数据总线与 NEXTSat 集成,与其他姿控计算机共同对姿控敏感器和执行机构进行管理。总体上,NEXTSat 成功演示了下一代可接受在轨服务航天器的设计概念(见图 7-50 和图 7-51)。

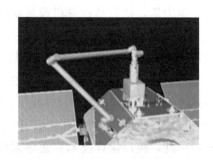

图 7-50　NEXTSat 燃料加注和组件替换示意图

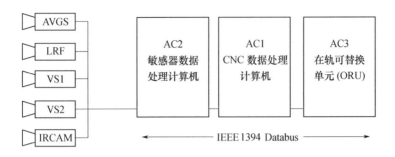

图 7—51　NEXTSat 姿控系统组件结构示意图

7.2.1.8　SMAD

SMAD 项目（Spacecraft Modular Architecture Design）由美国海军研究实验室（Naval Research Laboratory）主持开展，对在轨服务可行性、实现途径及其费用与效益进行了深入研究。在此基础上，提出了可接受在轨服务航天器与服务航天器的初步总体设计方案，并对其关键技术进行了分解与研究。其研究重点为：通过发展低成本在轨服务系统，有效降低高成本航天器的全寿命周期费用。

SMAD 对可接受在轨服务航天器的定义为：通过接受在轨服务获得的效益高于在轨服务成本的航天器。在轨服务的目的在于：替换降级或失效的组件，提升航天器性能，增加新的功能或提升任务执行能力。

SMAD 研究表明，在航天器在轨服务中，航天器的模块化程度对应于其电子与机械结构的标准化程度和系统划分程度。模块化设计能够提高航天器的灵活性，降低在轨服务的复杂性与费用。标准数据总线的使用能够提高航天器的可服务性。如果组件只与标准数据总线和电源总线连接，则在轨服务只需进行最少的电路重新连接即可实现组件的替换。

SMAD 对卫星各个分系统及组件结构进行了深入分析，以确定各组件的在轨可替换性。研究表明，约有三分之一的卫星组件能够进行替换操作。卫星的模块化程度越高，可替换组件的类别与数量越多。

　　模块化的设计首先要实现数据结构的模块化。传统典型的数据结构与模块化数据结构比较如图 7－52 所示。在当前的数据结构中，许多组件没有直接与标准数据总线相连接（如数字数据总线 MIL－STD 1553、光纤数据总线 MIL－STD－1773 等），而是根据任务需要直接与相关组件连接，实现指定功能。替换这些组件所需的开关控制、布线设计和接口设计等技术复杂性就大大增加。

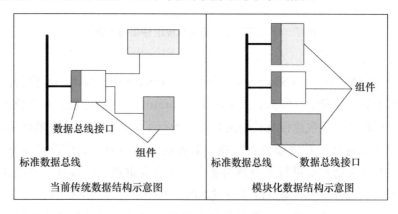

图 7－52　当前典型数据结构和模块化数据结构

　　服务航天器的模块化标准化设计必须与目标航天器匹配，以有效进行组件替换并降低对其他分系统的影响。服务航天器搭载的替换组件必须独立封装，并且处于目标航天器数据结构能够识别的状态。如果替换组件与被替换组件设计有相同的数据总线地址，则替换前后整星数据结构不变，大大减少对其他组件的影响。

　　在 SMAD 研究中，在轨服务模块更换策略为"功能替换"，而不是物理实物的替换。所有的替换组件封装于一个模块单元中，由服务航天器将其对接在目标航天器上。对接完成后，关闭被替换组件（而不将其取出），开启替换组件并建立其与数据总线的数据连接，代替被替换组件的功能进行工作。在其他研究项目中，许多在轨服务通过人或机器人的操作完成 ORU 的在轨更换。这种服务策略费用高、难度大，降低了在轨服务的可行性。

根据功能替换服务策略的要求，服务航天器的设计有以下一些选择：

1）整个服务航天器永久性对接在目标航天器上。存在的问题是，除了替换单元外，服务航天器平台及其他分系统为目标航天器增加了大量附加质量，为目标航天器的姿控等系统的设计带来困难。该方式只能进行一对一服务。

2）服务航天器采用模块化设计，构型由 2 个载荷模块和 1 个平台模块组成。平台模块包括姿轨控、通信和数据处理等分系统。2 个载荷模块分别包含其对应服务目标航天器的 ORU。服务航天器首先与一个目标航天器对接，将一个载荷模块对接其上，然后与该载荷模块分离。再向第 2 颗目标航天器机动并与之对接，将另一个载荷模块对接其上，然后与该载荷模块分离。永久性附加在目标航天器上的质量仅为替换载荷模块的质量。SMAD 采用该设计思路进行了 R/D 服务航天器（Rendezvous/Docking Servicer）的总体方案概念设计（见图 7-53）。

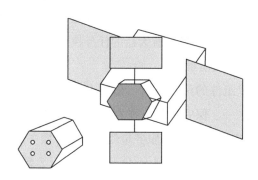

图 7-53　R/D 服务航天器将替换模块留在目标星上并分离

3）服务航天器与目标航天器临时连接，完成任务后分离，不留下任何多余结构和部件。该方式能够最大程度降低对目标星的影响，但是在无人参与的情况下，服务类别仅限于在轨加注。一颗服务星可对多颗目标星提供服务，该方式与美国海军研究实验室（Naval

Research Laboratory）的自主加注演示试验（Autonomous Refueling Demonstration）的概念相同。

4）服务航天器携带燃料和用于 2 个目标航天器的替换组件。该星首先与多个目标星临时对接并为之加注燃料，然后飞行至距离 2 颗目标航天器均较近的位置，服务航天器上的替换组件开启工作，并与目标航天器通过激光通信系统进行数据传输，从而实现组件的功能替换。该种方式只能实现有限个失效组件的功能替换，同时要求服务航天器能够长时间在轨运行。

服务航天器的结构与功能由其对应的目标航天器的结构与功能决定。SMAD 对 R/D 服务航天器总体方案概念设计的需求分析主要从以下 3 个方面展开：

（1）应具备哪些服务能力

SMAD 预想了以下服务需求：

1）耗费品（包括燃料、电池和太阳能电池阵）的补给；

2）失效组件的功能替换（载荷、总线电子系统和机械组件）；

3）植入新技术提高目标航天器的任务执行能力。

（2）能够搭载的质量

通过对卫星组件的深入分析，估计卫星可替换组件的总质量约为整星的三分之一。保守估计一次在轨服务需要替换的失效组件占可替换组件的 25%，则 R/D 服务星为一颗卫星服务的运载质量至少为整星的十二分之一。考虑到 R/D 服务星要为 2 颗卫星提供服务，则其总共最低运载能力为整星的六分之一。

（3）到达目标航天器的机动方式

① 发射运载器和轨道选择

R/D 服务航天器搭载质量为整星的六分之一左右，小型一次性运载器即能满足要求。洛马公司的 LMLV1（Lockheed Martin Launch Vehicle 1）是较优的选择，不但能够满足发射质量要求，发射费用也相对较低。发射方式一种是发射到近地轨道，分离后通过服务航天器自身的肼推力器进行变轨飞行到目标轨道，这样可以充分利用运载器的最高搭载能力。另一种方式为直接发射到预定目标轨道。

②　远距离机动和交会方式

三轴稳定模式下，R/D 服务航天器采用 GPS 全球定位系统进行轨道转移，直到距离目标航天器 100 m。目标航天器通过 GPS 接受机获得位置与姿态数据并下传至空地互联系统（Space Ground Link System，SGLS），SGLS 再将这些数据上传至 R/D 服务航天器，以供其自主规划轨道向目标接近。同时，服务航天器将其位置信息定时下传至 SGLS 以确保地面的监控管理，当出现任何异常时可以及时终止机动运行（见图 7−54）。

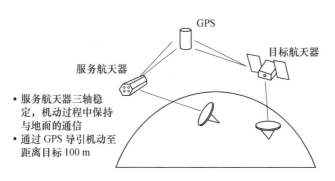

图 7−54　R/D 服务航天器远距离机动和交会示意图

③　近距离机动与对接

R/D 服务航天器（见图 7−55）装有激光测距系统，在 100 m 内能够准确测量与目标对接口的相对距离和姿态。通过该系统进行近距离自主机动和稳定对接，接近速度可控制到 1.0 cm/s。

对接后，封装有卫星寿命延长系统或替换组件的载荷模块与目标航天器之间通过对接口完成机械与电路连接。电路连接与模块功能检测正常后，完成服务操作，服务航天器与载荷模块分离。

R/D 服务航天器基线方案的确定主要基于以下考虑：

1) 尽量降低对现有卫星平台的影响；

2) 能够为多颗卫星服务；

3) 降低机械系统的复杂性。

提出的构型方案由一个平台模块和 2 个载荷模块组成。3 个模块结构与容积相同，以此减小非重复性设计、加工与测试的费用。平台模块的任务就是将 2 个载荷模块分别运送至 2 个目标星上，每个载荷模块封装有替换单元和燃料，完成模块更换与加注任务。

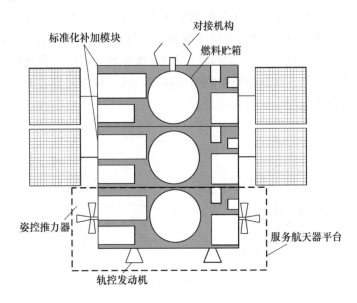

图 7-55　R/D 服务航天器基本方案构型图

R/D 服务星与目标星的对接方式初步考虑了两种方案：

1) 遥操作对接。通过电视图像、操纵杆和远程人员操作控制进行机动。数字摄像头安装于服务航天器上，影像数据下传至地面站，操纵杆系统与服务航天器姿控系统相连，以此控制航天器的位置、姿态和速度。如果不使用数据中继卫星系统（TDRSS），则对接过程必须在与地面建立通信连接的有限时间窗口内完成（每 106 分钟有约 17 分钟的通信时间）。该时间窗口不能满足对接过程的要求，因此，需要中继卫星系统辅助完成，从而增加任务费用。

2）自主对接。由激光测量系统、安装于服务航天器的捕获系统和备用人员控制系统组成。激光测量系统用于确定相对位置和姿态，两个载荷模块上各安装一套捕获系统，用于与目标星进行对接。备用人员控制系统用于支持地面工作人员在任何时候对自主机动和对接过程进行终止并取代操作。

R/D 服务航天器采用第 2 种交会对接方式。近距离机动中，百米级范围采用激光测距系统进行相对位置和姿态的确定，100 m 至 10 m 范围采用激光脉冲测距系统进行测量，10 m 以内采用精细激光测距系统进行测量。在目标航天器对接口上安装有 3 个不在一条直线上的反射器，激光脉冲测距系统通过测量反射回的激光脉冲，可以实现距离精度为 5 cm、角度精度为 5°的测量。精细激光测距系统通过 3 个与目标航天器对接口反射器几何对齐的 1 mW 激光发射器进行定位定姿，距离测量精度为 1 mm，角度测量精度为 0.1°。

R/D 服务航天器对接口的设计需要考虑以下几个因素：

1）能够为航天器对接和模块替换提供可靠的机械连接；

2）能够提供燃料和高压冷气的密封连接与传输；

3）能够提供电源系统的连接；

4）能够提供数据总线的连接；

5）对接过程中所需的捕获系统安装于服务航天器上，以减小对目标航天器设计的影响。

R/D 服务航天器的初步总体设计方案中，各个分系统的组成及性能特征如表 7-4 所示。

表 7-4　R/D 服务星的主要性能特征表

航天器子系统	特点
姿态控制系统	三轴稳定、星敏感器、惯性测量单元、1 lbf 小发动机（16 个）
命令/数据处理系统	遥控命令单元包括 2 个 1750 处理器、存储单元和数据转换单元；命令解码器和遥测格式程序
通讯系统	空间主要链路系统的异频雷达接收机；下行链路 32 kbit/s，上行链路 2 kbit/s；全向天线

续表

航天器子系统	特点
电源系统	电源控制/分配单元；45 in² 的砷化镓太阳能电池阵列；总线模块中有 20 个镍镉电池（6.3 A）；在 90 min 的轨道周期中最大允许无光照时间为 36 min
基础系统	空间主要链路系统
热控系统	有加热器的被动热设计；绝热表面；与载荷模块无关
机构	与运载火箭连接的夹形分离机构；与载荷连接的低冲击分离装置（如记忆合金）
轨道	高度 370 km，圆轨道；轨道转移时启动 2 个"德尔它"—5 推力器
推进系统	单组元推进剂；4 个 10 lbf 的"德尔它"—5 推力器；16 个 1 lbf 姿态推力器
结构	改进的低轨卫星外形；先进轻质复合材料；高模数碳纤维/氰酸盐酯树脂

SMAD 估算，通过在轨服务可降低卫星全寿命周期费用的 10.3%～38.2%。该数据的变化主要依赖于寿命延长目标（如 2～6 年）和接受服务次数（1～2 次），总体趋势是：采用越少的服务次数实现越长的寿命延长就能越大幅度的降低费用。对于星座而言，降低费用的策略是尽量减少在轨服务运输进入太空的替换硬件数量，该数量对整个星座全寿命费用的高低影响十分巨大。

当前的航天器设计还远远不能满足在轨服务的要求，特别是电路连接的限制使很多组件难于进行功能替换。为了提高航天器的可服务性，必须首先满足以下要求：

1）模块化的卫星系统和载荷设计；

2）具有在轨故障检测诊断能力；

3）具有模块更换能力；

4）具有与服务航天器适配的对接口（适配器）；

5）具有在轨可加注能力。

卫星所有的电子组件之间都通过数据总线、电源总线和离散电线进行连接。如果需要替换使用了离散电线的组件，则在设计布线时就必须从各个离散电线的开关接头处引线至替换模块的对接接口处。由于离散电线的使用会增加组件替换的难度，因此，组件之间应尽量通过标准数据线进行连接，以减少离散电线的使用（见图7－56）。

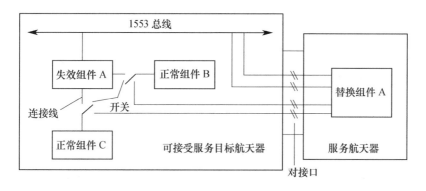

图 7－56　R/D 替换组件布线示意图

当前航天器的结构设计也为在轨服务带来困难，因为几乎所有航天器的外表面均布置安装有占有一定空间或具有一定机动范围的组件，如太阳能帆板、各类天线等，且这些组件不能进行统一封装。为了能够进行对接并接受在轨替换单元，航天器表面必须预留出对接口的布局空间、对接时服务航天器的位置空间以及与星体永久性对接的替换组件的安装空间。在两星对接过程中，目标航天器的太阳能帆板可能需要进行姿态调整，以提供对接空间。

除了总线等核心组件、展开的通信天线、太阳能电池阵等难于进行在轨替换，SMAD 对卫星的其他所有组件进行了考察。结果表明：部分任务核心组件如控制电子集成系统（Control Electronics Assembly）和遥控遥测控制单元（Command Telemetry Control Unit）不能进行在轨替换。如果该类核心关键组件失效，则整个卫星失去了运行功能，相应对接操作也不能完成。对于其他组件，通过搜集分析各项性能数据，包括冗余度、可靠性、重量、功耗、以及物理位置布局与部件间的交叉互联状态等，对可替换性进行了分类：

1）A 类：不需要对组件或其相关硬件进行修改设计即可满足在轨替换的要求；

2）B1 类：仅需要对组件或其相关硬件进行少量的修改设计即可满足在轨替换要求；

3）B2 类：需要对组件或其相关硬件进行大型的修改设计才能满足在轨替换要求；

4）C 类：在当前结构条件下，该组件不具有在轨可替换性，其所需的设计修改不可行或费用过高；

A，B1 和 B2 类属于可替换类，可替换类卫星组件的总质量约大于整星的三分之一，如表 7-5 所示。

表 7-5　SMAD 可替换卫星组件表

组件名称	可更换性类别	组件名称	可更换性类别
惯性参考单元	A	平衡架控制电路装置	B2
直接下行链路	A	数字式太阳敏感器电子组件	B2
三轴磁强计	B1	三轴磁强计电子组件	B2
星敏感器	B1	驱动控制单元	B2
反作用飞轮	B1	能量分配单元	B2
电磁力矩杆	B1	蓄电池	B2
GPS 接收机	B1	指令自动跟踪接收机	B2
载荷电子设备	B1	编码调制单元	B2

目前主要研究 A 类和 B 类部分模块单元的 ORU 设计方法。

SMAD 研究中，对在轨服务存在的问题和预见的困难进行了总结：

1）在很多情况下，可用的遥测数据不足以准确在轨诊断出失效位置，因此，可接受在轨服务的目标星必须具有较强的故障检测、诊断和隔离能力。当发生异常时，地面的工作人员要能够确定失效的组件或线路。

2) 线路故障难以通过在轨替换的方式得到解决。

3) 姿态确定与控制组件单元的替换必须具有自动在轨校准的能力。

4) 目标星必须停止工作一段时间以完成对接和组件替换操作（如几小时），这会为卫星的终端用户带来影响。

5) 由于替换模块将改变目标星原来的散热面和热源结构，因此，目标星的热控制系统需要能够支持接受服务后的系统热控需求。

6) 目标星的电源和姿控系统应设计具有充足的余量以满足接受新增模块后的负载要求。

7.2.2　航天器模块化设计方法

参考工程应用中广泛采用的产品模块化设计理论和经验，确定模块化航天器设计主要包括两大部分。

1) 航天器模块研制：航天器模块划分、模块设计、模块制造，形成模块库；

2) 模块化航天器研制：根据航天器的任务需求进行总体方案设计，从模块库选择模块进行组合，快速形成满足任务要求的航天器。

（1）航天器模块研制

航天器模块的研制需要针对一定范围内或某个类型的航天器展开。广泛调查搜集该类型航天器的任务和功能需求，对该类型航天器的普遍需求和共性特点进行总结和分析。以此为基础，对航天器进行功能模块划分，形成合理的模块体系。对各个模块进行研制，形成模块库，用于同类型航天器设计时选择和组合。流程如图 7—57 所示。

针对每一类模块，研制方法主要包括：

1) 横系列模块化设计。不改变产品主要性能参数，利用模块发展变形产品。常是在基型品种上更换或添加模块，形成新的变形品种。

2) 纵系列模块化设计。在同一类型中对不同规格的基型产品进

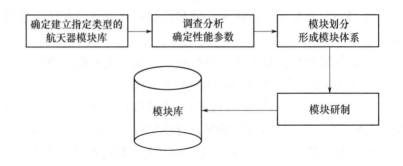

图 7－57　航天器模块研制流程图

行设计。主要性能参数不同，形成同等功能的系列模块。

3）全系列模块化设计。全系列模块化设计包括纵系列和横系列。

(2) 模块化航天器研制

模块化航天器的研制流程如图 7－58 所示。首先根据用户需求进行航天器任务分析，初步形成总体设计方案。判断航天器是否有同类型模块库支持提供备选模块，如果有，开始模块选择。根据总体方案从模块库选择满足要求的功能模块，如果没有满足要求的模块，则重新研制，并将研制模块添加入模块库。完成模块选择，组合成航天器总体。对组合成的航天器总体方案进行评价和决策，如果满足要求，完成设计；如果不满足要求，返回方案设计阶段，重新进行设计。

由上述流程可以看出，模块化航天器的设计是以航天器模块的研制为基础。因此，航天器模块研制是模块化航天器设计的关键，需对以下关键技术重点研究：

1）航天器模块划分和设计技术。要求模块划分合理，模块设计功能独立、完整。能够支持模块的组合，实现航天器整体功能。

2）模块集成技术。要求模块具有标准接口，能够快速组装、集成和测试。

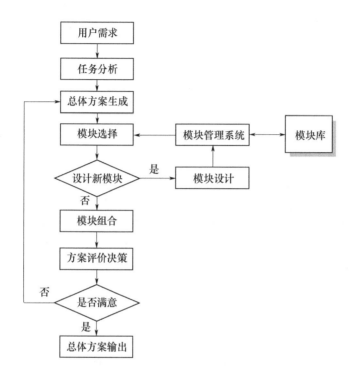

图 7-58　新型模块化航天器设计流程图

7.2.3　航天器模块划分及体系结构

7.2.3.1　模块划分方法

模块划分是模块化设计的关键技术之一，是指依据某种标准把产品划分成以模块为基本构成单元的过程。面向在轨服务的新型航天器总体模块划分就是要依据某种标准把航天器划分为模块式的基本构成单元。模块划分是模块化设计的前提和基础，对其处理的合理与否直接影响到产品的功能、性能和成本。

根据模块化设计理论，模块划分准则主要包括：

1) 产品内部的功能联系和物理联系能够以树状层次结构扩展；

2) 模块化设计中产品的物理组件模块与其功能配置具有一一映射关系；

3) 不同模块间的接口尽可能弱化；

4) 物理实体树中同一节点的各模块间具有完全可互换性。

总结现有模块化分方法，主要分为以下 2 种：

1) 基于功能的模块划分。根据功能在逻辑上对卫星进行模块划分，使各个模块在功能上相对独立，可以通过替换各个功能模块来实现功能的更换和升级。

2) 基于硬件的模块划分。根据卫星硬件的构型、工作方式等对卫星进行模块的划分。这样划分的好处是可以减少整个卫星的结构质量，减少发射成本，同时对卫星硬件的设计布局没有限制，只是要求在模块替换时能够将相关组件作为一个逻辑单元进行统一的关闭和替换。但该划分方式存在两个突出的缺点，一是难以对模块进行标准化系列化设计；再就是难以通过有针对性的模块更换实现功能更换与升级。

以功能差异作为模块划分准则具有较广的普遍性，因此，本书主要对基于功能的模块划分方法进行探讨。

7.2.3.2　系统模块划分

卫星系统的模块划分方式是基于功能的划分。卫星系统从功能上可以分为有效载荷和卫星平台两个部分，而卫星平台又可以分为以下几个分系统：结构与机构分系统、热控分系统、姿态控制与轨道控制分系统、推进分系统、电源分系统以及测控与星载数据管理分系统。

有效载荷是指卫星上装载的直接实现卫星在轨运行指定任务的仪器和设备分系统。有效载荷的作用就是直接实现卫星承担的特定任务。因此，有效载荷可以作为一个单独的模块。

卫星结构是支承卫星有效载荷以及其他各分系统的骨架；卫星的机构是卫星产生动作的部件，因此，卫星的结构分系统不可能作为一个单独的模块而存在，每一个模块都必须有自身的结构。

卫星热控分系统是通过对卫星内外的热交换过程进行控制，保证卫星各个部位及星上仪器设备在整个任务期间都处于正常工作的温度范围。从热控分系统的功能看，它具备作为一个单独模块的可能性。但通过分析可以看出，卫星热控分系统的设计与卫星的构型以及仪器设备的布局高度相关，如果把热控分系统作为一个单独的模块，那么在进行模块更换或添加时，对于整个系统的热控制难度较大。相反，如果在每个模块上设置热控分系统，虽然卫星的质量会有所增加，但更易于灵活实现各个模块的热控。国外大部分的模块化卫星系统都没有把热控系统作为一个单独的模块。

卫星的姿轨控分系统对星载有效载荷任务的完成起着十分重要的作用。它的主要任务有：变轨控制、轨道保持、返回控制、轨道交会、姿态稳定以及姿态机动。该分系统的主要部件是一些电子设备以及飞轮等执行机构，因此，这些设备可以作为一个单独的模块。

推进分系统为整个卫星提供推力，主要包括贮箱、推力器和管路等部件。该分系统可以作为一个单独的模块，并且可以通过该模块的更换或补加实现在轨加注和推进系统更换。

电源分系统负责在卫星各个飞行阶段为卫星的用电负载提供能源，直至卫星寿命终止。它包含发电装置、电能储存装置、电源功率调节、电源电压变换、供配电等全部硬件。因此，只要各个模块与电源模块之间有相应的接口，通过电源母线使其他模块能从电源模块获取所需要的电能，就能够完成整个卫星电源的控制与分配。该系统可以作为一个独立的模块。

测控与星载数据管理分系统与电源分系统相似，也可以通过总线的使用来达到对各个模块进行管理的目的。因此，也可作为一个独立的模块。

国内外的主要模块化航天器系统的模块划分基本上都符合以上分析。如 SNAP 将系统划分成了电源模块、姿轨控模块、推进模块、通信模块、星上计算机模块和测量模块，而 SWARM 将系统划分成了 1 个计算机模块、1 个姿轨控模块、2 个推进模块以及 1 个平台模块。

卫星系统的模块划分结构如图 7—59 所示。

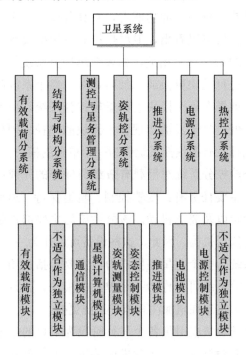

图 7—59　卫星系统模块划分示意图

总之，航天器的模块化程度对应于其电子与机械结构的标准化程度和系统划分程度。模块的划分不宜过细也不宜过粗，要根据硬件设备条件以及实现的技术难度等因素来确定。

7.2.3.3　分系统模块划分

基于上述系统模块的划分，各个分系统模块如果包含的元器件较多或者该分系统在功能上还能够作进一步的细化，则可以将该分系统再分成两个或多个模块。例如测控与星载数据管理分系统可以作为一个模块，也可以分为星上计算机模块与测控模块；电源模块又可再细分为电池模块与太阳电池阵模块；姿轨控模块也可再细分为姿态确定模块、姿态控制模块等。总体来说，对于一个分系统功能模块，其组成组件和设备可以分为两大类（见图 7-60）：

1）通用组件。指在各个功能模块或大部分功能模块中能够通用的组件设备，如：模块结构设备、热控设备、遥测数据采集设备和配电设备。

2）功能专用设备。指实现模块指定功能必备的专用组件设备，如推力模块的推进剂供应系统设备、电源模块的蓄电池组、姿控功能模块的执行机构等。

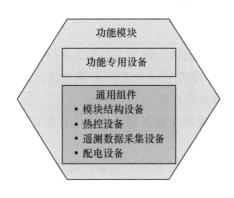

图 7-60　标准化功能模块体系结构

功能专用设备需要根据具体的任务需求进行设计，此处仅对通用组件的设计进行探讨。

1）结构外壳：为模块提供支撑，承受和传递载荷，并保持模块的一定刚度和构型稳定性。在设计时要满足结构布局、质量、强度、刚度、模块自然频率、位置稳定性、结构动态响应、动态包络空间、机械与非机械性能、轨道环境条件、可操作性以及材料工艺性等方面的要求。

2）电源分配器：完成电源的分路和开、关控制；负责地面电源和航天器内部电源的切换；根据航天器飞行程序指令对电气设备供电开关进行控制；过流保护；电流测量；供电状态遥测等。

3) 控制单元：对模块获取的数据及指令进行处理。

4) 遥测数据采集单元：负责采集模块遥测数据。

5) 热控设备：负责保持模块温度在指定范围内。

6) 标准接口：通过标准接口实现模块之间光、机、电、热的连接。接口设计标准化，各模块通过接口的连接能实现即插即用。

通过对模块通用组件的研究，可以提高模块的研制效率，同时促进模块设计的标准化和系列化。

7.2.4　模块化标准接口与模块集成

7.2.4.1　模块集成方式

对模块集成方式的讨论分为 3 大部分进行：1) 模块机械集成方式；2) 数据信息、电源集成方式；3) 热集成方式。

（1）模块机械集成方式

综合国外典型模块化航天器设计方案，模块机械集成较多采用以下两种方式：

1) 模块直接连接式。模块直接通过模块外壳结构进行连接，形成指定构型，如图 7－61 所示。左图中，模块之间直接横向拼接，形成指定构型。右图中，模块垂直叠加，形成层叠构型。这种机械连接集成方式与堆积木相似，具有结构关系明确、拼装组合简单的优点。同时，航天器无需具备主安装承力结构，从而提高载荷质量比。该方式实现的难点在于模块间的连接设备必须可靠的满足预定力学性能要求，连接件的设计具有较高难度。

2) 主结构－模块集成式。航天器具有一个主安装承力结构，各个模块分别与该结构连接，最终形成整星，典型方案如图 7－62 所示。图中主承力结构为中心的承力筒，各个功能模块布置于承力筒外围。主承力结构还可以采用其他构型，如桁架、承力板等，模块布局方式也灵活多样。该机械连接集成方式具有整星机械强度可靠的优点，且航天器增加模块的扩展操作相对容易。缺点是增加了结构质量和空间体积。

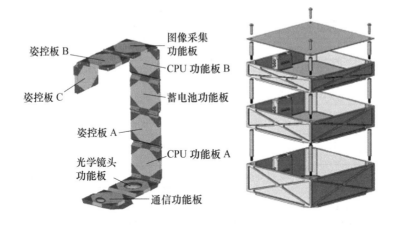

图7-61 模块直接连接式机械集成方式

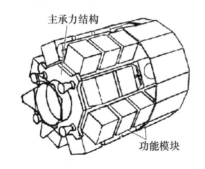

图7-62 主结构-模块机械集成方式

（2）数据信息、电源集成方式

综合国外典型的模块化航天器设计方案，数据信息与电源的集成较多采用数据总线和电源总线集成方式，如图7-63所示。

从图7-63可以看出，各个模块功能独立，仅通过标准接口与数据和电源总线连接，再由数据和电源总线将各个模块集成为一个整体。航天器预留有标准接口，用于支持补加模块的插入和集成。

数据总线选择考虑如下：

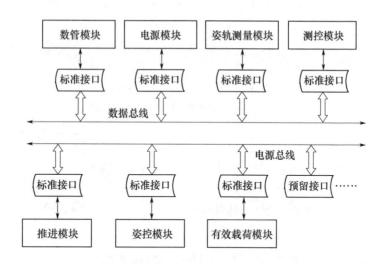

图 7-63　模块数据信息、电源集成示意图

① MIL-STD-1553

1553 总线是典型的线性结构，已在卫星平台上得到广泛应用。该总线可以通过在主干线上增加模块的方式进行线性扩展，但在设计时需要根据预定需要增加的模块数量设置预留节点。1553 总线有以下一些特点：

1）节点扩展有限；

2）随着节点数量的增加，模块间的通信负担增加。

1553 总线还有另一种主动扩展方式，即根据主星命令控制目标与总线的连接。总线采用冗余设计，从而单一的开关失效不会影响模块与主星的正常通信。

使用 1553 总线有以下优势：

1）自动硬件识别和地址分配。这个特点允许在不断电、不停止工作情况下识别集成新模块。

2）自动地址分配能够避免由于配置失误造成两个硬件使用同一地址的问题。

3）自动硬件识别允许在线硬件配置，不需要地面和服务航天器的干涉。支持模块的热插拔，避免增加不稳定因素，减小集成的风险。

② IEEE-1394

IEEE-1394 是由苹果公司在 20 世纪 80 年代末发展的传输数字声音和图像的总线标准。接口芯片速率有 100 Mbit/s、200 Mbit/s 和 400 Mbit/s，数据传输速率为 800 Mbit/s 和 1 200 Mbit/s 的芯片正在研制。

IEEE-1394 同样提供了 1553 的特性，并且数据传输速率高，接口简单。该总线实时性很强，适用于对时间要求高的平台。它还提供对等通信，支持整个卫星的分区处理控制。另外，模块升级的适应性要求总线的通信不一定要速率相同。旧的、速率慢的设备也要和新的、速率快的设备通信并用。

IEEE-1394 支持通过数据线进行模块供电，需要较少电源的模块可以直接使用数据线作为能源供应，而不必另外进行电源接口设计。IEEE-1394 的节点消耗电源比较低，每个节点大约只有 1 W。节点支持睡眠模式，接口设计简单，对接也很容易。

③ 控制器局域网（ControllerAreaNetwork，CAN）

CAN 最早由德国 BOSCH 公司推出，它广泛用于离散控制领域，其总线规范已被 ISO 国际标准组织制定为国际标准，得到了 Intel、Motorola、NEC 等公司的支持。CAN 协议分为二层：物理层和数据链路层。CAN 的信号传输采用短帧结构，传输时间短，具有自动关闭功能，具有较强的抗干扰能力。CAN 支持多主工作方式，并采用非破坏性总线仲裁技术，通过设置优先级来避免冲突，通讯距离最远可达 10 km（传输速率 5 kbit/s 以下），通讯速率最高可达 1 Mbit/s（40 m 以内），网络节点数实际可达 110 个。

CAN 支持多主方式工作，网络上任何节点均可在任意时刻主动向其他节点发送信息，支持点对点、一点对多点和全局广播方式接收/发送数据。采用总线仲裁技术，当出现几个节点同时在网络上传播信息时，优先级高的节点可继续传输数据，而优先级低的节点则主动停止发送，从而避免总线冲突。

CAN 总线已经在小卫星星务管理系统中得到了成功的应用，英国 Surrey 大学早在 1993 年研制的小卫星上采用 CAN 总线作为数据管理系统的数据传输总线，我国东方红小卫星公司开发的 CAST968 平台也支持采用 CAN 总线，并在实践 5 号和海洋 1 号上得到了成功的应用。哈尔滨工业大学测绘小卫星 TS－1 采用 CAN 总线同样取得了较好的效果。

不同厂家生产的 CAN 卡不同，支持扩充的节点数也不同，但是通信原理和芯片标准是一致的。以瑞士数字逻辑公司（DIGITAL－LOGIC）生产的 MSMCAN 为例，它的数据传输速率 500 kBaud，支持 144 个节点扩充。在 $-25℃\sim85℃$ 之间可以正常工作。CAN 卡工作时需要单独的电源供应，所以模块中需要提供电源，不过 CAN 卡的功耗很小，并不会对模块的质量和体积影响太大。

（3）热集成方式

综合国外典型的模块化航天器设计方案，热集成较多采用的方式是模块独立热控为主、模块间通过机械接触面或连接杆进行热传导为辅。该方式能够保证模块的功能独立性，降低模块间的热影响，同时降低对模块集成安装与布局的影响。

7.2.4.2　标准接口设计

标准接口的设计主要包括机械接口、电源接口、数据接口和热接口设计。

（1）机械接口

根据航天器任务需求，确定模块机械连接方式和总体构型。在具体的机械连接方式下，对连接方案和连接件进行设计，保证预定连接强度和可靠性，同时满足接口密封性能、模块安装尺寸、位置、方向及安装精度等要求。

（2）电源接口

电源接口主要考虑与电源总线的接口设计，实现通过电源总线对模块进行供配电。接口电路需能够提供足够的、稳定的电源，以保证模块的正常工作。

（3）数据接口

数据接口主要考虑数据传输的速率问题，使模块与外界进行畅通的数据交换，包括控制指令下传至模块和模块向航天器返回工作数据及其他遥测数据等。模块的数据接口应全部直接连接在航天器的标准数据总线上，通过总线直接与星载计算机进行通信，或与其他模块平行交互。

对于电源接口与数据接口，二者可以单独设计，也可以一体化设计。单独设计时，电源接口即为普通的电流出入双线，数据接口可与目前卫星所用接口相似，仅加入连接环节。接口一体化设计是目前流行的外接设备接口设计方式，典型的有 IEEE1394 通用串行接口等，既可以为模块提供足够的电压，又能够进行高速数据通信，并且能够进行热插拔。

（4）热接口

热控接口设计的目的是使模块能够保持合适的工作温度。若模块本身不能满足其温度要求时，则需在模块内部安装加热器，通过电源接口驱动加热器运转加热；或通过热控接口从模块外部引入热量，将所需热量传入模块内部，再由内部热控网络分配，以使模块达到合适工作温度，如应用流体循环或热传导进行加热、制冷等主动热控。一般情况下，要求模块能够进行自主热控，尽量降低对航天器整体造成很大影响。

总之，通过上述 4 个接口实现模块的集成：机械接口对模块起机械连接与固定作用；电源接口负责对模块进行供配电；数据接口用于各模块之间的数据交换；热接口用于模块与模块之间的热量交换和传递。也可能存在几个接口一体化设计的情况，达到简化接口的目的。

由于机械接口与具体的模块机械连接方式有关，此处重点对后 3 种具有通用性的接口设计进行讨论。

（1）电源接口

模块的电源有两种供应方式：使用自身携带电源或者由航天器电源模块供电。

① 自身携带电源

自身携带电源是指各个模块内部能够自己提供电源满足其功耗要求。实现方式包括：燃料供应产生电源、太阳能电池板和一次性电池等。

一次性电池的方式对模块质量的影响很大。燃料供应的方式需要在模块上附加硬件进行燃料的存储和管理，还需要进行热控制等。对模块的成本和设计要求较高，对模块的重量影响可能比电池供应还要大。太阳能板加储能电池的方式较为合理，但要求在模块设计时考虑太阳能电池板的受晒问题。

② 电源模块统一供电

由航天器单独的电源模块集中进行电源管理，各模块通过电源接口从电源总线上获取所需电源。模块更换时只要保证替换的模块和以前的模块有一样的电源要求，那么整星的电源管理就不用作调整，而且对整星的影响很小。需要解决的技术问题主要是模块电源连接技术。

电源连接有两种方式：诱导连接和接触连接（见图7—64）。

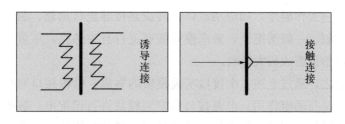

图7—64　诱导连接和接触连接

接触连接主要有以下优势：工艺成熟，没有电磁干扰，简单，不存在数据丢失问题。但是也有不少劣势：接口需要对接分离装置，对接时存在较大风险。

诱导连接的主要优势：高度可靠，不需要精确对接，接口失误率很低。主要劣势：需要交流电源发生器，存在电磁干扰，相比于接触式连接，体积和重量要求都比较大，系统集成时易受影响。

（2）数据接口

数据接口主要有3种连接方式：

1）连接器连接。连接器连接有2种选择，一种是标准数据总线，另外一种是在电源总线上传输数据。标准数据总线技术成熟并且在现行卫星上得到成功应用，传输速率高，但要求有专门的连接接口；基于电源总线的数据传输接口简单，但是传输速率没有标准数据总线高，存在电源系统噪声。这2种方式都有电磁干扰问题。

2）光纤数据接口。光纤数据接口的数据传输速率很高，并且允许同一条光纤内进行不同频率的数据通信。光纤避免了电接口，具有较好的容错能力，简化了卫星设计和模块集成。由于光纤对接装置一般设计的比较小，因此，对对接精度提出了较高要求。

3）无线数据接口。无线数据接口有发光二极管（LED）和无线电波（RF）2种方式。LED提供4 Mbit/s的数据传输速率，RF传输速率与光纤速率相同。

（3）热接口

卫星的热控主要有被动热控方式和主动热控方式。被动热控可以采用隔热层、热辐射和热管循环等方式，使模块内部温度得到控制，不对整星造成大的影响。主动方式比较复杂，一般在模块中并不适用。卫星的热控设计必须考虑模块在卫星上的安装位置。对于热控相对较难的模块，可以通过热接口将热管引入模块内部，提高模块内外的热交换效率。还可以通过在模块结构板上加工微循环热管，从而将模块中一部分热量移出。

7.3　ORU模块设计技术

ORU模块设计技术是指把卫星的一些部件设计成在轨可替换的

单元，当这些部件在轨运行失效时，可以通过直接更换这些部件使系统继续正常工作。ORU 技术是应用于在轨服务的一项关键技术，是支持模块在轨更换的基础。

7.3.1　典型实例

7.3.1.1　哈勃空间望远镜

哈勃空间望远镜（HST）是 NASA 研制发射的一个重要的太空探索工具，为人类的空间科学研究作出了巨大贡献。为了延长 HST 的寿命，在 HST 上设计安装了一系列在轨可替换单元，如电池组、陀螺仪、宽视场相机以及光谱仪等，当这些组件出现故障时可以通过对其进行在轨更换实现故障维修（见图 7－65）。

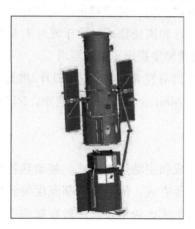

图 7－65　HST 接受在轨服务

7.3.1.2　高级 X 射线天体物理探测器

高级 X 射线天体物理探测器（Advanced X－Ray Astrophysics Facility，AXAF）由 NASA 于 1998 年发射，与哈勃空间望远镜（HST）和康普顿射线探测器（CGRO）一起组成 NASA 的观测台。运行在近地轨道上的 AXAF 如图 7－66 所示。

AXAF 最初的设计是用于为空间站或航天飞机提供服务，图

图 7-66　近地轨道 AXAF

7-66右图展示了 AXAF 与 HST 对接的想象图。AXAF 上许多可能失效的部件都设计成为容易获取并可更换的部件。图 7-67 标明了 AXAF 上可替换部件 ORU 以及可能需要替换的部件 CRU（Contingency Replacement Unit）的分布位置，表 7-6 列出了 ORU 和 CRU 的类型和数量。通过失效分析，确定了 5 个部件在 AXAF 的 15 年寿命期内需要更换，将其设计成 ORU 模块。在 15 年之内不需要更换的部件设计成 CRU，在系统丧失冗余或遥测显示出潜在的故障时可以对其进行更换。

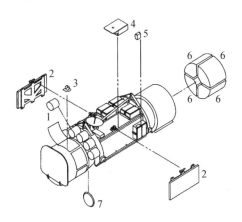

图 7-67　AXAF 中 ORU 与 CRU 的位置分布图

表 7-6　AXAF 中 ORU 与 CRU 的类型与数量

类型	名称	模块数量	冗余备份数量
ORU	反作用飞轮	6	3
	太阳翼	2	2
	惯性陀螺	2	1
	电池模块	1	1
	记录磁带	2	2
CRU	相机	1	—
	电源供应模块	3	—
	太阳电池阵转换开关	2	—
	电子集成模块	1	—
	设备切换开关	1	—
	电路驱动模块	2	—
	姿控模块	2	—
	反作用飞轮控制模块	6	—

7.3.2　航天器模块在轨可替换性分析

通过对卫星组件进行考察，搜集分析其各项性能数据，包括冗余度、可靠性、重量、功耗、安装位置布局、以及与部件间的交叉互联状态等，对组件的可替换性分为以下两类。

A 类：需要对组件或其相关硬件进行修改设计才可满足在轨替换要求。

1) 组件：惯性测量仪器、下传信号发送机、磁强计、星敏感器、反作用飞轮、磁力矩器、GPS 接收机、有效载荷、数字太阳敏感器电路板、遥控接收机、电源、磁强计电路板、执行机构伺服系统；

2) 分析：上述仪器和设备功能单一，封装简单，便于集成，经过简单的适应性修改设计就可以支持在轨替换。

B类：在当前结构条件下，该组件不具有在轨可替换性，其所需的设计修改不可行或费用过高。

1) 组件：数据总线、通信天线、太阳翼、遥控遥测单元。

2) 分析：这些组件分为两类，一类是整个卫星的核心关键组件，如果该类核心关键组件失效，则整个卫星失去了运行功能，相应对接操作也不能完成。数据总线、遥测遥控单元属于该类。如果卫星的数据总线失效，那么整个卫星的管理以及通信就无法进行，因此，整个卫星就不可能完成对接和在轨替换操作。另一类是由于安装位置和布局不适合进行在轨替换，或者构型难以进行模块封装，如通信天线、太阳翼等。对于该类组件，虽然不能进行模块封装与更换，但是可以通过在轨补加一个太阳翼或通信天线来实现功能的替换。但通过这种补加的方式会改变系统的构型，增加整个系统的质量。

目前主要研究 A 类模块单元的 ORU 设计。

7.3.3 ORU 模块体系结构

7.3.3.1 体系结构

参考航天器功能模块的体系结构，确定 ORU 体系结构也由通用组件和功能专用设备共同构成。功能专用设备与具体的 ORU 模块功能有关，此处仅对通用组件进行阐述：

1) 结构外壳：为 ORU 模块提供支撑，承受和传递载荷，保持模块的刚度和构型稳定性。结构外壳应保证 ORU 模块在轨道环境条件下的正常运行。由于 ORU 模块将接受在轨操作，因此，其结构外壳需支持在轨操作的要求，如支持机械臂抓取和移动、支持模块与接受服务航天器的机械连接等。

2) 电源分配器：提供电源的分路和开、关控制；提供输入电源的电压转换；提供航天器飞行程序指令对模块内部电气设备的供电控制；过流保护；电流测量；供电状态遥测等。

3) 控制单元：对模块获取的数据及航天器上传的指令进行

处理。

4）遥测数据采集单元：采集模块的遥测数据。

5）热控设备：保持模块温度在指定范围内。

6）标准接口：通过对接口实现模块之间机、电、热连接。接口设计标准化、统一化，模块通过标准接口的连接便能实现即插即用，完成与接受服务航天器的集成。

7.3.3.2　结构与装配性

ORU 的设计需要同时考虑装配布局、在轨替换操作等多种因素，具体包括：

（1）规程 ORU 模块通过机械臂进行替换

该更换方式对 ORU 模块的结构和装配性提出以下要求：

1）ORU 模块的结构要便于与在轨更换操作机构相匹配。一般所采用的方式是在 ORU 模块和机械臂上安装一对匹配的部件。安装于机械臂上的部分可以识别并捕获安装于 ORU 模块上的部分。通过对该类部件进行标准化设计，可以使机械臂能够对一系列的模块进行更换。

2）ORU 模块的外形应尽量规则。将 ORU 模块设计成规则的外形有以下好处：

- 规则的 ORU 外形结构对于安装非常有利，并且规则的外形也易于识别；

- 将 ORU 模块设计成规则的外形，则对其进行更换操作所需的机构设计也相对简单，模块的安装固定与拆卸操作也更为方便可靠。ORU 模块与目标航天器的连接机构应尽量简单，以简化 ORU 模块的分离和插入、安装等操作，并提高可靠性。

3）ORU 模块的位置要便于获取，并利于进行替换操作。

4）ORU 模块的设计要满足模块结构设计的一般要求，如结构强度、刚度、布局、质量、轨道环境、包络空间等要求。

（2）ORU 模块直接与目标航天器对接集成

对于这种方式，新更换的 ORU 模块直接对接到目标航天器上，而不移除原有的 ORU 模块。这样的方式对目标航天器的构型改变比较大，其控制难度也相应加大。将 ORU 模块的结构设计规范化、标准化，对不同系列的模块设置不同的控制方法，这将对目标航天器的控制带来很大方便。

7.3.3.3 标准化接口

ORU 模块的标准化接口设计包括 ORU 模块与目标航天器的机械、电源、数据信息和热接口设计。标准化接口的具体设计内容与前文所述模块化航天器的模块集成标准接口相同，此处不再赘述。

除光、机、电、热标准化设计外，标准化接口还需要满足以下条件要求。

（1）长机械寿命

在轨模块更换任务对接口寿命提出较高要求。一般设计卫星时对星上用接头的寿命会提出技术要求。例如，规定圆形电连接器插拔寿命应不小于 500 次，矩形电连接器插拔寿命应不小于 1 000 次等。然而提出这些要求时并未考虑对卫星进行在轨模块更换的情况。

卫星进行在轨模块更换操作时，需要在真空环境下进行接口的插拔操作，接头需要经过一个"拔出—暴露在真空中—接入"的过程，该过程与地面组装的接口内在物理性能和外在环境完全不同。在地面组装时，接口处于全新完好的状态，并处于大气中；在轨模块更换时，接口已经暴露在太空环境中几个月甚至几年，其上各种镀层和保护膜等可能已经发生变质或脱落现象，再加上材料的真空出气，接头机械性能可能会发生大幅度的降低。因此，为了适应模块更换任务，接头的选择标准中必须提高其寿命指标。

（2）减少接口插拔所需的作用力

限制模块上各种接口的插拔力，使航天员或机械臂可以方便地插拔每个接口。例如：电连接器单孔的插拔力一般控制在 0.2 N。对于多芯的电连接器，芯数越多，插拔力越大，一般要求不得超过单孔分离力上限之和的 1.5~2 倍。当总的分离力大于 50 N 时，使用人力进行插拔已经十分困难，尤其在太空中进行插拔操作时，航天员活动受限制，能使用的插拔力较小。选用合适的插针或插针设计可以减小插拔力。比如采用双曲线插孔和绞线式插针，其接触可靠、插拔力小。

（3）简化插拔动作

在地面进行接口插拔操作的主体一般为人，并且操作时穿普通工作服，活动不受限制；太空中进行接口插拔操作的主体为航天员或机械臂，航天员身穿航天服，活动能力和活动范围大幅减低，而机械臂受到技术发展的限制，目前只能做很少的动作，这二者远没有地面工作人员活动灵活。因此，简化插拔动作过程，将插拔动作限制在有限的几个自由度内，并减少插拔动作行程，可以降低航天员疲劳程度，或降低对机械臂的要求，提高任务完成的能力和任务成功概率。

使用自动连接、固定和预紧的接口可以在一定程度上满足以上要求。以圆形电连接器为例，一般有螺纹连接、卡口连接和推拉式连接三种连接方式。其中螺纹式在连接时，先要将连接器插头与插座沿轴线直线运动插入，再沿轴线方向旋转插头几周，才能连接到位；卡口式在连接时，先将插头与插座沿轴线直线运动插入，然后插头内的三条螺旋槽与插座内的卡钉配合导向，沿斜向旋转连接到位；推拉式在连接时连接器插头沿轴线方向直线运动插入，到达锁定位置时自动上锁。从以上可以看出，当模块上采用圆形电连接器时，推拉式是最佳选择，其连接和分离只需要在一个自由度上连续运动，即沿轴线运动一个插拔动作。

（4）接口集成化

尽可能将各种接口集成到一个接头内，将需要进行多次插拔动作的接口简化成只需要一次动作即可完成。如图 7-68 所示的两种电连接器，均将电源接口和数据接口集成在同一个连接器上。采用集成化的接口，可以减少操作时的步骤，减轻工作负担。如图 7-69 某加注设备接口所示，将燃料加注设备的气路接口和液路接口集成于对接设备上，当对接设备通过机械接口对接锁紧后，气路和液路接口可自动

图 7－68　电源接口与数据接口集成的某矩形电连接器和某圆形电连接器

对接。

（5）防止误操作

误操作分为连接时接头方向错误和接头配对连接错误等几种。

连接时的方向错误可能会导致电源正负极反接或信号线搭配错误等，当发生这种错误时，轻则导致连接器插针损坏，重则导致器件损毁，卫星报废。目前绝大多数形成标准的接头都有防止连接时方向错误的设计，只有正向插入时插头才能和插座配合，反向插入时插头不能插入插座。如图 7－70 所示，某圆形电连接器上开有五个槽，某矩形电连接器上开有 3 个键槽，这种设计能有效防止反方向插合。然而目前相应航天标准稍为完备的只有电接口，热接口、机械接口缺乏相应的标准，导致设计时缺少依据。

（6）有连接到位指示

应该对接口进行设计，在接口上安装连接到位的指示装置，在接口正确结合后，航天员或服务航天器能获知这一信息，以进行下一步操作。对于航天员来说，太空与地面环境有巨大差异，航天员活动范围和感觉范围受限制，对于判断接口是否正确安装到位比较困难；对于服务航天器/机械臂来说，受技术条件的制约，其感觉能力较差，也较难判断接口是否正确安装到位。可行的解决方法之一就是在接口内部设计触点开关，当接口正确安装到位时，开关被触发，发出信号给航天员或服务航天器。

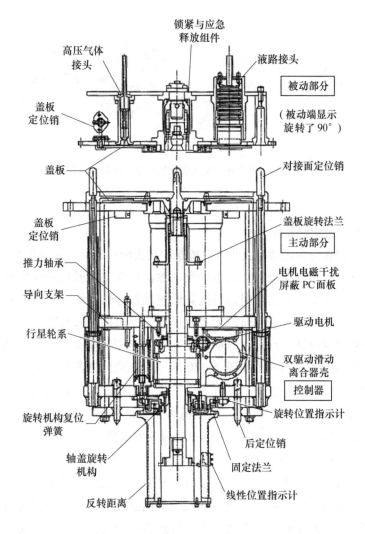

图 7-69　某加注设备接口

（7）防止碎屑

要合理选择接口的设计和工艺，防止接口在插拔过程中产生碎屑，影响卫星安全。例如：当插头和插座金属材料硬度相差过大或者毛刺过多时，插拔时会产生丝状金属多余物，由此可能对卫星造

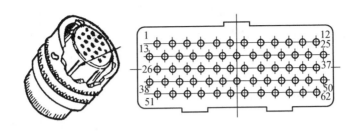

图 7-70　某圆形电连接器和某矩形电连接器

成危险。此外，太空中环境复杂，某些插头的金属膜镀层长时间暴露在太空中后也可能会造成膜层剥落。

（8）防斜插卡死

斜插时可能导致自锁螺纹连接或者卡锁连接等卡死现象，所以插头要有防斜插卡死设计。

（9）尺寸设计合理

当航天员或机械手臂进行插拔操作时，要考虑到航天员和机械手臂的活动性和灵巧性。卫星进行模块更换操作时，工作面附近会有众多部件，影响操作的空间，所以接口不宜设计过大；同时航天员身穿航天服，活动受到极大限制，而机械手臂受制于技术条件，这导致操作时对过小的零部件操作十分困难。所以适当选择接口大小，使其有利于模块更换操作的进行。

（10）有可夹持的设计

模块上要为航天员或机械手臂预留机械接口，使操作者可以方便、安全地抓持和移动模块，提高模块更换任务的安全性和工作效率。当进行模块更换操作时，机械臂夹住该部分获取和移动模块。

7.4　先进星务管理技术

自主在轨服务任务的制定和执行都是以客户系统航天器的先进星务管理技术为基础。为支持在轨服务的实现，可接受在轨服务目标航天器的星务管理系统要求具备以下功能：首先，目标航天器通过星务系统能够进行自主健康监测与管理，能够根据监测信息，结合飞行任务，对航天器的运行状态进行综合全面的测评。如果系统出现异常，能够及时进行推理判断，对故障进行自主诊断，并对故障和异常的处理方案进行自主决策，以此为地面控制人员的判断和决策提供参考意见。如果故障模块具有备份或者通过系统重构能够降级运行，则可以直接通过星务系统对故障进行隔离，根据故障解决方案进行系统重构。如果需要通过在轨服务才能排除故障，则星务系统为合理制定在轨服务任务提供可靠信息支持。其次，在轨服务任务的执行过程中，星务管理系统能够根据服务任务要求接受服务航天器的统一管理和控制，保证服务过程的正常进行。对于模块更换等操作，能够对插入的新模块进行自动检测，并且能够对模块的应用软件进行自动加载运行，或者对系统软件进行更新，实现软/硬件的集成，支持新模块的即插即用。最后，在完成在轨服务任务后，星务系统要求能够恢复到指定状态启动开始正常运行。

在上述功能要求中，与在轨模块更换相关的硬件识别、软件更新、系统重构、备份恢复等技术将在第9章中结合在轨模块更换技术进行深入研究，本章主要对与航天器故障诊断、隔离相关的自主健康管理技术进行讨论。

航天器的在轨健康管理（Health Management，HM）是利用人工智能等现代控制技术，在航天器上建立远程智能体，使航天器能够自主管理并完成飞行任务。其目标是实现不依赖外界的信息注入和控制或者尽量少依赖外界控制而能够准确地感知自身的状态和外部环境，根据这些监测信息进行分析，并结合卫星任务做出各种恰当的决策来应对故障，保障航天器完成任务的能力。

航天器自主健康管理和传统的测控管理方式有很大区别。传统的测控管理主要由地面管理航天器，航天器只具备基本的执行和状态监测能力，缺乏决策能力。而在自主运行中航天器具有智能性，能够进行决策，实行自我管理。例如在传统的航天器控制中，地面控制工程师根据飞行任务、航天器功能和运行环境制订详细的飞行指令序列，然后上传给航天器。在自主控制中，航天器能够直接接收用户的高级飞行任务，然后利用自身的智能算法，将这些任务分解成详细的飞行指令序列。这些指令序列能达到地面工程师制订计划的相同效果。传统的航天器需要下传各种参数，然后由地面根据这些参数判断航天器的状态，进行故障诊断。自主运行中航天器自身能够直接处理这些参数，判断航天器的状态并制定相应解决措施。航天器自主运行管理具有很多优点，主要包括：

（1）节省大量的人力和物力。

传统的卫星测控方式需要大量熟练工程师对轨道进行分析和测量，对飞行任务进行分析并制定飞行计划；上行指令并监控指令的执行情况；接收遥测数据，通过遥测数据监视航天器的资源和健康状态；调整航天器的工作状态并对故障做出反应；接收有效载荷数据并进行分析等。传统的卫星测控对地面测控站有较高的要求，要求有一定的通信能力和抗干扰能力，需要在全球建立多个测控站或移动测控站，有时为了保证数据的传输还需要使用多颗中继星。航天器自主水平提高后这些工作大部分由航天器自主完成，仅需要和地面进行必要的高级指令交互。

（2）提高完成任务的能力。

自主运行减少了天地交互链路占用的通信时间，提高了航天器处理故障和突发事件的速度，有助于延长使用寿命，获得更多有效信息。尤其对于在轨模块更换的航天器，无论是否在测控盲区，都要求实时监测和隔离故障，模块更换过程要求对操控和执行情况进行监测，并及时规划对策。

（3）提高航天器生存和抗打击能力。

航天器自主水平提高后，天地间的交互减少，一方面减小了地面测控站的人员规模，另一方面减少了通信时间，使航天器大系统不易受到干扰和攻击。

健康管理技术作为航天器的核心技术，其功能实现如图 7—71 所示。

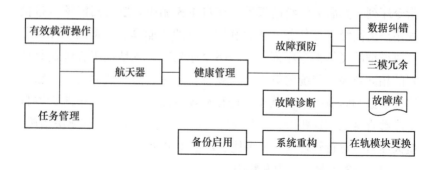

图 7-71　卫星功能实现框图

由图 7-71 可知，健康管理是支持实现航天器功能的重要支撑技术之一。建立自主健康管理系统不但能够满足在轨服务的要求，还能够达到以下几个目的：

1）改善系统可靠性；

2）减少危险，提高安全性；

3）提高操作人员的工作效率，完成一些不适于人进行的工作；

4）降低操作费用。

7.4.1　典型实例

健康管理技术通过对航天器自测试方法的技术研究和航天器系统故障对策的技术研究，解决航天器上天后的系统硬件、软件故障问题，以用于进行系统重构。该技术涉及许多方面，它使用了人工智能、智能控制、图像处理等技术，同时对星载计算机、各种敏感器、有效载荷以及执行机构等航天器硬件提出了很高的要求。美国等西方国家从 20 世纪 50 年代就开始航天器故障诊断技术研究。目前故障诊断系统已从原来单一的各分系统（如电源系统和热控系统）的故障诊断专家系统，向集系统状态监测、故障诊断和故障修复为一体的航天器集成健康管理系统发展。它不仅可以提高航天器的安全可靠性，而且可以减少航天器发射和运行成本。典型的实例主要包括：

（1）X－33 的健康管理系统

X－33/RL 的机体健康管理系统（Vehicle Health Management，VHM）由 NASA 和 Sanders 共同开发，主要目的是为可重复使用运载器提供一个自动化、无纸化决策、维护和后勤系统。它主要包括 2 个功能单元：机载数据采集系统和地面数据处理系统。VHM 安装在飞行器上，作为下行遥测设备的数据源。它监控和记录 X－33 的所有数据，包括飞行数据、机体数据（结构、机械以及系统 BIT 状态）和飞行测试设备采集的数据。该 VHM 系统分为 3 个子系统。第 1 个子系统使用分布式智能传感结构，从通用敏感器上采集数据。采集到的数据由 50 个远程健康节点（RHN）集中起来，并通过健康光纤总线（HOB）与机载计算机进行通讯。第 2 个子系统位于 VHM 的中心，监控和记录 6 条 MIL－STD－1553 总线上的数据。第 3 个子系统使用分布式温度、氢、应变光纤敏感器对可重复使用低温油箱进行检测。

地面数据处理中心接收到机载数据采集系统传来的数据后，对选定的子系统数据进行分析，可以探测故障和发展趋势，有助于操纵、维护的决策。

（2）美国空军的发动机健康监控系统

美国空军研究实验室于 1995 年—1998 年期间，研究开发了美国空军发动机健康监控系统，并在 F405 发动机上进行了验证。该系统主要分为数据采集、健康分析、故障诊断和寿命评估 4 大模块，可以安装在 PC 机上运行，具备实时机械故障诊断、热性能监控和关键部件寿命分析的能力。

该系统的主要技术特点是：

1）数据管理模块的中心是实时数据采集和结构化数据库；

2）在健康分析模块中，使用模糊逻辑和基于规则的故障检测方法来诊断发动机故障；

3）故障诊断模块的核心是使用神经网络技术进行模式识别，具备预处理和后处理能力；

4）寿命评估模块通过地面试验和经验公式来分析转子和叶片的剩余寿命。

（3）F/A—18的故障诊断系统

美国海军舰载战斗机 F/A—18 飞机的故障诊断系统包括机载和地面2部分。机载部分的数据采集、数据处理和显示功能由内测试技术（BIT）和机载状态监控系统完成；地面部分的数据处理、显示和存储功能主要由 0 级维修数据处理系统（MDPS）或便携式电子辅助装置（PEDD）、I级的传统自动测试设备（ATE）或综合自动化保障系统（CASS）和海军航空后勤指挥管理信息系统（NALCOMIS）和海军航空后勤数据分析（NALDA）中心数据库完成。综合设计中广泛采用作为测试性技术重要组成部分的机内测试技术（BIT），并提出了具体的规范要求，要求98%的电子设备具有自检能力，比如：在其雷达系统中，规定启动 BIT 的故障检测率为98%、故障隔离率为99%、周期 BIT 的故障检测率为90%、故障隔离率为90%（隔离到武器可更换部件（WRA）、虚警率小于1%。故障诊断系统原理框如图7—72所示。

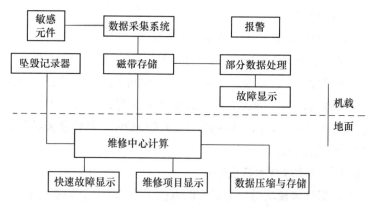

图7—72　F/A—18故障诊断系统原理框图

（4）航天飞机健康管理系统

Rogers 等人利用人工智能开发工具 KEE 和 G2 为航天飞机开发了一个实时的故障诊断系统，该系统同时利用敏感器信息和历史工程规则库对航天飞机的主发动机进行自主故障诊断。Duyar 等人对航天飞机主发动机基于模型的故障检测和诊断系统进行了概念设计，同时利用神经网络技术对发动机高度的非线性和复杂性进行模拟。

（5）空间站健康管理系统

Davis 等人在 20 世纪 90 年代初对自由号空间站的系统安全提出了要求，其中就包括故障诊断和检测系统。Morris 等人对自由号空间站外部热控系统进行了研究，并开发了半物理仿真的故障诊断演示系统。该系统由 3 部分组成：第 1 部分是自由号外部热控系统（SSF EATCS）仿真模拟器（硬件部分）；第 2 部分是实时数据库；第 3 部分是基于知识（KBS）的故障检测、隔离和恢复系统。Thurman 等对国际空间站热控系统的监测控制、故障诊断和故障恢复技术及相关软硬件进行了研究。

（6）深空探测 1 号

在深空探测 1 号的研制中，首次采用了在轨规划器。该规划器是基于人工智能的控制体系结构，同时包含了任务执行机构和基于模型的故障诊断和系统重置结构。Aljabri 研究了自动化技术和融合技术在深空 1 号中的应用，采用远程智能体（RA）进行故障诊断。

7.4.2　健康管理系统总体框架

健康管理系统能对航天器系统和重要部件进行全面的健康状态监控（含故障检测、分析判断、给出处理等），为乘员组和地面提供了快速确认和处理航天器故障失效的工具。该系统主要由以下 5 部分构成：

（1）故障诊断算法

故障诊断算法是 HMS 的核心部分，是能否高质量完成故障诊断任务的关键。完成故障诊断算法之前的基础工作包括试验数据的收集、分析、FMEA 及 FMECA，可靠性分析、成熟算法及先进算法的评估、分析与改进，合理的确定诊断算法的技术要求，考虑好需进一步检验及完善诊断算法的试验设备及试验方案。

（2）数据采集与处理

这是 HMS 的基础部分。数据采集与处理的质量直接影响到诊断的质量，故应与诊断要求、诊断对象、诊断算法、当前成熟与先进的敏感器技术结合起来，以确定数据采集与处理要求。

（3）数据传输系统及故障信息传输系统

数据传输系统及故障信息传输系统是健康监控系统内重要组成部分之一，它相当于该系统的传递通路，主要要求是能正确传递而很少出错或不出错。

数据传输系统负责把数据输送到指定的一个或数个单元。故障信息传输系统狭义上是指在故障已经确定时故障信息的传递，因此，它是指故障信息传递给故障中继库、故障总库以及向控制台、故障显示器、地面指挥站的传输系统；广义上还包含数据传输系统在内。

（4）健康管理计算机、控制台、故障显示器等硬件

健康管理计算机由较多软硬件模块组成，如故障诊断算法模块、故障数据库模块、故障处理模块、控制模块、指挥模块等。

（5）健康监控系统在研制阶段的试验检验及试验完善过程

健康监控系统最避讳出现漏检，尤其是对于一等事故的漏检。理想的健康监控系统漏检率为零，但实际上这是很难做到的，因此，需要在研制过程中不断进行试验检验和完善。

在上述组成部分中，故障数据库系统是在轨健康管理系统的重要支柱。特别是随着在轨系统健康管理的对象日趋复杂化，所涉及的数据不仅包括实时获取的数据、还包括历史数据及规则数据等，这就导致故障数据库的设计更加复杂、存储的数据量急剧增加。故障数据库系统的设计直接影响到健康管理系统的性能，因此，故障数据库是在轨健康管理系统研究的重要内容之一。

在轨系统健康管理涉及的数据库主要包括：

1）测点数据库。存放航天器各测点的数据或遥测数据，包括当前数据和历史数据。

2）报警参数库。存放航天器各测点的报警阈值，供监测报警和

故障诊断使用。

3) 报警信息库。存放一组报警记录，每条记录包含报警时间、报警测点名称及实测数据等信息供用户查询。

4) 故障参数库。存放一组故障记录，每条记录包含故障发生的时间及故障名称等信息。

5) 解释对策库。存放当前诊断结果，诊断解释及相应的故障对策等信息。

6) 知识库。存放航天器故障诊断有关的各种知识，包括诊断知识和对策知识。

7) 征兆事实库。存放系统推理过程中用到的所有征兆事实，它是系统进行故障诊断的主要依据。

目前的大部分故障数据库应用于地面系统，建立在通用数据库管理系统之上，如 Microsoft 公司的 SQL SERVER、ACCESS，IBM 公司的 DB2，甲骨文公司的 ORACLE 等，然而这些数据库系统并没有考虑航天在轨系统故障数据的数学模型及其固有的特征，也没有考虑航天在轨系统所搭载的 CPU 能力及存储容量有限等因素。在轨健康管理故障数据库系统必须充分考虑空间环境下对系统提出的高实时、高可靠、高稳定的要求以及在轨系统 CPU 能力、存储容量受限等因素。

航天器在工作过程中，其工作状态不断受内、外部条件的影响。如发射阶段的高温、高压、强震动；飞行阶段的真空、失重、振动、噪声、宇宙射线、流星体击撞等。因此，故障数据主要来自 4 个方面：

1) 航天器内部信息，如密封泄漏、结构损伤、裂纹扩展、部件断裂、控制失灵、磨损、腐蚀、过载等；

2) 环境信息，如高温、低压、宇宙射线、空中碎片袭击等；

3) 历史数据，如各种历史资料和数据；

4) 规则数据。

航天器在轨发生故障具有以下特点：

1) 突发性。突发性故障的发生和发展通常时间很短，如燃料泄漏、结构断裂、空间碎片的撞击等。这类故障对航天器的安全性往往造成严重威胁，若不及时采取有效措施，可能会导致灾难性后果。

2) 随机性。航天器是集推进、制导与控制、遥测与遥控、结构与防热、电子与电气、再入与回收等系统于一体的极其复杂的大系统，它通常有数十万甚至上百万个机、电、光元器件组成。这些系统和元器件之间既互相独立，又紧密耦合，一个元器件或分系统故障，可能导致另一个（些）元器件或分系统故障，这样就使得故障的产生常常带有随机性。

3) 相关性。相关性是指某些分系统的故障常常是由与之相关的子系统或下一级子系统的故障传播所导致，而且故障与征兆之间往往不是一一对应关系，从而导致了故障的相关性。

故障数据具有以下特征：

1) 数据种类多。包括电压、电流、功率和温度等过程量，以及多种类型的状态量等；

2) 数据量大。在航天器整个工作过程中，将有数百万组数据需要保存和处理；

3) 数据管理任务繁重。从数据的接收、处理、保存到数据的访问、送显、监测、报警、诊断、查询、打印、转存，对数据的使用和操作非常频繁；

4) 数据的实时性强。航天器的状态监测和故障诊断对故障数据的实时性、可靠性要求高，对数据的访问必须快速、准确。

针对上述在轨故障的特点和故障数据的特征，对在轨系统健康管理故障数据库系统的设计提出以下要求：

1) 体积适当。由于空间环境的特殊性，对数据的存储和程序的运行都有较强的空间限制，所以，故障数据库系统的规模必须适当，应占用尽可能少的系统资源。

2) 高可靠性和高稳定性。数据库系统应具备自动完成系统重启、数据转储、数据备份、数据恢复、日志管理、数据加解密、数据压缩等功能。

3）强实时性。数据库系统必须确保各类应用的响应时间满足实时性要求。

4）灵活性。故障数据库应能为各类分系统及有效载荷提供多种形式的服务接口。

7.4.3 星务系统硬件体系结构

星务系统硬件体系结构主要涉及以下内容：

（1）双机温备高可靠性设计

为了提高系统的可靠性，对其中的核心部件——处理器模块应采用系统级双机温备的容错方案。当一个处理器模块正常工作时，另一个处理器模块处于温备状态。一旦工作中的处理器模块因空间辐射或其他软件故障造成停机时，由备用模块接管系统任务。停机后的处理器模块应当能够通过上电复位等方式重新启动。

（2）抗辐射加固设计

空间环境中存在着强度很大的带电粒子，如果不进行抗辐射保护，带电粒子将会损害硬件平台内部的电子器件，造成严重的后果。硬件平台需要从多个方面进行抗辐射加固设计。

（3）计算能力

随着星务系统自主运行管理任务需求的不断增强，各种复杂的在轨任务需要硬件平台信息处理系统能够在规定的时间内完成。因此，硬件平台必须具备足够的计算能力，包括足够快的执行速度和充足的系统资源。

（4）多种接口类型

目前空间航天器的发展趋势是分布式结构，测量、执行、有效载荷等单一任务均由专用的子系统完成，而位于中心地位的自主运行管理系统则负责任务规划与管理。航天器的设备子系统种类繁多、接口各异，因此，为了能够与多个子系统相互协作，共同完成在轨任务，自主运行管理硬件平台需提供多种高可靠的通信接口和总线，如串口、调试接口、CAN 总线。

星务系统硬件结构主要包含如下功能模块：

（1）处理器模块

硬件平台既要处理自身的各种信息，又要与其他子系统协同工作，因此，其中的处理器系统必须具备较高的处理能力，才能实时地完成各项任务。

（2）存储模块

硬件平台的存储系统包含两部分：非易失性存储器和易失性存储器。非易失性存储器用于保存硬件平台的永久性数据，可采用大容量的 Flash 存储器实现，且 Flash 具有较高的灵活性，可用于软件的在轨更新；易失性存储器用于保存系统运行时生成的临时数据，可采用容量大、速度快、功耗低的 SDRAM。

（3）总线和接口模块

航天器的设备数量众多，接口类型各异，硬件平台将提供对多种设备接口的支持，并采用高可靠的 CAN 总线，以实现系统控制、数据采集等功能。

（4）双机温备控制模块

为提高硬件平台的可靠性，可以采用基于温备的系统级双机容错方案。双机温备控制模块负责双机状态的监控、数据通路的切换、控制信号的发送以及其他与双机温备机制有关的控制机能。

7.4.4　星务系统软件体系结构

可接受在轨服务航天器的星务系统应重点关注管理软件的实时性、自主性、容错性、可裁剪和可组合性。实时性是航天器具有快速反应和实时响应能力的重要条件，特别是在规定时间内完成紧急事件的及时响应。自主性能够协助航天器根据环境和状态变化自主做出判断、快速采取措施，也能够进行自主检测状态和故障。可裁剪和可组合能够保证软件系统可以适应不同的硬件环境和任务（例如不同的处理器、存储器和 I/O 设备等），能够尽量节约软件系统的存储空间和系统资源，并且提高软件系统的灵活性。具体分析如下：

（1）自主管理能力

目标航天器要求具有对环境和状态进行自主监测、自主判断、自主处理等一系列能力，一般不采用依赖地面站发出指令采取行动的工作模式。

（2）实时处理能力

目标航天器要求具有快速反应，实时响应的能力。中断响应要满足实时任务的需求。提供基于优先级的实时调度和实时时钟支持。

（3）信息处理能力

目标航天器要具有对各种信息快速处理的能力。在目标航天器运行过程中，包含有多种多样的信息，例如导航信息、测控信息、控制信息、通信信息、测量信息、在轨服务信息等。信息处理平台所能够处理信息的能力越强，则对目标航天器完成任务的支持越好。

（4）容错处理能力

目标航天器要具有故障检测与恢复等容错能力。其中尤其要具有应急反应和降级运行的能力。某个部件出现故障，要保证故障被隔离，不能因为局部故障导致整个平台的崩溃，此时系统的其他部件要正常运行，系统在降级的情况下提供尽可能多的功能。自主运行管理软件本身应当具备一定的容错能力，同时提供一些必要的机制，使上层软件能够处理一些非正常情况。

（5）可裁剪、可配置、可扩展能力。

星务管理软件要可裁剪和可组合，以适应不同的硬件环境和任务，如不同的CPU，不同容量的存储器，I/O设备等。可裁剪和可组合的核心软件要求具有良好的灵活性，尽量降低软件系统使用的存储空间，节省系统资源。

星务管理软件采用层次化结构，底层为核心软件部分，负责自检与引导、时间管理、存储管理、任务管理、看门狗管理等基本功能，其中看门狗管理与硬件的相关机制一起，通过软硬件一体化的设计思路，防止系统死锁等故障。上层为容错处理部分，负责各种信息的处理、资源与状态的实时监控、故障诊断与处理、应用任务的容错支撑、远程加载与维护、通信管理、自主运行管理控制等功能。其中，信息处理为航天器飞行过程中产生的各种信息的实时处理提供支持，对各种导航信息、测控信息、控制信息、通信信息、测量信息和在轨维护信息等进行处理。资源与状态实时监控可以对航天器的各种分系统或设备的状态进行监控和处理。故障诊断与处理对目标航天器各种分系统或设备的故障进行诊断与处理，并对信息处理平台自身的硬件和软件系统的故障进行诊断和处理。

第8章　服务航天器设计技术

8.1　概述

在轨服务体系中，根据客户系统的需求而提供在轨服务的航天器统称为服务航天器。该类航天器是服务任务的执行者，是实现在轨服务的关键。

根据第 1 章的讨论，由于客户系统的多样性，必然会导致服务航天器的多样性。服务航天器的设计由其服务对象、服务任务和操作要求决定。如：专门用于提供在轨加注等气、液后勤补给的航天器，只需具备与客户航天器相配套的对接机构、加注接口和管路系统即可；需要进行模块组装、ORU 模块更换等操作的在轨服务则需要服务航天器具有灵活的机械臂。

根据国内外现有的研究项目及研究计划可知，服务航天器的设计将具有以下几个特点：

1）服务航天器将实现专业化。在轨服务的内容丰富，任务涵盖面广，每项任务的执行对服务航天器及相关操作技术都有特殊要求，因此，难以提出一个通用的服务航天器方案，能够集中实现所有或大量的服务功能。举个简单的例子来说，对于分别处于低轨道和高轨道的目标航天器，用同一个服务航天器进行服务，从能量的角度来说并不理想。因此，对于功能相近或者功能实现所需软、硬件重叠的服务任务，可以进行一定程度的集中。但一般情况下，服务航天器的设计都是围绕特定一类目标、基于特定一类服务功能进行展开，根据具体的服务能力要求进行相关设计和技术研究的。功能的专业化使航天器的设计难度减小，同时使航天器系统相对得到简化，从而提高整体的可靠性，降低研制成本与风险。

2) 服务航天器将实现系列化。这一特点是与前一个特点密切相关的。由于服务航天器的专业化设计，使每一个航天器只能针对一定范围的客户航天器提供一项或一类服务。为了扩大在轨服务对象的涵盖范围，同时丰富服务内容和提高服务能力，需要进行服务航天器的系列化发展。通过顶层规划服务航天器系统的体系结构，合理确定各个型号、各个系列的任务功能、服务对象和服务能力，最终构建一个覆盖所有对象范围、能够提供所有服务任务的服务航天器系列。

3) 服务航天器本身也要具备可接受在轨服务的能力。这一点对于能多次重复执行任务的服务航天器非常重要。对于这一类航天器，如果服务航天器通过天地往返进行维护，则大大增加任务成本和响应时间，因此，对其提出可接受在轨服务的要求，要求其在向外提供服务的同时也能够接受服务。服务航天器在完成一定数量的服务任务后，能及时从空间后勤系统进行耗费品的补给，以维持服务功能和自身消耗。

根据以上特点，服务航天器的研究与发展需要综合考虑具体任务的需求进行统筹规划，准确定位服务功能与服务能力，合理确定发展路线。在上述讨论的基础上，本章将对服务航天器的设计技术进行研究。在总结国外服务航天器实例的研究进展基础上，重点对部分关键技术进行深入探讨，包括：总体设计与布局、先进推进技术、机械臂技术等。

8.2　服务航天器典型实例

根据第 1 章的讨论可知，目前典型的无人服务航天器主要包括微小服务卫星和空间机器人两大类。

8.2.1　微小服务卫星

微小服务卫星由于体积小、质量轻、操作敏捷，因此，应用范围将十分广阔，是目前得到重点发展的一类服务航天器。下面将介绍几个典型的应用实例。

8.2.1.1　XSS－11 试验卫星

XSS－11 是美国的"试验卫星系统（XSS）"计划（参见第 2章）中的一颗，2005 年 4 月 11 日，由美国用轨道科学公司的半人马座火箭发射。卫星由洛克希德·马丁公司研制，质量 145 kg，直径 60 cm，长 100 cm，姿控采用三轴稳定的方式。该卫星研制周期为 39 个月，总成本 8 000 万美元。

XSS－11 的轨道寿命为 18 个月，技术类别属于轨道服务任务类（OOS），任务目标是在深度和广度上验证接近操作的关键技术。XSS－11 比 XSS－10 的在轨验证时间长得多，和多个目标进行了接近操作，并对其进行检查（获得目标图像），验证自主接近机动能力和目标图像获取能力，为后续进行模块更换和燃料加注等作铺垫。XSS－11 验证的技术可以直接应用于破坏其他国家的航天器和军事卫星。

XSS－11 实现自主操作，主要依靠其携带的为自主轨道机动而设计的集成化电子单元（IAU）。IAU 包括抗辐射加固的 PC－750TM 处理器和自主规划器，质量为 5 kg，功率为 35 W（峰值47 W），能够支持多种下行链路数据率，适应多种协议，如空间数据系统咨询委员会（CCSDS）协议、空间地点联系（SGLS）协议等。

星上先进的推进分系统（肼燃料）可支持卫星灵活机动，实现轨道倾角由 28°变化到 65°，69°，73°，81°，89°和 97°。卫星轨道平面的改变对卫星速度增量要求很大，需要大量的推进剂。如果只在同一个轨道平面内改变轨道的形状和高度，特别是在低轨道进行轨道面内机动操作，则只需携带较少推进剂。

XSS－11 在 800～850 km 的轨道进行试验的过程中，采用从人工操作向全自主操作过渡的试验模式。地面操作人员首先控制 XSS－11 前端对准半人马座火箭上面级，然后卫星向目标接近移动，当确定卫星已具有自主接近能力后，过渡进入全自主操作阶段。

　　实现全自主接近操作，面临的最大挑战是在卫星上计算并校准轨道参数，它涉及星上迭代的弹道模拟技术，以保证推力器点火的时间和推力方向最佳。一旦靠近预定轨道，卫星就可以利用先进的自主任务规划器、监视器和前向思维资源管理器等进行控制。自主规划未来事件的能力、时间和资源的优化配置等都是卫星全自主操作的新课题。当目标进入 XSS－11 接近敏感器的工作范围之内，要求通过引导和自主算法实现 XSS－11 围绕空间目标接近到 100 m 距离，接近机动包括各种位置保持、转移运动和环绕飞行等机动类型，这些都对机动控制软件提出了极大的挑战。XSS－11 通过和半人马座火箭上面级在 500～1 500 m 距离内进行的 3～4 次交会，完成了75 次机动，具有重大的里程碑意义。

　　XSS－11 使用激光交会视觉技术（RELAVIS）对轨道目标进行精确探测、跟踪和姿态估算。RELAVIS 是一种集成化激光雷达系统，采用集中式数据、电源和热管理，实现质量、功率和体积的最小化。对于相对位置测量，XSS－11 采用无源和有源两种途径。有源系统由激光雷达组成，系统发射光脉冲，通过测量反射波束的传输时间和角度获取信息。无源系统由可见光摄像机和星跟踪器（在XSS－10 上已使用过）组成，该系统结构紧凑，质量轻，可以为有源系统提供功能冗余。

　　总之，XSS－11 完全可以作为反卫星武器。实际上，在 1999 年美国空军的微卫星技术和要求研究中，就曾提出了强硬的建议："尽可能快地发展 XSS－10 类型的卫星，去拦截、成像，并在需要时利用陆军动能反卫星技术对目标卫星采取行动。"

8.2.1.2　"微卫星技术实验"（MiTEx）计划

　　MiTEx 计划是试验静止轨道上微小卫星轨道机动技术的项目。地球静止轨道的优势显而易见，长期以来这一轨道主要被政府卫星和商业通信卫星等所占据，因而无论从保护资产还是从攻击敌方卫星的角度，都要解决该轨道上的机动技术问题。该项目包括MiTEx－A,B 和推动其进入同步轨道的上面级 3 个航天器，主要目的是确定、集成、试验和评估与静止轨道机动有关的微小卫星技术。MiTEx—A 和 B 分别由轨道科学公司和洛克希德·马丁公司制造，上面级（亦称火箭第 4 级）由海军研究实验室研制，用于将 2 颗微卫星送入静止轨道。上面级装有太阳电池、星敏感器和铂/铑双组元姿态控制推力器，可在轨道上持续飞行几周甚至更长时间，而且可以进行多种轨道机动。

MiTEx—A 和 B 卫星质量均为 225 kg，是用于接近检查的服务航天器，能机动接近地球同步轨道上的目标卫星，对其进行检查并获取详细的图像。2 颗卫星计划用德尔它—2 火箭发射升空，通过上面级转移至地球静止轨道，然后在该轨道进行一系列机动试验。

该计划的主要内容包括：研制和飞行试验新型轨道推进上面级；验证轻质量电源、先进推进系统、电子系统和航天器结构；验证商业器件的空间应用；验证快速经济的微小卫星研制、总装和发射技术；验证使用这些新技术研制的小卫星能否达到 1 年寿命；验证小卫星进入静止轨道的诸多技术；验证一次发射多颗小卫星进入静止轨道的能力；研究小卫星在地球同步轨道对目标进行接近和监视的能力；研究未来国防任务中静止轨道小卫星的应用前景。该项目对地球同步轨道微小服务卫星的研究与发展有很大的推动作用。

8.2.1.3　空间站伴随卫星

随着空间站技术的发展，空间站系统越来越庞大和复杂，围绕空间站的航天活动也越来越频繁。为了保障空间站的安全，保证各种航天活动的顺利进行，发射空间站伴随卫星为空间站提供服务十分重要。

国际上关于伴随卫星的研究始于 20 世纪 80 年代末，目前还处于研究试验阶段，国外典型的研究计划包括以色列理工大学的国际空间站 INSPECTOR 微小伴随卫星计划。

INSPECTOR 用于获取在轨运行的国际空间站外部以及停靠于空间站的其他航天器外部的可见光和红外波段高清晰度照片，以协助航天员进行舱外活动，并对外部环境进行监测。通过 INSPEC-

TOR 围绕空间站做长期周期性飞行，可以对空间站周围的信息、环境和介质进行收集、探测和测量，对空间站进行长期观察，以便当空间站运行出现异常时，及时采取措施解决问题。

　　INSPECTOR 构型为长方体，尺寸为 600 mm×600 mm×600 mm，质量 35 kg，设计寿命约为 1 年。有效载荷为 CCD 相机，精度为：距离 100 cm 时，可见光精度 1 cm，红外精度 11 cm。姿控系统敏感器包括三轴磁力计、星敏感器和光纤陀螺，执行机构包括动量轮和磁力矩器，指向精度约为 0.5°。推进系统包括 6 个肼推力器，提供小范围的轨道机动。通信系统频段为 S 波段，能够与空间站和地面分别进行通信。电源系统由体装硅太阳能电池片和锂离子电池组构成，可提供平均功率为 68 W 的电源。该卫星通过搭载其他航天器运送到国际空间站，然后从空间站释放，在空间站附近轨道机动运行。

　　随着技术的进步，空间伴随卫星还可以进一步发展执行多种任务，具体包括：

　　1) 对空间站系统进行照料、故障诊断和辅助维修。据资料报道，和平号空间站上的航天员约有 80% 的时间用于排除故障和站上的维修保养。空间站伴随卫星围绕空间站运行，可以为空间站提供必要的维修服务，比如在空间站伴随卫星上安装扫描、定向摄像系统及其他检测设备，以全面获取空间站信息；当空间站或其他航天器出现故障时，与航天员、空间机械手构成有力的维修系统，缩短故障排除和维修时间，使航天员在不出舱的情况下完成故障的排除和维修；还可考虑在伴随卫星上安装机械手，实现对空间站的直接维修。

　　2) 协助空间站导航。当其他航天器与空间站进行交会对接时，伴随卫星可执行导航任务，必要时可直接参与交会对接操作。在组装空间站时，伴随卫星也可执行导航和参与组装的任务。

　　3) 为空间站安放仪器设备，提供实验平台。部分仪器在空间站上无法正常工作，例如：空间站旋转时，安装其上的天文望远镜很难进行天文观测。因此，可以利用伴随卫星为空间站安放这些有特殊要求的仪器设备，如具有长基线要求的天线、观测设备等，保证其正常运行。空间站伴随卫星与空间站的主体分开，但又由空间站主体加以管理，这为材料科学、生命科学和精确天文观测提供了理想的实验平台，避免了在空间站上进行上述实验时受到航天员扰动和环境污染等影响，从而扩大空间站的实验和观测空间，提高空间站的利用效率。

4）改善空间站系统的通信环境。只有当飞越地面测控站上空时，空间站才能对地进行数据传输，这必然限制数据传输的容量。因此，可以通过空间站伴随卫星协助空间站向地面传输数据，提高数据传输容量。

5）预警和拦截。伴随卫星对空间站可执行预警和拦截任务。当流星雨、空间垃圾、敌人释放的空间武器等来袭击空间站时，伴随卫星可发出警报，也可前去拦截和摧毁袭击者。

8.2.2　空间机器人

在未来的航天器及空间站中，空间机器人将有可能代替人进行空间环境下的维护保养等在轨服务工作。机器人的作业能力和效率主要依赖于机器人机械臂及其手爪的能力大小，因此，很多国家都投入了大量人力物力对其进行研究，并取得了丰硕的成果。其中，最有代表性的是德国的舱内机器人 ROTEX 和日本的 ETS－Ⅶ 精密操作机器人系统等。

8.2.2.1　德国 ROTEX 机器人系统

1985 年，德国提出了 ROTEX 研究计划，对空间机器人作探索性试验。这是自动化领域在空间进行的首次试验，并于 1993 年搭载美国航天飞机成功地完成了一系列空间作业。ROTEX 计划的主要技术成果之一是成功地采用了多敏感器智能手爪系统实现空间机器人的部分自主操作。

ROTEX 计划的主体特征如图 8－1 所示。一个工作范围为 1 m^3 的 6 自由度机器人安装在舱内某处，末端装有多敏感器集成的智能手爪。其作业任务包括机械结构件的装配、电子插头的插拔以及浮游物体的捕捉。操作模式主要包括利用立体电视监控器实现航天员太空遥操作，以及利用预测计算机图形系统实现地面遥操作以及敏感器在线编程等。

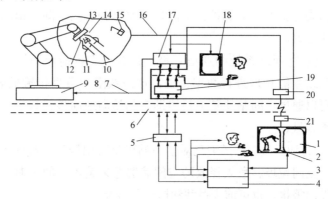

图 8—1　ROTEX 计划的主体特征

1，18—立体电视；2—三维图形；3—预测、仿真；4—远程对敏感器编程；5—收发器；6—远程命令通道信息到地；7—关节；8—空间实验室；9—关节、控制；10—远距离测距机；11—指上测距机；12—小型立体摄像机；13—力/力矩敏感器；14—柔顺装置；15—固定的 CCD 摄像机；16—敏感器和关节总线；17—基于敏感器的控制；19—收发器；20—发送器；21—接收器

ROTEX 计划的主要目标包括：

1）在机器人的加速运动不影响周围任何微重力试验的前提下，检验在零重力和微重力情形下运动规划的关节控制模式；

2）检验 DLR 的基于敏感器 6 维控制技术在零重力情形下的应用；

3）检验一个复杂的具有强大人机接口能力的多敏感器机器人系统的功能。

ROTEX 计划中多敏感器智能手爪的重要特征是多敏感器集成。手爪配置的敏感器属于新一代的 DLR 机器人敏感器，这些敏感器的所有模拟处理和数字运算操作均在各个敏感器内部完成。这意味着敏感器的预处理、预放大、数字补偿等都集成在手爪本体内。它是一个高度集成化、智能化的敏感器系统，可以说是当时世界上最复杂的手爪，如图 8-2 所示。

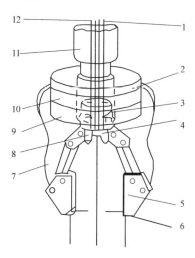

图 8-2 ROTEX 多敏感器智能手爪

1—20 kHz 通信频率；2—测距电路；3—集成手爪机械装置；4—长距离测距敏感器；5—触觉敏感器阵列；6—手指测距敏感器；7—数据传输；8—立体摄像机；9—柔顺装置；10—刚性力/力矩敏感器；11—机器人手臂；12—串口通信总线

ROTEX 智能机器人手爪的重要特征是多敏感器集成，其上安装有 15 个敏感器，配置如下：

1) 9 个激光测距敏感器，其中一个中距离扫描测距敏感器，测距范围为 3～35 mm，其余 8 个短距离测距敏感器，测距范围为 0～30 mm，它们均匀地安装在 2 个手指指尖部位；

2) 2 个面积为 32 mm×16 mm、4×8 个感应单元的二进制触觉阵列敏感器；

3) 1 个基于应变片测量的刚性 6 自由度力/力矩敏感器；

4) 1 个基于光电原理的柔性 6 自由度力/力矩敏感器；

5) 1 个微型 CCD 摄像机；

6) 手指驱动器，即驱动手爪开合的步进电机，尽管它不是敏感器，但在整个系统数据传输中，它也被作为敏感器处理。

每种敏感器以一种完全模块化的方式设计和制造，模拟预处理和数字计算都在敏感器模块内部进行。每只敏感器采用自带的小型变换器从电源线上获得所需的直流电源。该手爪采用先进的通信结构，从整个手爪引出的线只有 4 条，其中 2 条为电源线、2 条为各种敏感器的信息输出线。采用 375kbit 的串行通信总线完成通信，预计将提高到 10 Mbit 的通信频率。

为执行更为复杂的操作任务，空间机器人需要多指机器人灵巧手。在 ROTEX 之后，德国 DLR 研制了 3 指灵巧手，现已研制成功了 4 指灵巧手。它具有 12 自由度。每指有 4 个关节、3 自由度、25 个敏感器，每指尖最大承受力为 11 N，4 指质量为 1 800 g。每个关节装有一个关节角度敏感器和一个关节力矩敏感器。4 个触觉敏感器探测外部受力的大小。手掌中的微相机系统提供了光学位置敏感器，同时还有一些温度敏感器和马达转子位置敏感器等。

8.2.2.2　日本 ETS—Ⅶ 空间机器人系统

ETS—Ⅶ 计划（参见第 2 章）首次成功演示了具有机械臂的无人微小航天器执行在轨服务的任务，是自由飞行空间机器人的首个成功范例。

该机器人的机械手系统由日本通产省及其电子技术实验室 MI-TI/ERL 研制开发，称为 "先进机器人手" （Advanced Robotic Hand，ARH）。ARH 是世界上第一只在航天器舱外运行的精密机器人遥控系统，它安装在无人航天器上并且暴露在空间环境中，严酷的空间环境意味着系统必须有足够的耐久性、可靠性以及自主能力。ARH 空间试验的目标包括：

1) 验证多自由度多敏感器智能手爪灵活执行在轨服务任务的潜力；

2) 开发和测试空间机器人关键的机电部件；

3) 验证遥控机器人在时间延迟通信条件下的有效性。

ARH 在空间完成的任务包括：

1）电气插件的插拔；

2）螺丝的旋紧及松开；

3）精密装配；

4）材料样本的采集；

5）浮游物体的捕捉；

6）物料传递。

ARH 质量约 45 kg，在 ETS－VII 上进行了精密的操作试验，多敏感器结构如图 8－3 所示，试验结构如图 8－4 所示。星上部分由机器人试验台、控制计算机及电源组成。机器人试验台主要包括手、小型手臂及任务板。

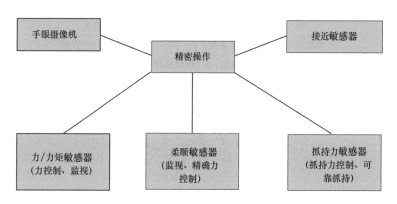

图 8－3　ARH 的多敏感器功能

ARH 的操作模式主要包括：

1）借助数据通信卫星 COMET 从地面遥控操作；

2）自主操作；

3）遥控与自主混合操作。

ARH 安装在长约 40 cm 的 5 自由度微型手臂的末端。手爪具有更换功能，即手爪在轨道上通过编程控制既可以与微型手臂脱开，又可以与手臂联接。试验目标物体安装在工作台上。工作台还安装有手爪锁紧装置，用以发射时固定手臂和手爪，如图 8－5 所示。

日本学者认为多自由度多指手爪缺乏机械的可靠性和实用性，

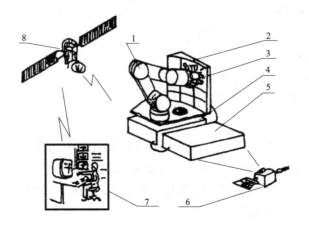

图 8－4　ARH 在 ETS－Ⅶ 上的空间试验

1－机器人小手臂；2－任务板；3－手；4－电源单元；5－控制
计算机；6－ETS－Ⅶ卫星；7－地面控制站；8－数据中继卫星

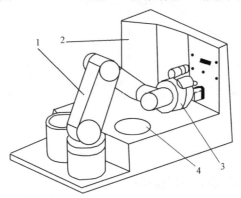

图 8－5　ARH 系统

1－微型手臂；2－任务板；3－手爪；4－手爪锁紧装置

并且存在着抓取稳固性和控制复杂性的问题，在空间很难可靠地控
制多自由度多指手爪。因此，ARH 的研制采用了一种使用简单、可
靠的机械机构，称之为半灵活性（Semi-dexterous）3 指手爪，如图
8－6 所示。

　　该手爪共配置 5 种敏感器：

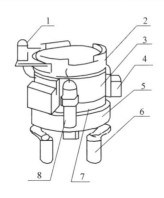

图 8-6　ETS-VII 多敏感器智能手爪

1一电气联接插头；2一转换模块；3一信号处理；4一激光测距敏感器；
5一手指模块；6一触觉敏感器手指；7一柔顺装置；8一微型摄像机

1）3 个接近测距敏感器，安装在手爪外壳上，主要用于接近任务板的姿态控制，也用于始终面对任务板的姿态控制；

2）1 个 CCD 摄像机，主要用于对目标物体测定、微细定位及监视；

3）1 对抓持力敏感器，通过握力反馈控制执行 3 指抓取目标物体，一方面通过监视抓持力敏感器为地面操纵者提供抓取状态，另一方面可以准确地确定 3 个手指抓取物体接触点的位置；

4）1 个 6 自由度力/力矩敏感器，安装在微型机器人手臂的腕部，主要用于微型手臂的力控制，也用于基于任务知识库通过模型匹配技术（Pattern-matching technique）监视空间任务的执行情况；

5）1 个柔顺力/力矩敏感器，该敏感器比 6 自由度力/力矩敏感器更敏感，可监视精细作业的执行。

将多种敏感器的信息进行融合用于执行精密任务是 ARH 的特点。该手爪包含了用于空间遥控机器人微细作业所需的敏感器和机构，并使用敏感器融合技术，为空间机器人在空间完成多种任务奠定了基础。

图 8-7 所示为 ARH 基于多敏感器的测量与控制策略。机器人用接近测距敏感器、手眼摄像机搜索目标物体，确定物体的精确位置和大小。利用手眼摄像机获得的任务面板上标志的图像，机器人

可以设定本地坐标系，并把它作为手臂相对导航（Relative naviga-
tion）的参考点。通过对手眼摄像机所获得的图像，机器人可以分辨
目标的大小。在外部摄像机或力/力矩敏感器的监视下，进行手臂的
相对导航。在抓握一个物体之前，用手指上的力敏感器获得触点信
息；在抓取过程中，通过腕部柔顺装置测得的位移进行手臂位置的
精确调整。这样，机器人就可以在握紧力控制下紧紧地握住目标物
体，并在腕力的控制下对它进行操作。

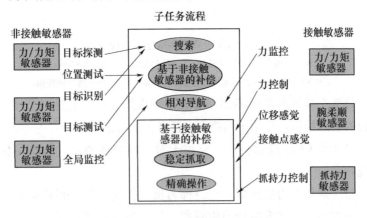

图 8-7　基于多敏感器的测量与控制策略

为了搬移物体，机器人通过非接触感觉信息来寻找目标位置，
然后只需重复上述的步骤即可。飞行演示任务的大部分机械臂操作
都按照这种策略执行。ETS-VII 空间机器人系统的飞行试验成功，
证明了基于敏感器的空间机器人和多敏感器手爪在空间精密操作中
的优势和应用潜力。

8.2.2.3　美国 Robonaut 空间机器人

机器人航天员（Robonaut）是由 NASA 与 DARPA 合作开发的
一种类人空间机器人，用于代替航天员进行舱外操作，以及从事其
他空间研究和探索工作（见图 8-8）。

Robonaut 的机械臂尺寸、作用力大小和作业空间范围都与人的
手臂相当，能够穿上航天服进行作业。其热承受能力能够支持 8h 的

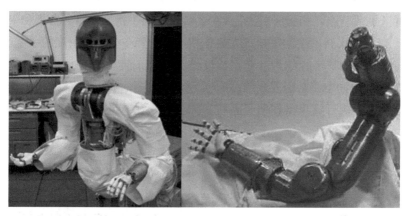

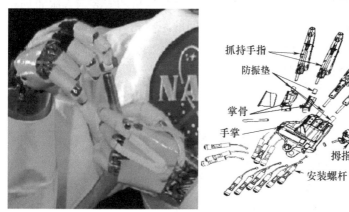

抓持手指
防振垫
掌骨
手掌
灵巧手指
拇指
安装螺杆

图 8－8　Robonaut 的机械臂和灵巧手系统

舱外作业，操作精细度、宽带动态响应、冗余度、安全性等都优于航天员。机械臂的内骨骼系统包括许多复杂连接件、驱动器和敏感器，外层覆盖复合纤维层，能够适应恶劣的空间环境。

　　Robonaut 具有灵巧的机器手，是目前与航天员手的尺寸、构型和能力最为相近的机械系统。该机器手能够代替航天员执行舱外作业，包括进入指定位置和操作相应工具。该系统具有能够进行偏转活动的腕部装置，其灵活性能够达到带有加压太空手套的航天员手部的活动能力。手部系统共有 14 个自由度，包括具有 2 自由度的前臂（手部基座）和腕部系统、3 个 3 自由度的手指（拇指、食指和中指）、2 个 1 自由度的手指（无名指和小指）和 1 个 1 自由度的手掌。前臂系统底部半径约为 4 in，长度约为 8 in，装有 14 个驱动电机、12 个独立的电路板以及所有手部控制的电路等。拇指、食指和中指构成用于执行灵巧操作的子系统，无名指、小指和手掌构成用于稳固抓持物体的子系统。手部系统的材料均满足真空出气要求，避免对航天器造成污染。

　　Robonaut 的头部具有一个颈部装置（见图 8-9），使操作员可以控制头部进行偏转活动。头部安装有两个小型彩色摄像机，能够将获取的视频图像传输给操作员。两个摄像机的安装与人眼布局相似，两者间的距离与典型的人两眼间的距离相近，能够使获取的图像具有视觉景深效果。

图 8-9　Robonaut 头部系统

　　Robonaut 的运行包括 43 个自由度，操作员通过三维手动装置对其行为进行控制。由于 Robonaut 的构造和运行与人极为相似，因此，在控制过程中采用主—从式控制逻辑关系，使 Robonaut 通过模仿操作员的姿态和动作完成指定工作。对 Robonaut 的遥操作通过头盔演示系统（Helmet Mounted Displays，HMD）、触觉反馈手套和姿态跟踪系统实现（见图 8-10）。操作员从头盔演示系统获取由 Robonaut 头部摄像机对工作环境实时拍摄的视频图像，然后通过虚拟现实技术使操作员从视觉上仿佛亲临 Robonaut 的工作现场。操作员通过触觉反馈手套驱动 Robonaut，使其机器手（包括灵巧手指）的动作完全模仿操作员的手部动作。操作员手指的活动被手套的手指姿态感应器和弯曲敏感器感应记录，然后驱动 Robonaut 的手指完成相同的动作。机器手上安装有力敏感器，机器手（手指）操作的作用力能够反馈给操作者，从而使操作者更为准确地控制手部动作。对机械臂和头部的控制与对手部的控制相同。总之，操作员对 Robonaut 的遥操作仿佛是操作员直接对自己的头、手进行控制执行任务一样直观、简单。

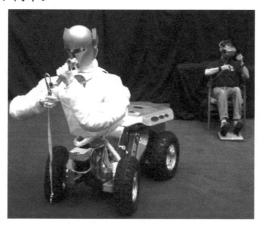

图 8－10　Robonaut 遥操作系统

在辅助机动平台的支持下，Robonaut 能够具备灵活自主机动能力。NASA 研制了具有 7 自由度的零重力稳定支撑腿用于支持 Robonaut 进行国际空间站外部作业。Robonaut 可以通过现有的航天员扶手进行表面爬行，然后将其支撑腿固定于空间站现有的 WIF 配套插孔中，由此可以将其双手解放出来进行维修等操作，如图 8－11左图所示。DARPA 研制了机器人机动系统 RMP（Robotic Mobility Platform），用于支持 Robonaut 在空间站舱内运行机动。RMP 为小型两轮活动基座，可以进行平稳的前进、后退和转弯，如图 8－11右图所示。

图 8—11　Robonaut 的灵活机动能力

8.3　总体设计与布局

服务航天器的总体设计与布局应根据具体服务任务而定，同时需要综合考虑以下基本要求：

1) 满足服务任务要求；

2) 提高可靠性，降低任务费用和风险；

3) 服务航天器自身接受在轨服务的要求。

下面以美国设计的一个服务航天器——轨道机动飞行器为例说明总体设计与布局方法。

轨道机动飞行器（Orbital Maneuvering Vehicle，OMV）是美国 TRW 公司提出的一种无人自主机动航天器，结构如图 8—12 所示。该航天器具有大范围灵活机动的能力，因此，以该平台为基础进行面向在轨服务的改进，发展系列的服务航天器，可以大大提高服务航天器的研究效率，降低风险和成本。尽管后来由于种种原因该飞行器并未投入工程研制，但其设计思想和设计方法却有很强的借鉴意义。

OMV 采用了模块化设计的思想。具有独立的推进模块，该模块有 4 个推进剂贮箱和可调发动机，能够提供大范围机动能力。其他分系统模块和用于在轨服务的备用 ORU 模块均安装布局于服务航天器表面，一方面将航天器内部整块空间留出为推进模块提供安装空

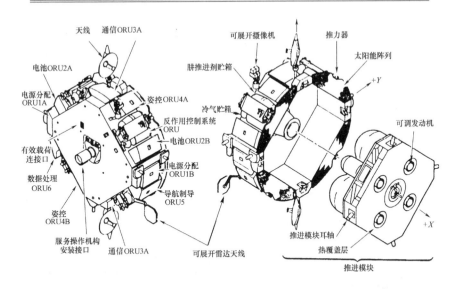

图 8-12　OMV 结构图

间，另一方面便于服务操作获取和安装 ORU 模块。采用该模块化结构还便于 OMV 自身的模块更换等维护操作，从而实现基于 OMV 服务航天器的可重复使用能力。

TRW 公司提出的以 OMV 为基础平台进行服务航天器设计的思路主要包括以下 3 类：

1）以 OMV 为气液补给加注平台，为目标航天器提供直接加注；

2）在 OMV 基础上增加加注模块，为目标航天器提供直接加注；

3）在 OMV 基础上增加服务操作模块，该模块包括机械臂系统、备用 ORU 模块等，可为目标航天器提供模块更换、气液直接加注等服务。

上述 3 类基于 OMV 发展的服务航天器如图 8-13 所示。

第 1 类 OMV 服务航天器，直接利用 OMV 的推进剂贮箱和管路系统作为加注系统，以 OMV 自身携带的推进剂为补给物资为目标航天器提供气液加注服务。该类服务航天器构造简单、功能单一、可靠性高。

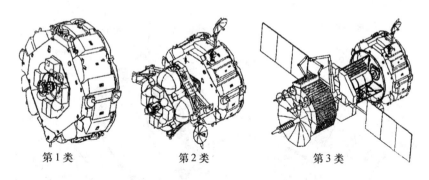

第1类　　　　　　　第2类　　　　　　　第3类

图8—13　TRW公司设计基于OMV的服务航天器方案

第2类OMV服务航天器是在OMV的基础上增加独立的加注模块提供气液加注服务。该服务航天器对OMV的贮箱和管路等系统无特殊要求，只需OMV具有与加注模块的集成接口即可。该接口一方面用于可靠机械连接，另一方面用于对加注模块的控制和管理。加注模块包括加注贮箱、管路系统和加注接口，能够在接受OMV下达的加注指令后独立完成所有加注操作，从而降低对OMV的设计要求。同时，加注模块独立携带加注贮箱，无须从OMV自身携带的贮箱中获取加注推进剂，从而不影响OMV的机动能力，并增加了可补给推进剂的质量。与第1类OMV服务航天器相比，该类服务航天器增加了加注模块的研制复杂度，但是同时提高了机动能力和加注水平，因此，能够更好地完成加注任务。

第3类OMV服务航天器是在OMV的基础上增加独立的服务操作模块提供气液加注、模块更换等服务。在该类服务航天器中，机械臂系统是执行服务操作的关键。一方面该系统独立于OMV进行研制，需要与OMV组装集成后在OMV统一管理下运行操作；另一方面，该系统的运行需要OMV提供电源支持，以及需要从OMV上取放ORU模块，因此，该系统与OMV的集成与综合控制是一项十分复杂的技术。

结合OMV的性能指标与设计方案，洛克希德·马丁公司设计了一套服务操作机械臂系统，如图8—14所示。该系统能够独立提供电源及其充放电管理和电源分配控制，并具备独立的控制计算机系统和通信模块，在 OMV 总体管理下进行自主控制运行。具备多个机械臂，并具有服务操作工具箱，能够根据不同的操作要求更换机械臂末端效应器（操作工具），从而灵活适应多种任务要求。

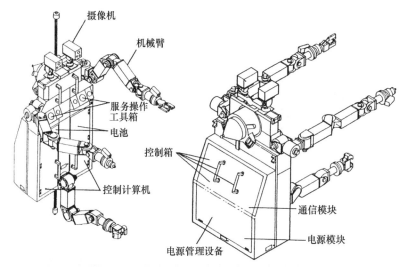

图 8—14　洛克希德・马丁公司设计的服务操作机械臂系统结构图

　　TRW 公司也根据基于 OMV 的第 3 类服务航天器的性能要求设计了一套服务操作系统，其结构如图 8－15 所示。该系统主要由 6 部分组成：系统结构架、备用 ORU 模块、机械臂、加注贮箱、气液传输接口和对接机构。备用 ORU 根据体积和质量大小进行重叠放置，可以大大降低对安装空间的要求。在结构架的周围还预留了 ORU 安装位置，以根据不同的任务要求进行 ORU 的灵活配置。对接机构采用周边式设计，中间位置用于安装气液传输接口，提高了空间利用效率。该服务操作系统体积小，集成了所有与服务操作相关的硬件设备，但是该系统的运行需要 OMV 提供电源支持和控制管理。由于备用 ORU 模块采用叠放的安装方式，因此，模块的叠放次序与服务任务需要更换 ORU 的次序紧密相关。虽然该安装方式能够提高空间利用效率，从整体上减少服务操作模块的体积，但同时

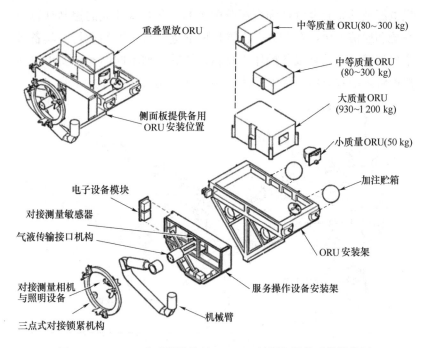

图8-15　TRW公司设计的基于OMV的服务操作系统结构图

也降低了模块安装和服务任务安排的灵活性，特别是叠放操作需要ORU结构进行配合设计，并给ORU的安装造成极大不便。

马丁·玛丽埃塔公司根据基于OMV的第3类服务航天器性能要求设计了一套服务操作系统——集成在轨服务系统（The Integrated Orbital Servicing System，IOSS），其结构如图8-16所示。该系统采用桁架式结构框架，在框架内布置安装ORU模块。该结构一方面能够有效增加ORU安装空间，另一方面能够大大降低结构质量。同时，ORU模块并排安装于结构架中，能够方便地存取，从而便于服务过程中机械臂的ORU更换操作，也便于对服务航天器自身补给时ORU模块的安装。与TRW设计的服务操作系统相比，该系统有效解决了在ORU安装、操作等方面存在的不便。该系统通过标准接口与OMV连接集成，该接口也支持与其他具有灵活机动能力

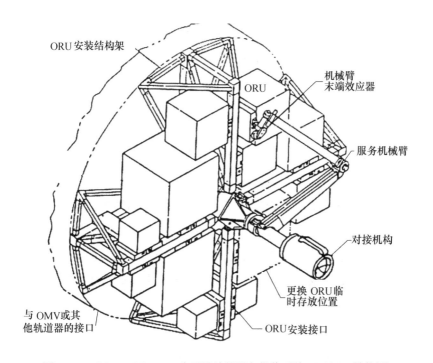

图 8－16　Martin Marietta 公司设计的服务操作系统（IOSS）结构图

的轨道器集成，从而以其他轨道器为基础平台形成具有灵活机动能力的服务航天器。

上述基于 OMV 的服务航天器设计方案的优点在于：

1）通过 OMV 搭载服务操作系统组成服务航天器，能够将设计难度分散到 OMV 平台和服务操作系统这两个独立的系统中，从而大大降低服务航天器整体的设计难度。同时，两个模块自成体系，可以分开独立设计，从而提高研制效率和可靠性。

2）OMV 具有灵活大机动能力，能够单独作为运输航天器完成货物运输和转移任务。以此为基础组装集成服务操作系统，即可形成具有相应功能的服务航天器，用于执行指定服务任务。因此，对 OMV 和服务操作系统的研制能够同时支持运输系统和服务系统的要求，有效提高研制效率、降低研制成本和风险。

3）通过 OMV 和服务操作系统的系列化设计，可以针对不同任务要求进行合理组合形成服务航天器，从而经济有效地执行任务。

4）OMV 自身可以接受在轨服务，支持重复执行在轨服务任务的要求。

但是，该方案需要以先进的轨道机动飞行器（OMV）的成功研制为前提。同时，在 OMV 基础上进行服务操作模块、加注模块等服务操作系统的集成，难以从整体上对航天器的结构、构型、质量特性及其他指标进行优化设计。特别是随着 OMV 研制计划的取消，该系列服务航天器的研制计划也随之付之东流。但是如前所述，该设计思想在研制成本、效率、可靠性等方面具有独特的优势，因此，具有进一步开发的潜力。

目前为止，只有轨道快车计划中的 ASTRO 成功进行了无人自主服务航天器的在轨服务飞行试验。该航天器将机动平台与服务操作系统集于一体进行设计，结构更紧凑、构型更合理、质量更小，符合小型服务航天器的设计思想。ORU 安装于服务航天器表面，便于机械臂取放。ASTRO 同时具有加注系统，能够进行推进剂肼的直接传输加注。ASTRO 代表了未来服务航天器的一个发展方向。

8.4　机械臂技术

精巧灵活的机械臂系统是实现复杂在轨服务操作的关键部件，其相关技术也是在轨服务研究的最大难点之一。一方面，机械臂本身的机械设计十分复杂；另一方面，在特殊空间环境下对机械臂的综合控制十分困难，因此，机械臂技术的研究和进步是推动在轨服务技术整体进步的核心关键技术之一。

8.4.1　机械臂设计

8.4.1.1　空间机械臂的构型设计

空间机械臂的构型设计主要由关节自由度配置和关节间连杆尺寸两个方面来决定。基于模块化关节进行机械臂的构型设计时，考虑的主要因素有：运动学特性、安装与折叠性要求以及动力学特性。

机械臂关节的模块化设计是一个重要发展方向，其开发费用低，研制周期短，系统的可维护性强。目前，德国宇航中心（DLR）基于模块化技术开发的第 3 代轻型、双关节机器人 ROKVISS 已于 2005 年成功登上国际空间站。加拿大空间站遥操作机械臂系统中的机械臂也采用了模块化的研制方法。哈尔滨工业大学与德国宇航中心联合研制了一种小型高集成度空间机械臂模块化关节，可以用于组成各种构型的空间机械臂。同时，国内一些大学也提出了通用 2 自由度空间模块（TODOM）的概念，未来可将其作为空间机械臂的构造模块。

8.4.1.2　空间机械臂的走线设计

空间机械臂每个关节的活动范围都比较大，所以当所有关节同时工作时，有可能产生线缆缠绕现象，并且空间机械臂将工作在太空高温差、强辐射的恶劣环境下，因此，走线方式是影响系统可靠性的重要因素。为了消除空间环境对导线及传输信号的影响，机械臂应采用内部走线方式，以避免导线暴露在空间环境中。

8.4.1.3　机械臂末端效应器设计

机械臂的作业能力和作业效率很大程度上依赖于机械臂末端效应器（机械手）的作业能力大小。提高机械臂的作业能力和作业效率有 2 种方法：1）提高手爪的适应性、通用性和灵活程度；2）为机械臂配置工具库，在工具库中存放机械臂作业需要的各种末端效应器，机械臂可以根据不同的任务需求更换末端效应器。末端效应器的设计应遵循 2 个方面的要求：一是构型简单，结构精巧，便于机械臂获取和安装，特别是支持机械臂的自动更换和安装；二是尽量标准化、通用化、系列化，支持执行多种任务。

　　机械臂通过自动更换末端效应器就可以完成多种作业，有助于提高作业效率，减少作业时间，降低作业成本，保障机械臂系统执行任务的可靠性。

8.4.1.4　多敏感器集成设计

　　空间机器人为了能够在复杂的空间环境下进行灵巧操作，机械臂和手爪系统必须具有很强的感知能力，即配置多种敏感器，例如视觉敏感器、接近敏感器、力/力矩敏感器、位置/姿态敏感器、速度/加速敏感器及触觉/滑觉敏感器等。手爪通过这些敏感器获得环境信息，以实现快速、准确、灵巧地抓取和操作工件、装配件或更换部件等。在同一环境下，多个敏感器感知的信息之间存在着内在联系。如果对不同敏感器采用单独孤立的应用方式，则割断了信息之间的内在联系，丢失了信息有机组合可能蕴含的有关信息。因此，需要采用多敏感器集成与信息融合的方法，合理选择、组织、分配和协调系统中的多敏感器资源，并对它们输出的信息进行融合处理，提高获取环境和目标对象信息的完整性和可靠性。

8.4.2　遥操作技术

　　空间机械臂遥操作具有如下特征：对工作环境（宇宙空间）的了解不完全，环境模型不完整；操作者与机械臂之间的信息传递存在大延时；机械臂的灵巧操作程度存在限制；运动学和动力学特性复杂；空间环境恶劣，高低温、辐射、真空、光照环境对机械臂的运行操作有较大影响；目标测量视觉条件有限等。

　　空间机械臂遥操作中最主要的问题是：空间与地面通信中的时间延迟以及有限的数据传输带宽。通信延迟包括遥控指令的延迟和遥测信号的延迟，主要由光传播速度造成。时延对空间机械臂最大的影响是使连续遥操作闭环反馈控制系统变得不稳定。同时，在有时延情况下，即使操作者完成简单工作也需要比无时延情况下需要更长的时间，这是由于操作者为避免系统不稳定，必须采取"运动一等待"的阶段工作方式。目前，3D 预测仿真图形是解决大时延遥操作的主要方法，日本的 ETS-Ⅶ、德国的 ROTEX 和美国 NASA 进行的遥操作实验都采用了这一方法。

8.4.3　多臂控制技术

多臂空间机器人具有单臂空间机器人所不具备的优点，因而引起许多国家的重视。国外学者已经对单臂空间机器人的控制问题和控制系统的稳定性问题进行了论述，但是对安装于一个航天器上的多个机械臂进行协调控制比对单臂的控制更困难。特别是当空间机器人的多个机械臂同时抓住同一个负载并使负载按照预定的轨迹运动时，便形成了一个或多个封闭的运动链，此时各个机械臂的协调操作尤为重要。空间机器人各个机械臂的机械手对负载的作用不仅使负载运动，同时在负载内部产生应力。在空间机器人执行某一个任务过程中，如果内力不受控制，空间机器人的关节力矩所产生的力可能损坏负载或空间机器人系统自身。多臂空间机器人在对负载进行操作时，要同时控制负载的位置、方向变量和内力（包括内力和内部弯矩）。多臂空间机器人的发展将会给在轨服务的实现带来更大的灵活性。

8.4.4　机电一体化仿真技术

空间环境和地面环境相差很大，要设计空间机器人必须要进行大量的模拟空间环境的实验，建立各种地面实验平台，如：微重力实验系统、真空实验系统、热实验系统等，但这将会花费大量的人力物力，因此，建立地面空间机器人机电一体化虚拟样机仿真系统是非常必要的。

在空间机器人的仿真方面，德国 Stefan Anton 公司开发了 EASYRob 软件，该软件适合于运动学仿真，但动力学仿真能力有限；Shimizu M. 等人根据广义雅可比矩阵理论编写了 Matlab 工具箱 Spacedyn，可以完成空间机器人的各种仿真，但是该工具箱没有三维图形显示；哈尔滨工业大学采用基于虚拟现实的方法开发了空间机器人虚拟样机技术，具有较强的可视化能力，并利用该技术建立了空间机器人系统的动力学模型，模拟在真实空间环境下系统的运动学和动力学特性。该方法建模过程简单、可视性强，能实现多刚体系统闭环控制的仿真，可以方便地用于检验固定基座、自由漂浮、自由飞行空间机器人的路径规划和控制算法，是一种可靠的空间机器人建模和仿真方法。

空间机器人系统是控制系统和机械系统都相当复杂的系统，在进行系统仿真分析和设计的同时，需要兼顾对系统整体动态特性的仿真分析。在机电一体化仿真系统设计过程中，机械部分可以直接从三维建模软件（如 Pro/E 和 UG 等）中导入实体模型，在机械设计软件（如 ADAMS）的环境下形成多体动力学模型。电气部分采用控制仿真软件（如 MATLAB/SimuLink）建立。

8.4.5　地面实验技术

根据重力补偿形式的不同，可将空间机器人地面实验系统分为：气浮实验系统、水浮实验系统、吊丝配重实验系统以及自由坠落微重力实验系统。

气浮实验系统是通过气浮轴承来补偿机器人的重力影响，具有结构简单、建造周期短、费用低、易于实现等特点，但是只能进行平面仿真实验。加拿大宇航局研制的气浮方法利用气浮轴承将机械臂托在平整光滑的平台上，再利用喷气推力的反向作用力抵消重力影响。加拿大 SPAR 公司的 RMS 和 SSRMS 地面实验系统、日本 JEMRMS 地面实验系统、美国 Stanford 大学建造的双臂自由飞行空间机器人系统以及我国北京控制工程研究所研制的"空间智能机器人地面试验综合开发平台"都属于气浮实验系统。

水浮实验系统是通过水的浮力来补偿机器人的重力影响，从而实现空间机器人三维工作空间上的物理仿真。水浮方法可以实现零重力环境的模拟，但是机械臂在水浮系统中运动时需要克服较大的阻力，而且需要对系统进行较大的改造，周期长、费用高、安全可靠性低。同时，水浮实验时需保证系统的密封性，从而增加了系统维护费用。美国 Maryland 大学研制的 Ranger 地面实验系统就属于水浮实验系统（见图 8—17）。

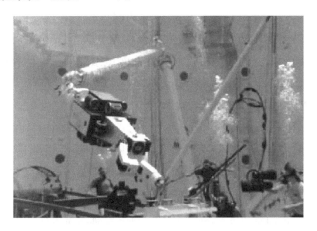

图 8—17　Maryland 大学 Ranger 地面水浮实验系统

　　吊丝配重实验系统是通过滑轮组利用配重物的重量来补偿机器人的重力影响，具有费用低、易维护等特点，但补偿重力不完全。美国 Carnegie Mellon 大学研制的 SM2 空间机器人地面实验系统即采用吊丝配重方法，可以实现机械臂的 6 自由度运动，且对机械臂的运动限制较少，但存在系统复杂、调试困难、安全可靠性低的问题。北京控制工程研究所研制的"舱外自由移动机器人系统"也属于吊丝配重实验系统。

　　自由坠落微重力实验系统广泛应用于空间科学研究，但是在空间机器人实验方面应用较少。因为该种实验系统提供的微重力时间短，可进行的实验内容有限。NASDA 曾在日本微重力实验室 JAM-IC（Japan Microgravity Center）进行过空间机器人实验。

　　此外，还有一些未进行重力补偿的空间机器人地面实验系统，这些系统主要针对空间机器人遥操作技术进行研究。如美国 JPL 的先进遥操作系统（Advanced Teleoperator System，ATOP）和日本 NASDA 下属 Tsukuba 宇航中心的空间机器人地面实验床等。

对于机械臂的地面试验，由于高温差、强辐射的空间环境不同于地面环境，所以需要对机械臂采取一些热控措施，以使所有元器件处于要求的温度范围内。在热真空实验过程中，气浮方法将不能使用，而吊丝配重方法容易产生吊丝缠绕，并且安全性低。因此，应针对不同机械臂的构型特点对其性能测试系统进行设计和修改。

8.5 先进推进技术

服务航天器为客户航天器提供在轨服务，需要以轨道机动、接近、捕获客户航天器为前提，因此，对其推进系统提出了较高要求。特别是对于要求实现"一对多"服务的航天器，其自身携带的燃料有限，如何提高推进系统效率成为提高服务航天器机动能力的关键。

目前，在国外的服务航天器设计中，主要采取的推进技术包括：冷气推进、单组元推进、双组元统一推出、电推进及核动力推进。

8.5.1 冷气推进

冷气推进是一种传统的航天器推进方式。冷气以高压形式储存，减压器把冷气压力降到所要求的压力之后，气体通过电磁阀输送到喷管。典型冷气推进系统的输出推力范围是 5 mN～250 N。从热力学效率来看，利用分子量最小的气体可获得最高的推进效率，理论比冲相对较高，但储存气体所需要的系统质量是气体密度的函数。氮气的有效比冲较高，综合性能比较好，是目前最为常用的冷气推进系统的推进剂。

总的来说，冷气系统简单、安全，射流对航天器表面无污染，研制和生产成本低、响应快、重复性好，但比冲较低，且有泄漏的问题。冷气系统适用于寿命不长、总冲要求小（一般小于 500 N · s）

的卫星，以及服务航天器的姿态控制和交会对接的精确控制阶段。

美国自主交会技术验证卫星 DART 就采用了冷气（氮）推进系统。反应控制系统有 22 个氮气推力器，每个推力器提供 3.6 N 的推力，主要用于 DART 逼近目标卫星时的移动和姿态控制等。

8.5.2　单组元推进

20 世纪 60 年代初，SHELL405 催化剂研制成功为单元肼推进系统的广泛应用奠定了基础。肼推进系统具有技术简单、灵活性高、工作可靠、成本低、寿命长等优点，30 多年来已成功地完成了大量航天器飞行任务，包括近地轨道卫星、地球同步轨道卫星和深空探测器等，积累了丰富的飞行经验。已有不少飞行任务证明肼推进系统具有很长的使用寿命（10～15 年），在大范围环境与工作条件下工作高度可靠。肼推进系统的这些特点是世界范围内广泛接受肼推进系统为航天推进标准的基本依据。到 80 年代末已发射 350 多颗利用肼推进系统执行全部推进功能的航天器，近 10 000 台肼催化分解推力器在各类航天器上应用，推力范围从 0.044 5～2 670 N，其中有些推力器已工作 15 年以上。

日本 ETS－VII 空间机器人的推进系统为推力 20 N 的单组元肼推力器，并使用冷气推进系统进行姿态控制。美国 XSS－11 在轨服务试验卫星也是使用单组元肼推力器完成了 75 次轨道机动。美国在"微卫星技术实验"（MiTEx）计划中，将 MiTEx－A 和 B 两颗微卫星送入静止轨道的火箭上面级使用了单组元甲基肼和四氧化二氮为推进剂的发动机，而新型的铂/铑双组元推力器用作姿态控制。Mi-TEx 上面级的推进能力和长寿命可以使其移动到地球同步轨道的几乎所有位置。

美国自主交会技术验证卫星 DART 也使用了肼推进系统，共有 3 个肼推力器，每个推力器提供 222 N 的推力，主要用于 DART 的入轨和任务完成后的撤离，卫星上带有 56.88 kg 肼。

在 2007 年大获成功的轨道快车计划中，服务航天器 ASTRO 也使用单组元肼推力器，肼推进剂共有 136 kg。据称，轨道快车的推进系统与自主交会技术验证卫星 DART 的推进系统有很强的继承性。

由以上例子可以看出：单组元推进系统因其成熟可靠，使其在未来一段时间内仍然是在轨服务航天器推进系统的一个不错的选择。

8.5.3　双组元统一推进

双组元统一推进系统主要用 N_2O_4/MMH（或 MON$-$X/MMH）为推进剂，用于卫星反作用控制系统已有近 20 年的历史，其推力一般在 4.5～1 200 N。与单组元推进系统相比，其比冲寿命和冲量特性都较高。自 20 世纪 80 年代初交响乐卫星飞行成功以来，采用 N_2O_4/MMH 为推进剂的统一推进系统已成为当今卫星推进系统的主流。如休斯公司的 601 系列卫星平台、劳拉空间公司的 1 300 系列平台及法国宇航局的 SPACEBUS3 000 系列卫星平台都采用双组元推进系统。高性能比冲是当今大型长寿命卫星普遍采用双组元统一推进系统的主要原因。随着技术的日趋成熟和飞行经验的逐渐丰富，双组元推进系统在今后较长时期内仍是商用卫星的首选系统。

双组元统一推进系统最主要的优点是总冲量高，可实现远地点多次机动变轨，并且具有较高的比冲，因此，在大型航天器，特别是地球同步轨道卫星中应用广泛。

上述的美国于 20 世纪 80 年代中期设计的 OMV，其推进模块由用 4 个双组元统一推力器组成，能够提供 9 100 lbf 的推力（约40 400 N）。

鉴于双组元统一推进系统高比冲的优点，未来的大中型在轨服务航天器可以选择其进行较大范围的空间机动。

8.5.4　电推进

新型的空间电推进技术，具有高比冲、小推力、长寿命等特点。这些特点正适合航天器对推进系统提出的高速飞行、长期可靠工作和克服较小阻力的要求。无论对近地空间航天器的控制或者是深空探测及星际航行的主推进都具有重要作用。正因为这些特点，以及近 10 年来的成功应用，电推进技术正愈来愈受到人们的重视。

到目前已发展了 3 大类（电热、电磁、静电）10 余种不同形式的电推力器，每种形式又有多种不同的型号。其中，电阻加热推力器（EHT）、电弧加热推力器（Arcjet）、脉冲等离子体推力器（PPT）、稳态等离子体推力器（SPT）和离子推力器已成功地应用于多种航天器的在轨控制系统上（主要是直流电子轰击式离子推力器），取得了很好的效益。

脉冲等离子体推力器（PPT）最早获得应用。早期的 PPT 推进剂大多采用气态工质（氮气或氩气），后来又用过液态水银和金属锌，但性能都不理想，直到找到固体氟塑料作推进剂才很快获得应用。在同轴电极型和平行轨道电极型两种结构中，后者用得最多。PPT 的特点使它成为功率有限的微小卫星的理想控制系统。它适合于自旋稳定卫星和三轴稳定卫星的精确定点、姿态控制、轨道修正、阻力补偿和轨道提升。

稳态等离子体推力器（SPT）属于霍尔推力器的一种形式。不少学者把它列为无栅离子推力器类型。这种发动机首先由库哈托夫原子能研究所研制成功，经过法克尔设计局、莫斯科航空学院等许多单位长期广泛和深入的研究，先后发展了多种型号的样机，如SPT－50，70，100，140 等。它的特点是：1）结构比离子发动机简单，没有容易变形、易烧蚀的栅极；运行电压低，可靠性高。2）不存在空间电荷效应问题，其推力密度比离子发动机高（但比 Arcjet 低），体积较小。3）比冲和效率虽低于离子发动机，但比 Arcjet 高，比冲在 1 400～1 600 s 之间，正好处于目前近地航天器控制所需的最佳比冲范围内。它的不足之处是：其射流比离子发动机更为发散，排气流中粒子含有的能量高，有可能对暴露于射流的表面（阳极通道）造成溅射烧蚀；另外，用氙气作为推进剂能获得高效率，但是氙气自然界很少，产量低，价格昂贵。

电热发动机有多种形式，迄今只有电阻加热和电弧加热两种推力器获得了应用。在电阻加热发动机（EHT）中，其推进剂可以是生物废气、氮、氩、氨和肼等，目前大都使用肼。电阻加热发动机应用得很早，但它是冷气和单组元推力器的一种简单改进，所以性能提高有限。

电弧加热发动机（Arcjet）利用直流放电形成的高温电弧来加热推进剂，它的主要特点是：1）具有比单组元、双组元推力器以及EHT更高的比冲，可达 400~1 500 s，推力/功率比及推力密度远高于离子发动机和 SPT；2）发动机的结构和电源系统简单，运行电压低（100~200 V），启动迅速，控制容易；3）用肼作推进剂，既可获得高性能，又可以与远地点发动机共用一贮箱，而且技术成熟又有丰富的空间飞行经验。

这种推进系统随波音公司生产的先进研究和地球观测卫星于 1999 年 2 月 23 日发射上天（轨道高度 846 km）。在空间，Arcjet 发动机点火 8 次（因星上蓄电池的故障，未能进行更多的实验），累计运行了 33 min；用 3 种不同方法测得的推力为 1.93 N（功率 27.8 kW），比冲 785 s，效率约为 27%。多种仪器检测表明：大功率Arcjet推进系统对星上其他设备的工作没有产生不利影响。这次实验为用电推进系统把卫星从低轨道转移到同步轨道迈出了重要的一步。

离子推力器按离化方式的不同可以分为接触式、直流电子轰击式、射频、微波和场发射 5 种主要形式。其中，最先获得成功应用的是以氙为推进剂的直流电子轰击式离子推力器。离子发动机因其比冲最高（可达 3 000 s 以上）一直是各国研究的重点，并成为同步轨道卫星在轨控制系统的首选推力器（目前主要应用于同步轨道的轨道维持）。

美国把新一代 10 kW 级离子发动机和 100 kW~1 MW 级离子发动机作为重点开展研究。近期目标是发展一种先进的（比冲更高、功率更大）、多发动机组合式的离子推进系统，以满足深空探测（如彗星与小行星深测器、泰坦探测器、金星取样返回、海王星轨道器、土星光环观察和欧罗巴着陆器等）用太阳电推进系统的要求。

在新的电推进技术方面，美国和日本正在探索无（或少）推进剂电动力绳系推进（本质是一种电磁推力器，可用于轨道升降、离轨、位置保持等）的研究，它利用电流流过星上的"绳系"与地球（或星球）磁场相互作用产生推力。马歇尔空间飞行中心和华盛顿大学正在进行无推进剂的等离子帆推进试验，虽然这些研究很少，却是一种有意义的探索。

目前，欧洲将要发射的锥形快车轨道延寿飞行器的推进系统就使用直流电子轰击式离子推力器，以电离氙为工质，其电能来自太阳能。总之，电推进是一种高效的推进方式，非常适合在轨服务航天器的大范围空间机动，适合于有人和无人的在轨服务航天器。

8.5.5　核动力推进

空间核动力推进系统是航天器发动机利用放射性同位素衰变、核裂变或核聚变反应堆产生的能量转换成动能，推动航天器飞行的装置。美国最早于 1965 年开始在太空试验核反应堆技术，随后苏联在 1967 年至 1988 年间进行了数十次试验。目前，关于空间核动力的应用方式已提出的概念主要有以下 3 种：利用核反应堆的热能；利用来自反应堆的高能粒子；直接利用核弹爆炸。

利用核反应堆产生的热能是目前人类核能利用中应用最普遍的方式，即利用核反应堆释放出的能量，直接加热工质（即推进剂，如液氢），使工质迅速膨胀，然后从发动机尾部高速喷出，产生反作用推力。核推进系统产生的比冲可达到目前化学能推进系统的几倍到几十倍。该推进方式的缺点是必须携带大量的推进剂。

第二种方式直接利用来自核反应堆的高能粒子，从而不必携带推进剂。由于核反应产生的这些高能粒子移动速度极快，而且这些高能粒子是离子态的，从而可以使用磁场来控制它们的喷射方向。该推进方式可以得到极高的总冲量，能够提供高推力使航天器完成星际航行。但是有可能需要体积和质量都很大的反应装置，或者利用多阶段反应（后一个阶段利用前一阶段的产物）的相对小一些的反应装置。

第三种方式是一个非常大胆的设想，即不再利用受控的核反应，而是利用核爆炸来推动航天器。这种航天器将携带大量的低当量核弹，然后一颗颗地抛在身后引爆；航天器后面安装一个推进盘，通过吸收爆炸产生的冲击波推动航天器前进。这种推进方式完全可以令超大型的航天器用 125 天往返于火星和地球。但是当航天器飞出大气层时，必将释放出核辐射尘埃污染地球环境。

另外，核能还可用于改进前面讲述的等离子推力器。NASA 的核电氙离子推力器是目前已有的氙离子推力器的改进型，仍用氙作为工质，输入功率提高到 20 kW，约为原来的 10 倍。推力器的关键金属部件用先进的碳－碳基材料代替，寿命可达到 10 年以上。该推力器样机在真空容器的连续试验中运行了 30 352 小时（约 3.5 年）。

基于安全性和技术难度过高的考虑，NASA 于 20 世纪 90 年代初停止了有关核动力飞船的研制计划。2003 年 1 月，美国总统布什批准了 NASA 提出的普罗米修斯计划，重新开发空间核动力推进系统。该计划的目标是研制一种新型核能动力飞船，速度达到 8.7×10^4 km/h，大约是目前一般行星际探测器的 3 倍，以完成未来前往月球、火星甚至太阳系外的任务。据称，这种新型核动力飞船能够在 60 天内从地球抵达火星。

根据普罗米修斯计划，新开发的太空核裂变反应堆动力系统和太空核电源系统将在 2008 年前后进行技术演示验证，成功后将应用在木星冰质卫星轨道器（JIMO）探测任务中，该轨道器计划于 2014 年～2015 年发射。此外，这个为木星卫星探测飞船设计的核动力系统可能还将用于其他航天探测项目，如月球轨道器、火星无线电通信站、金星轨道器、天体物理学计划等。计划 2008 年发射升空的火星科学实验室是一个大型火星漫游车，不仅质量远远超过勇气号与机遇号，而且执行任务的时间也超过了它们，这就需要超常的能源系统，NASA已经决定该火星车将使用核动力系统为能源。

不难看出，核动力推进系统是大型在轨服务平台的理想动力系统，它不仅能够使大型在轨服务平台具有空间高机动能力（如从低中轨道转移到地球同步轨道），还能使其具有几乎无限的航程。特别是对于长期留轨的无人大型在轨服务平台，不必考虑核辐射对航天员的生理影响，从而可以完成更危险的服务任务。但是核安全问题在任何时候都不能忽视，因为，即使对于无人在轨服务航天器，核辐射也会对各种仪器设备产生很大的负面影响。如果运行在近地轨道，对地球大气环境的影响也必须认真考虑。

第 9 章　在轨服务操作技术

9.1　概述

从第 1 章的讨论可知，航天器在轨服务主要包括在轨装配、在轨维护和后勤支持 3 大类任务。无论哪种任务，都是通过服务航天器按照计划方案采用一定的服务操作手段来实施，因此，在轨服务操作是连接服务航天器与目标航天器的纽带。

在轨服务操作是空间新时代的标志。美国前国防部长拉姆斯菲尔德主持完成的《美国空间军事化管理与组织的过去、现在和未来》明确提出："我们现在站在新的空间时代的起点上，正致力于掌握空间操作技术。"按照该报告的定义，所谓的空间操作就是指改进航天器的机动性和安全性、在轨维修、轨道转移、更换模块等，其实质就是本章所要讨论的在轨服务操作技术。在该报告中将在轨服务操作和往返空间的能力并列为美国实现空间目标的两大至关重要的能力。

不同的服务任务需要不同的服务操作技术来执行。对于同一操作技术，在不同的任务环境和条件下也有不同的要求。因此，在轨服务操作技术应紧密结合具体的服务任务需求进行研究发展。

在第 3 章中（见图 3—1）对于在轨服务操作的任务进行了讨论，本章将讨论几个比较重要的在轨服务操作技术，包括交会对接技术、在轨模块更换技术和在轨加注技术。

其中，交会对接技术是在轨服务操作的基础和上游技术。因为所有在轨服务任务的执行都是以服务航天器与目标航天器的交会、伴/绕飞和对接为前提，两航天器的成功交会对接是顺利执行多数在轨服务任务的先决条件。且随着自主在轨服务任务需求的发展，对自主交会对接技术提出了越来越高的要求。该技术长期以来都是航天领域的研究热点。

在轨模块更换技术是支持实现在轨故障模块更换、功能扩展和升级的关键。目前已经多次成功进行了航天员的在轨模块更换操作，并取得了很好的效益。随着自主在轨服务的发展，在轨模块更换操作也需要实现自主化，由此对相关技术提出了要求。

在轨加注是实现航天器的气、液等耗费品在轨补给的关键技术，是航天器后勤物资在轨补给的一项重要内容。由于空间环境的特殊性，使在轨加注与地面加注有很大不同，技术难度更大，操作更为复杂。虽然目前已经进行了在轨加注的飞行试验，通过演示验证证明了技术的可行性，但是远没有达到成熟水平。同时，随着服务任务的不断丰富，在轨加注的实现途径和方式也在不断扩充与发展。因此，自在轨服务提出以来，对在轨加注技术的研究一直是航天领域的一个重要方向。

上述技术是突破在轨服务难点、提高在轨服务能力的关键，具有十分重要的研究价值。本章重点对上述三项在轨服务操作技术进行研究。

9.2　交会对接技术

航天器交会对接技术是指两个航天器在空间轨道上会合并在结构上连成一个整体的技术。空间交会对接是实现航天器的在轨装配、回收、补给、维修、航天员交换及营救等在轨服务的先决条件。

交会对接过程分为地面导引、自动寻的、最后接近和停靠、对接合拢 4 个阶段。在导引阶段，追踪航天器在地面控制中心的操纵下，经过若干次变轨机动，进入到追踪航天器上的敏感器能捕获目标航天器的范围（一般为 15～100 km）。在自动寻的阶段，追踪航天器根据自身的微波和激光敏感器等仪器测得的与目标航天器的相对运动参数，自动引导到目标航天器附近的初始瞄准点（距目标航天器 0.5～1 km)，由此开始最后接近和停靠。交会对接飞行操作，根据航天员介入的程度和智能控制水平可分为手控、遥控和自主 3 种方式。

交会对接技术的发展有如下几个里程碑事件：

1）别 1965 年 12 月 15 日，美国双子星座 6 号和 7 号飞船在航天员参与下，实现了世界上第 1 次有人空间交会对接。

2）1968 年 10 月 26 日，苏联联盟 2 号和 3 号飞船实现了空间的自动交会对接。

3）1975 年 7 月 17 日，美国阿波罗号和苏联联盟号飞船完成了联合飞行，实现了从两个不同发射场发射的航天器的交会对接。

4）1984 年 4 月，挑战者号航天飞机利用交会接近技术，辅以遥控机械臂和航天员的舱外作业，在地球轨道上成功地追踪、捕获并修复了已失灵的 SMM 卫星。

5）1987 年 2 月 8 日，苏联联盟－TM2 号飞船与在轨运行的和平号空间站实现了自主对接。

由以上事件可以看出，交会对接技术的总体趋势是基于遥操作技术的自主化和智能化发展。

从美国、俄罗斯等航天大国针对未来航天器在轨服务的迫切需求所开展的相关研究动态来看（如美国的轨道快车计划），为了在高真空、微重力、冷热交变的复杂空间环境中实现对目标航天器安全、可靠的在轨服务，无一例外地都采用了空间对接的途径，即通过捕获和对接将两航天器刚性地连接成一个轨道复合体，然后才开始对目标航天器进行在轨服务的相关操作，如在轨加注、功能单元更换升级等。因此，空间对接是实现对航天器在轨服务与维护的先决条件。然而在复杂空间环境中，实现两个高速飞行的航天器的交会对接具有相当的难度，需要解决一系列的问题，如：对接装置的设计、对接前的捕获技术、对接过程中的非线性动力学行为、对接撞击建模及其精确求解、抑制撞击振荡的自适应控制等。目前世界上只有俄罗斯和美国掌握了这一技术。

我国在该领域的研究才刚刚起步，与俄、美等航天大国相比还存在相当大的差距，面临着大量需要深入研究与探索的问题。其中需要解决的几个主要关键技术问题包括：交会对接轨道机动控制技术、交会对接测量技术、在轨对接装置设计技术等。本节主要从硬件技术角度出发，对支持交会对接实现的关键技术，包括交会对接测量技术和对接机构设计技术进行探讨。

9.2.1 交会对接测量技术

交会对接测量技术是保障交会对接顺利进行的关键技术。测量系统的精度、准确度和信息获取与处理的实时性直接影响到交会对接的成功与否以及任务执行的效果。正是由于交会对接测量技术的重要性，长期以来一直得到不断的研究与发展。

9.2.1.1 典型实例

在早期的交会对接中，美国和苏联都采用了微波雷达作为测量系统，在追踪航天器与目标航天器相距较远时，用于估计目标航天器的距离和方位，然后将该信息输送给计算机，并显示给航天员。但是在距离较近时，交会雷达不再能给出距离的准确估计。因此，在最后逼近段，目前国际上主要是以光学成像敏感器作为主要的导航敏感器，提供制导、导航与控制系统所需的相对位置和相对姿态信息。下面介绍目前国际上用于交会对接最后逼近段的几种光学成像敏感器。

（1）高级视频制导敏感器 AVGS（Advanced Video Guidance Sensor）

视频制导敏感器 VGS（Video Guidance Sensor）由美国 NASA 的马歇尔空间飞行中心（MSFC）研制，专门用于近距离的自动交会对接测量。MSFC 最早于 1987 年开始 VGS 的研制，并于 1989 年开始第 2 代 VGS 的研究工作，亦称为先进视频制导敏感器 AVGS。AVGS 用于自主交会对接过程中近距离逼近段对目标标志器的捕获和跟踪测量，测量距离为 0.5～500 m，视场为 ±8°，数据输出更新频率可达 25 Hz。2005 年 4 月，NASA 进行了首次自主交会对接演示验证实验（DART），AVGS 作为主要逼近敏感器成功地完成了预定任务。

AVGS 包括 1 种用 2 个双边窄带激光脉冲源敏感目标并收集图像数据的敏感器，及一系列后射目标以及图像处理软件。AVGS 软件根据光学成像原理，通过图像数据以及目标航天器的几何形状计算出目标航天器的位置和姿态。

AVGS 安装在追踪航天器上，一系列的回射器安装在目标航天器上。工作时，AVGS 向目标发射 2 种波长的激光——800 nm 和 850 nm。回射器能够进行光学滤波，只允许 850 nm 的激光被反射。因此，目标就很容易被辨认出来。AVGS 中的软件通过所获取的图像数据来追踪目标。回射器的安装不需要采用特定的几何构型，只需将安装好的几何形状输入到 AVGS 软件中即可，由此大大提高了回射器在目标航天器上安装的灵活性。

回射器由 2 组构成。在追踪航天器和目标航天器距离较远时，启用空间间隔较远的回射器组，而在距离较近时，则启用空间间隔较小的回射器组。通过不同距离间隔的回射器组配合使用，使敏感器在几百米范围内都能够正常工作，并且均能够满足测量精度要求。

MSFC 对 AVGS 进行了地面试验。试验中，AVGS 安装于追踪星上，回射器安装于目标星或试验台上，如图 9－1 和图 9－2 所示。图 9－2 中，以 4 个灰色粗虚线圆圈标示出的是一组长间隔距离的回射器组，间距大于 10 m。白色箭头所指的是一组短间隔距离的回射器组，间距小于 10 m。

在近距离逼近和对接试验中，AVGS 的精度如下：

1）平行于瞄准线方向的距离为 5 m 时，测量精度为 10 mm；距离小于 3 m 时，测量精度为 3 mm。

2）垂直于瞄准线方向的距离为 5 m 时，测量精度为 5 mm；距离小于 3 m 时，测量精度为 2 mm。

3）垂直于瞄准线方向的距离为 5 m 时，姿态精度为 0.75°；

图 9-1　追踪星和 AVGS

白色箭头所指的白盒为 AVGS

图 9-2　目标星与回射器

距离小于 3 m 时，姿态精度为 0.3°。

AVGS 在轨道快车计划和 DART 飞行试验中都得到成功应用。

（2）接近敏感器 PCS（Proximity Camera Sensors）

PCS 是 ETS-Ⅶ 在轨交会对接试验中使用的导航敏感器，其测量视场为±10°，有效测量距离为 0.3～10 m，数据更新频率为 2 Hz。该敏感器具有很强的抗干扰能力，可以获得高精度的测量信息。在测量过程中通过发光二极管（LED）照射安装在目标航天器上的信标，采用 CCD 相机对信标成像并对图像进行处理，高精度地计算出最后逼近阶段两个航天器的相对位置和相对姿态。该 PCS 还用于 H-Ⅱ 运输航天器（HTV）上，HTV 将与国际空间站的日本实验舱进行交会对接。

（3）视频测量器（Videometer）

视频测量器是欧空局（ESA）为 ATV 和国际空间站交会对接研制的一种新型导航敏感器。该敏感器的测量距离为 0～300 m，在 30 m 以内敏感器可以输出 ATV 与国际空间站之间的相对位置和相对姿态导航信息，而在 30～300 m 只能输出相对位置导航信息。其测量视场为 24°×24°的方形区域，数据更新频率为 1 Hz。视频测量器由安装在 ATV 上的相机装置和安装在国际空间站上的目标信标组成，其测量原理是：激光二极管发光照射到目标信标上，相机对反射光成像并对数据进行处理。2004 年 3 月，对视频测量器进行了第 1 次地面试验获得了成功，其测量精度可满足设计要求。

（4）光电测量系统（Optical-Electronic System）

该系统是苏联航天工作者研究的一种用于交会对接最后逼近阶段的导航测量系统，其测量距离为几十米。该系统包括安装在目标航天器上的相机和安装在追踪航天器上的标识架。标识架上的每一个光点均可主动发光，通过 CCD 相机对光点成像。数学仿真结果表明该系统具有较高的测量精度和快速计算能力。

9.2.1.2　交会对接各个阶段中测量系统的使用

根据服务航天器与目标航天器的距离，一般将交会对接过程分为 4 个阶段：

1）远程靠近段；

2）中程接近段；

3）近距离逼近段；

4）停靠与对接段。

不同阶段采用的测量设备不同，对测量系统的精度要求也不同。以俄罗斯联盟号飞船与和平号空间站交会对接为例，其各个阶段的测量精度要求如表 9—1 所示。4 个阶段中，在近距离逼近阶段和停靠阶段，对主动航天器轨道与姿态控制精度要求最高，一方面要提高两星对准、对接的效率，另一方面要降低发生碰撞等意外的风险。由此对近距离测量系统的精度也提出了很高要求。下面分别对 4 个不同阶段涉及的测量系统进行介绍。

表 9—1　交会对接各阶段的要求和目前的测量设备

阶　段	相对距离/m	精度要求		目前测量设备
		距离/m	速率/（m/s）	
地面导引	约 50 000	1 000	1～2	地面测量设备
自动导引	50 000～1 000	250～50	0.1	微波雷达
	1 000～100	5～0.5	0.1	激光雷达

续表

阶　段	相对距离/m	精度要求		目前测量设备
		距离/m	速率/（m/s）	
绕飞	$200 \sim 100$	0.5	$0.1 \sim 0.05$	图像制导、激光制导
靠近	$100 \sim 1$	0.5	0.005	图像制导、激光制导
对接	$1 \sim 0$	0.5	0.000 5	航天员日视、手动

（1）远程靠近段

该阶段服务航天器与目标航天器距离数千米至数千千米，服务航天器无法直接对目标进行测量、获取其位置和姿态信息及两星相对位置和姿态信息，因此，需要通过地面上传相关数据或者通过GPS系统间接获取目标信息。

（2）中程接近段

该阶段服务航天器与目标航天器距离几十米至几千米，能够直接通过仪器设备获取目标航天器信息。该阶段采用较多的设备包括：微波雷达、激光测距仪、红外敏感器、可见光跟踪相机等。轨道快车计划的中距离接近段即采用宽视场可见光跟踪相机、红外敏感器和激光测距仪配合完成测量任务。ETS—Ⅶ在该阶段采用激光雷达对目标航天器的相对位置和姿态进行测量。

（3）近距离逼近段与停靠对接段

该阶段对测量精度要求最高，也是测量系统设计的难点。目前较为先进的近距离测量系统均采用基于光学法的敏感器，因为一般情况下光学法优于雷达法，主要原因为：1）在最后逼近段，测量雷达信号与目标航天器发出的其他信号容易产生干涉等严重问题，而光学法不存在信号干涉问题；2）由光学系统提供的细节容许更精确地匹配目标，以确定目标的相对位置和姿态信息。同时，由光学系统提供的细节数据也能用于开发研究对目标进行辨别和分类的模式识别算法，因此，光学法能够更有效地满足多个目标的同时跟踪需求。但是，光学法存在视场和计算机处理速度的限制，因此，光学系统设计和相关识别算法是研究的重点。

9.2.1.3　交会对接测量技术发展趋势

根据国际上关于航天器空间交会对接的成功经验和取得的技术成果，尤其是多种交会对接测量技术和各类敏感器的应用与发展，可以看出，航天器空间交会对接测量系统的发展呈以下趋势。

（1）使用多种测量敏感器

在测量敏感器方面，在较远距离时（两个航天器相距几百千米到几百米），宜采用微波交会雷达；在较近距离时（两个航天器相距几百米至零米），宜采用光学成像敏感器；而在中距离时（几千米至几百米），宜采用激光雷达。

（2）敏感器应包括观测设备和应答设备

各类敏感器一般均由安装在追踪航天器上的观测设备和安装在目标航天器上的应答设备组成。例如，对于交会雷达，一般在追踪航天器上安装雷达天线及其电子处理设备，在目标航天器上安装雷达应答机或角反射器；光学成像敏感器一般由安装在追踪航天器上的 CCD 相机及图像处理设备和安装在目标航天器上的标识器构成。

（3）提高光学成像敏感器的性能

主要需要解决的性能问题包括：1）敏感器对抗阳光、月光、星光以及其他杂光干扰的问题；2）能否采用多个标识器以提高空间环境适应性的问题。

（4）发展新型的高性能测量设备

目前一些学者提出研制一种新型测量设备。这种测量设备集各种装置的功能于一体，既能在比较远的距离寻找目标，又能在近距离时定位交会对接所需的目标的 6 个自由度参数。能够不依赖目标上的发光器件，且不受光学环境的影响，在白天、黑夜都能够正常工作。这是一种理想的测量设备，一旦研制成功，将会大大减小航天器的质量和结构体积，对提高任务的可靠性有很大的帮助。

9.2.2　面向在轨服务的对接机构技术

服务航天器与目标航天器实现对接是进行在轨加注、模块更换等在轨服务操作的基础。对接机构是实现航天器连接的核心部件。对接机构的任务就是要保证服务航天器与目标航天器的快速对接和可靠连接，以及在服务操作完成后的平稳可靠分离。自 20 世纪 60 年代首次实现在轨对接以来，对接机构的研究一直受到重视。根据对接机构应用对象的不同，本节将其分为大型航天器对接机构和小型航天器对接机构，分别对典型实例进行综述。

9.2.2.1　大型航天器对接机构

大型航天器空间对接机构主要有：异体同构周边式、锥杆式等。

（1）异体同构周边式

美国和苏联均已实现该类对接机构，如：APAS75，应用于 1975 年美国阿波罗号与苏联联盟号的对接任务中；APAS89（APAS75 的改进版），应用于俄罗斯航天飞机与和平号空间站及国际空间站的对接。

异体同构周边式对接机构（APAS）最初由美国和苏联专家共同研制成功。它的主要优点是：追踪航天器和目标航天器采用构型完全一样的对接机构，因此，无主动和被动之分；对接机构的所有部件均放置在周边，将航天器的中心位置留出来作为过渡通道。这种机构有带 3 个导向片的对接环和并联式差动缓冲机构，通过装在导向片上的 3 个捕获锁实现捕获。对接框和对接锁完成密封连接，两个彼此接触的橡胶密封圈保证对接处的密封。在联盟号的 APAS 中，俄罗斯发展了"差动式机电缓冲阻尼系统"，在此基础上研制了用于国际空间站的 APAS89 式对接机构，已经用于国际空间站的装配和航天飞机的对接（见图 9-3）。

异体同构周边式对接机构的特点为：

1）通用性强，主动与被动部分相同，密封严，刚性好；

2）对航天器的对接初始姿态精度要求比较高，需要精确控制；

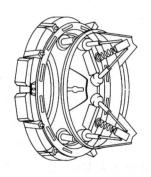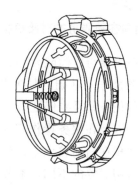

图 9-3　异体同构周边式对接机构

3) 对接机构复杂, 对接过程中有较大冲击。

(2) 锥杆式

锥杆式对接机构是苏联研制的最早的对接机构, 出现于 1967 年。苏联对这种机构进行了不断改进, 成功应用于载人飞船、载货飞船以及空间站模块舱与空间站的对接, 技术比较成熟。这种对接机构由分别安装在追踪航天器和目标航天器上的主动件和被动件构成。在主动件的通道盖上装有能够伸缩的传动机构——连接杆 (图 9-4 上左), 被动件的盖子上设计有接纳锥 (图 9-4 上右), 两者配合完成对接 (图 9-4 下)。

锥杆式对接机构的特点为:

1) 有一定的密封性, 但应用中需要主、被动两个部分成对使用, 缺乏通用性;

2) 连接杆位于对接机构中央, 影响传输通道的人员通过和货物运输;

3) 对目标航天器的对接初始姿态精度要求比较低;

4) 结构比较简单, 质量小;

5) 对接过程中有一定的冲击, 需要精确的控制。

(3) 其他对接机构

美国双子星座飞船与阿金纳飞船对接采用的对接机构为锥锥式, 如图 9-5 左图所示。欧空局研制了撞锁-抓手式对接机构, 如图

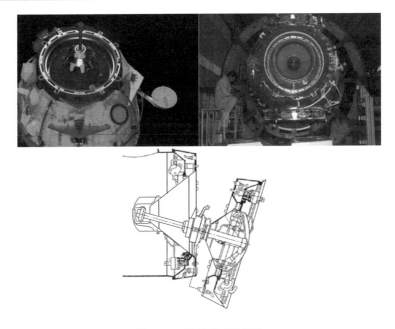

图 9-4　锥杆式对接机构

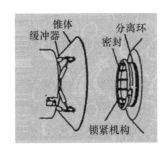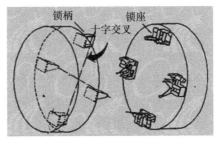

图 9-5　锥锥式和撞锁-抓手式对接机构

9-5右图所示。该对接机构又称为弱撞击对接机构,具有捕获速度快、结构紧凑的优点。

9.2.2.2　小型航天器对接机构

由于在轨服务的对象还包括各类中小型航天器,而前述大型航天器对接机构并不适用,因此,对发展适用于小型航天器的对接方式和技术提出了新的要求:

1）在轨服务主要进行燃料补给、在轨维护和升级等任务，不需要实现大型航天器进行的大量货物与人员的传输，其对接机构不需要具有较大的传输通道；

2）对接对象为小型航天器，要求对接机构具有体积小、质量轻的特点，同时要求对接机构在实现对接功能要求的基础上尽量简单化，以保证可靠性要求；

3）在轨服务不是一个服务航天器对应一个目标航天器的固定一对一服务，而可能是一对多或多对一服务，因此，要求对接机构具有通用性，同时要求电气接口标准化；

4）服务航天器执行完服务任务后需要与目标航天器分离，因此，对接机构必须能够灵活、可靠地实现对接和分离。

综上所述，需要对支持小型航天器快速对接、可靠插拔的通用对接机构进行研究。

目前，国内外主要的小型航天器对接机构有以下几个类型。

（1）电磁式对接机构

该机构由美国约翰逊航天中心研制，主要应用于排球大小的航天器——微型自主舱外机械照相机（Mini AERCam）的在轨加注（见图9-6）。

在电磁式对接机构主动组件一侧，安装有探针、电磁单元、弹簧锁、驱动装置，以及用于提供推进剂、电路、数据连接通道的中枢平台等；在被动组件一侧安装有铁盘（电磁作用的对象）、推进剂快速加注接头（自密封的推进剂传输通道）、电路和数据接头等。

电磁式对接机构工作过程如下：自由航天器接通电源后，停机棚打开；探针马达驱动探针伸展，带动电路、推进剂加注接头离开阀座；探针完全伸展后，弹簧锁解锁，允许自由航天器飞离停机棚；自由航天器在空间飞行，完成任务后回到停机棚；自由航天器机动到探针和磁单元上空的预定对接位置；当自由航天器被电磁引力拉下来时，探针校正系统纠正轴向和角度上的偏差；一旦磁单元将自由航天器拉向弹簧锁，即获得软对接；磁单元拉近自由航天器，探

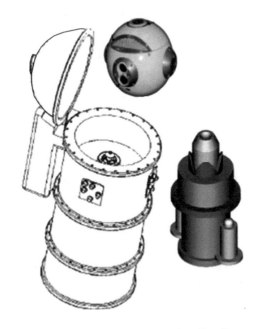

图 9—6 Mini AERCam 电磁式对接机构

针回收，驱使弹簧锁锁定，将自由航天器锁定在停机棚结构上，同时推进剂加注和电路接头入位；探针停止运动，标志对接过程结束，此时即可开始推进剂加注、电池充电、数据传输等操作。

（2）软轴式对接机构

美国密歇根宇航公司（Michigan Aerospace Corporation，MAC）从 1991 年开始研制用于卫星在轨服务的空间对接装置，经过 10 多年的研究先后开发了 4 代卫星对接装置：ARDS（Autonomous Rendezvous and Docking System），ASDS（Autonomous Satellite Docking System），AMDS（Autonomous Micro-Satellite Docking System）以及 ASDS—II（Autonomous Satellite Docking System II）。

最新的 ASDS—II 弥补了前 3 代装置各自的缺点与不足，代表了 MAC 最新的研究成果，如图 9—7 和图 9—8 所示。ASDS—II 由安装于追踪星上的主动组件（active component）和安装于目标星上的

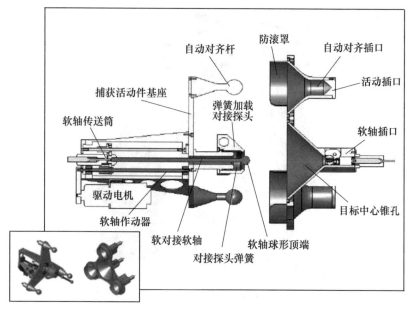

图 9-7　ASDS-II 组件截面图

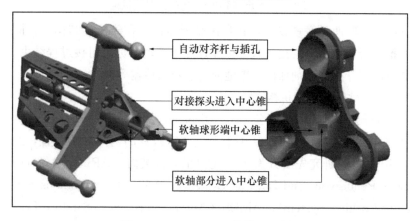

图 9-8　ASDS-II 三维模型示意图

被动组件（passive component）两部分组成。其工作原理是：先通过软轴进行目标的预捕获，然后收缩软轴将被动组件拉近并通过 3 个自动对齐加载栓（Auto-alignment load-bearing post）实现轴线与对接面的自动对齐，同时在硬对接探头（Hard-dock probe head）、预加载凸轮（Pre-load cam）以及预加载止动扣（Pre-load activator stop）的联合作用下实现两对接面的刚性连接。具体对接过程如图 9—9 和图 9—10 所示，对接流程如下：

1）GNC 系统确定目标星在捕获范围内，发出延伸软轴的命令；

2）软轴沿目标星对接机构的中心锥孔延伸，直至到达预定位置，锁紧机构锁紧完成捕获；

3）完成捕获状态，软轴回收，使两星距离拉近，同时，主动件对接探头自动与相对应的被动件接受口对齐；

4）弹簧加载探头与被动件锥形接受口之间压紧，完成对接过程。

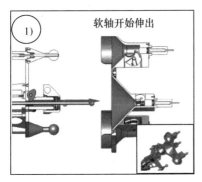
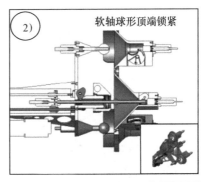
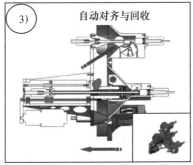
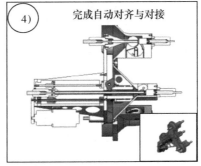

图 9—9　ASDS-II 对接操作流程示意图

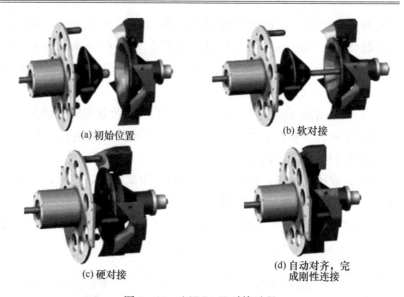

(a) 初始位置　　　　　　　　　　　(b) 软对接

(c) 硬对接　　　　　　　(d) 自动对齐，完
成刚性连接

图 9-10　ASDS-Ⅱ对接过程

该对接机构已经在 KC-135 飞机上成功进行了飞行试验，实物
如图 9-11 所示。

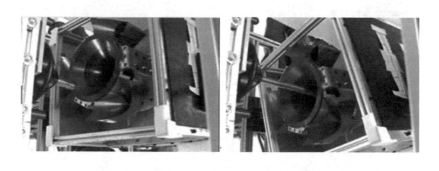

图 9-11　ASDS-Ⅱ对接机构实物图

（3）冠状锁紧式对接机构

为了延长卫星的使用寿命，美国轨道复原有限公司（Orbital
Recovery Corporation）及其在英国的子公司正在研制轨道延寿航天
器。其目的是通过空间对接，使轨道延寿航天器与目标卫星建立永
久的刚性连接，从而用轨道延寿航天器取代推进剂已经耗尽的原卫

星的姿态和轨道控制系统。对接机构的主体是一个外形细长的抓捕器，头部带有6个敏感器探头和1个冠状锁紧机构。敏感器向地面的遥操作人员提供反馈信息以便确定抓捕器深入目标卫星远地点发动机内的位置，当抓捕器完全伸入远地点发动机的喉部以后，抓捕器头部的冠状锁紧机构展开，四周伸出针状物与发动机壁紧密连接，使整个延寿器与目标卫星连接成一个刚性整体（见图9-12）。

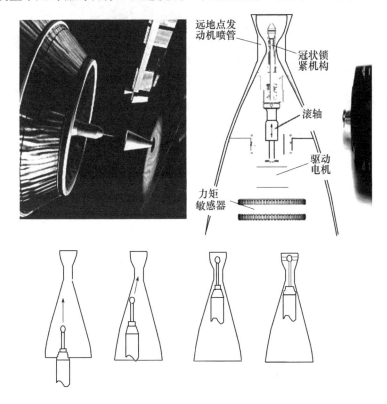

图9-12 冠状锁紧式对接机构

（4）三叉式对接机构

轨道快车计划中采用三叉式对接机构作为服务航天器与目标航天器的连接装置。在对接过程中，追踪星对目标星的捕获对接有两种方式：1）直接捕获与对接方式，即追踪星机动到目标捕获包络线的区域内,然后保持位置和姿态,直到三叉形对接机构启动,把两颗卫星连接在一起,如图 9—13 所示;2)自由飞行机械臂捕获软对接方式,即首先通过机械臂捕获目标星,然后机械臂将其拉近,直到三叉形对接机构启动,完成两星的刚性连接,如图 9—14 所示。

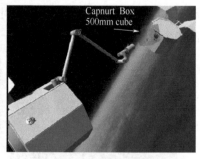

图 9—13　轨道快车直接　　　　　图 9—14　轨道快车自由
捕获与对接方式　　　　　　　飞行机械臂捕获软对接方式

对接机构的设计任务由 Starsys 研究公司(Starsys Research Corporation,SRC)承担完成。1999 年,该公司在由 AFRL 提供的 SBIR(Small Business Innovation Research)项目资助下开始先期研究,包括部分机构参数的设计与确定。在没有具体设计要求与约束的条件下,于 2000 年完成了对接机构研发第一阶段的原型样机,并在其后的 1 年中对其进行了性能测试。基于第一阶段的成功经验,SRC 于 2001 年中期开始展开 SBIR 第二阶段的研究工作。研究重点为实现原型系统的商业实用化,即增强原型样机模型的功能与性能,使其适用于飞行对接要求。同时,该公司获得了轨道快车对接机构设计合同,因此,SRC 结合 SBIR 和轨道快车计划的技术要求,完成了命名为机械对接系统(Mechanical Docking System,MDS)的设计研制与测试,并根据轨道快车计划的飞行要求,进一步研究了轨道快车计划捕获系统(Orbital Express Capture System,OECS)。

第一阶段的原型系统主要由主动、被动两个组件构成,如图 9—15 所示。通过主动件抓钩系统对被动件进行捕获对接。抓钩系统采用三叉抓钩设计,原型样机如图 9—16 所示。

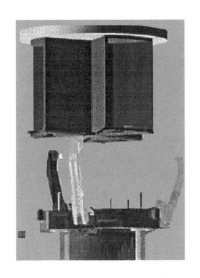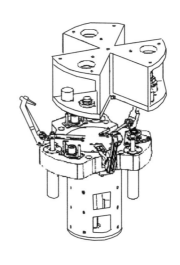

图 9—15　三叉式对接机构

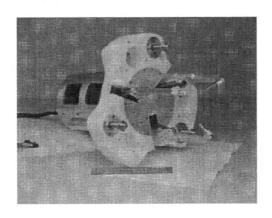

图 9—16　三叉式对接机构主动组件原型样机

　　SRC 对原型系统进行了试验测试，包括：在实验室模拟零重力条件下进行对接测试（见图 9—17）；搭载 NASA 的 KC—135 飞机进行微重力条件下的抓钩捕获试验（25 s 内完成捕获对接，见图9—18）。

图 9-17　三叉式对接机构
地面样机测试

图 9-18　三叉式对接
机构微重力试验

完成 SBIR 第一阶段原理样机的研制并获得轨道快车对接机构研制合同后，SRC 根据原型样机已取得的研究经验，结合轨道快车任务要求，确定第二阶段的对接机构研究重点包括以下几个方面：

1）系统捕获能力。由于原型系统的捕获包络曲线不足以满足轨道快车计划的要求，因此，需要对其进行加强，并使其与轨道快车计划导航制导精度相匹配。增强对接机构捕获能力的可调整性和可升级性，以适应多种航天器和负载条件下的捕获要求，并尽量降低对航天器系统的构型影响。

2）系统结构强度。由于原型系统的应用对象为微小卫星，因此，其结构强度不能满足大型航天器的要求。在保证原系统机械构型最小改动的条件下，主要通过力传递路径的调整来满足较高的应力和刚度要求。

3）阻尼缓冲装置。为了减小三叉抓钩捕获和回收过程中主动、被动件间的振动以及接触连接过程中引起的冲击力，引入带有阻尼系统的碰锁杆结构。在对接捕获与对齐的过程中，系统内部将产生较大的负载力。通过动力学建模和分析发现，刚度较低的捕获臂结构能够大幅度降低该负载力，因此，在主动件的捕获抓钩上（与被动件的作用点）引入一个低刚度的弹性片。

该阶段的设计方案命名为 MDS（见图 9-19），系统设计要求如表 9-2 所示。SRC 对 MDS 进行了系列试验测试，包括零重力条件下的对接测试、强度测试以及 6 自由度对接测试（见图 9-20 等），并采用动力学设计分析软件（Dynamic Analysis and Design System, DADS）对捕获和对接过程进行动力学建模仿真。所建模型包括完整的两星质量特性、零重力环境和 MDS 的接触连接装置等。

表 9-2　MDS 设计需求

参数名称	数值
轴向捕捉距离/in	6
偏航/滚动角捕捉公差/（°）	均为±5
侧偏角公差/（°）	±2
牵连线速度公差/（cm·s^{-1}）	3
预加负载/lbf	2 500
捕捉时间/s	＜10
捕捉与锁紧时间/s	＜240
外表面直径/in	＜18
主动质量/lb	＜50
被动质量/lb	＜25

注：1 in=0.025 4 m；1 lbf=4.448 N；1 lb=0.453 6 kg。

在完成 MDS 的基础上，SRC 根据轨道快车计划的任务要求以及飞行试验的硬件要求，对捕获系统 OECS 进行了进一步的设计改进，包括：

1）减少系统的质量。通过有限元建模与分析，裁剪低应力区的多余结构材料。

2）电接口设计。为了在对接机构完成机械连接的同时，实现两星的电连接，要求在对接机构上设置电接口。

3）增强系统对捕获过程中出现相对偏移的控制能力。对 MDS 的捕获臂进行改进，以限制对接过程中可能发生的横向相对偏移运

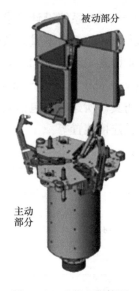

图 9－19　MDS 硬件图　　　　图 9－20　MDS 6 自由度测试

动。

4) 发射过载的承受能力。MDS 不具有承受发射过载的能力。OECS 设计中，发射时将捕获臂收缩至对接机构对接面以下并施以预加载荷，以满足发射要求。

5) 敏感器。在系统中加入敏感器及备份，以测量抓钩捕获被动件的位置。

6) 对接作用力测量。在飞行对接状态下，轨道快车计划要求能够测量对接口间的作用力。在系统中加入作用力测量系统，当测量到对接机构间作用力为预定值时，关闭电机并保持该作用力。

7) 碰锁杆阻尼系统。将 MDS 的单级阻尼系统改进为二级系统，第一级采用低压力/刚度的弹簧系统，第二级采用高压力/刚度的系统。

OECS 系统主动组件的执行机构是一套联动的三组四连杆机构。捕获对接过程主要分为以下 4 步（见图 9－21）：

1) 被动件进入主动件捕获包络范围内，伸展主动件三爪捕

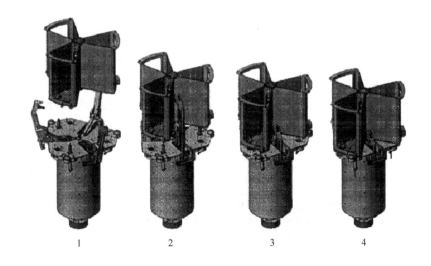

1   2   3   4

图 9－21   OECS 捕获对接过程示意图

获臂。

2）执行机构上的 3 个抓杆在滚珠丝杠驱动下同时运动。滚珠丝杠正向运动时，3 个抓杆向目标上的被动组件运动并同时张开。抓住目标后，滚珠丝杠反向运动带动抓杆收缩并向被动组件靠拢。由于被动件采用楔形设计，因此，可引导抓钩内滑直至被动件中心的凹槽中。此时被动件在抓钩系统控制范围内，完成捕获。

3）抓钩沿凹槽向主动件回收靠拢。当抓钩触碰到凹槽中的隔板件时，就连带被动件一起向主动件靠拢。同时，目标上的被动组件自动与主动组件同轴对齐。当抓杆收缩到主被动组件接触后，在阻尼系统的共同作用下，完成 3 个对齐连接机构的对接。该对齐连接机构由主动件的锥形探针和被动件的锥形孔组成，负责完成航天器的初步对接。随着抓钩回收的进一步进行，完成电接口的连接。

4）在回收的最后阶段，被动件通过最后一组探针/锥孔连接机构完全锁住。电机继续运行直至接口间的作用力达到预定值，以满足接口刚度要求，最终实现两者的刚性连接。

其中，主动件由顶部平板和作动机构箱体组成（见图 9－22）。

箱体中包括由电机、滚珠丝杠、轴承等组成的驱动装置。3个抓钩固定于连接在滚珠丝杠上的活塞上。接口间的对齐连接通过两组装置完成：一是带有阻尼系统（见图9-23）的碰锁杆系统，二是连接探针系统。3个碰锁杆的弹簧压紧装置使其插入被动件的对齐插口中，完成初步的对齐与连接，再由锥形连接探针系统完成刚性连接。此构型方式使对接过程能够稳定完成直至获得最终对接状态。

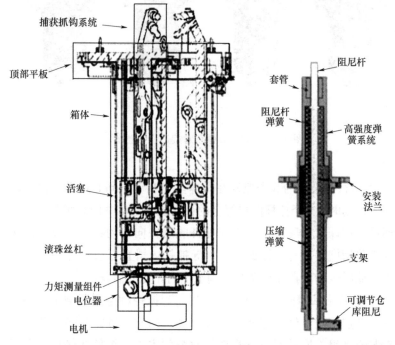

图9-22　OECS主动件剖面图　　图9-23　OECS阻尼系统剖面图

实现对接口间的电连接是在轨服务的一项重要内容。根据轨道快车计划飞行任务要求，电连接口必须能够进行灵活插拔操作，因此，SRC基于过去得到飞行验证的电连接器件进行继承设计，完成了带有弹簧调整系统（降低对齐要求）的电接口方案，如图9-24所示。

在对接的最后阶段，电机作动系统必须能够测量对接口间的作用力以确定关机信号并保持作用力在预定值状态。状态测量由电机

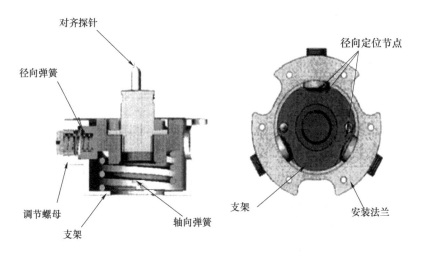

图9－24 OECS电接口示意图

力矩测量装置完成，如图 9－25 所示，当达到预定值时，触发开关关闭电机工作，同时系统锁定在该预定值状态。

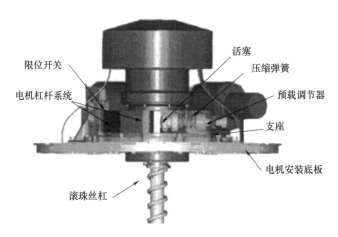

图9－25 OECS对接口间作用力测量系统

被动件构型为开有 3 个楔形开口的三叶形，每个楔形面都向内收拢于中心开槽中。3 个叶片结构对接端均装有对接面，该面同时作为作用力唇缘，以保证抓钩能够在被动件上有作用力点以将其拉向主动件。与 MDS 相比，OECS 的被动件有很大改进，包括：

1) 通过裁减低应力区的多余材料，被动件质量降低约 1/3。由于被动件作为通用对接接口将被安装于在轨服务客户卫星上，因此，降低其质量能够大大减小其对目标星的影响，并提高客户使用该对接系统的意愿。

2) 被动件作抛光处理（hard anodized），以满足热性能要求。

3) 采用 LED 作为测量抓钩捕获状态及位置的信标装置，如图 9－26 所示。

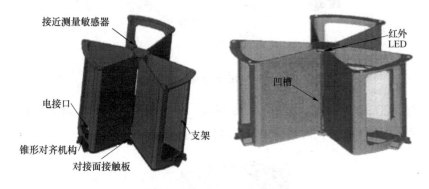

图 9－26　OECS 被动件结构图

OECS 的测试主要包括实验室模拟零重力条件下的对接测试、刚度测试、热真空和振动测试、6 自由度对接测试，如图 9－27 和图 9－28 所示，并采用与 MDS 测试中相同的动力学仿真软件和方法进行计算机仿真。

总之，OECS 方案通过采用最少的机械结构和通用可靠技术（电机、丝杠和抓钩系统）实现了较强的捕获对接功能，基本实现了轨道快车计划提出的低成本、高可靠、通用自主对接技术的研究目标。

（5）异体同构中心式

异体同构中心式对接机构与异体同构周边式对接机构相似，指追踪航天器和目标航天器采用构型完全一样的对接机构，无主动和被动之分。不同之处在于：异体同构周边式对接机构的所有部件均放置在周边，将航天器的中心位置留出作为人员和货物的传递通道；

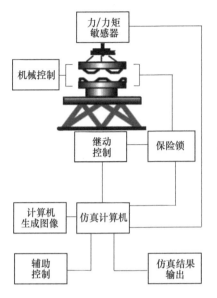

图 9-27　OECS 6 自由度测试操作框图　　图 9-28　OECS 6 自由度测试实物图

与之相反，异体同构中心式对接机构所有部件均放置在中心位置，将周边位置留出。

典型的异体同构中心式有以下 2 种设计方案：

1）可重构式。追踪航天器和目标航天器的对接机构设计和安装完全一样。在对接时，两方对接机构分别做一定的调整，一方对接机构将连接杆伸出，另一方对接机构将连接杆收入，形成可互相容纳连接的构型，从而实现对接（见图 9-29）。

2）反对称式。追踪航天器和目标航天器的对接机构设计完全一样，安装后呈反对称构型，如图 9-30 所示。在对接时，两方对接机构的连接杆和容纳孔分别与对方的容纳孔和连接杆配合插入连接，实现对接。连接配对装置可以有两组（一孔一杆）或多组，如图 9-31 所示。

异体同构中心式对接机构最大的优点在于：对接机构无主动件与被动件之分，追踪航天器和目标航天器的对接机构完全一样，因

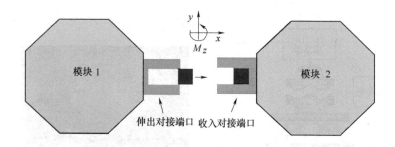

图 9-29 可重构式异体同构中心式对接机构

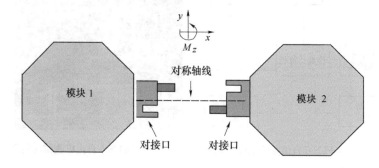

图 9-30 反对称式异体同构中心式对接机构

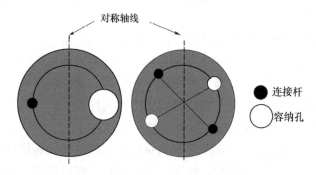

图 9-31 反对称式异体同构中心式对接机构的连接件布局设计

此，对接机构具有较强的通用性；对接机构本身体积和质量较小，适合于小型航天器的安装应用。

两种设计方案也各有优缺点：可重构式在对接前需进行机构的调整操作，因此，增加了操作复杂度，降低了对接成功的可靠性；

反对称式对接操作简单、可靠，但是在捕获阶段，需要几组连接配对装置同时对准，对姿态控制提出了较高要求。

（6）基于 MEMS 技术的微型作动器阵列对接系统

微机电系统（Micro-electro-mechanical System，MEMS）技术的应用不但能够提高未来航天器的性能，而且可以大大减少质量、费用和生产时间。根据美国空军研究实验室 AFRL 合同要求和 US-RA 转包合同要求，在 DARPA 和国家科学基金会 NSF 的支助下，华盛顿大学航空宇航系针对 MEMS 技术在空间对接中的应用，展开了名为"智能连接"（Smart Attachments）的项目研究，目标为研究基于 MEMS 技术的空间对接机构及其可行性。

该项目采用基于 MEMS 技术的微型纤毛作动器阵列作为对接机构，与传统微小卫星对接机构相比，质量更轻，且不需要复杂的测量与对齐控制系统。通过平面安装的微型纤毛作动器阵列，即可实现对接位置的精确控制。

目前，国际上已经进行了相当数量的微型纤毛作动系统的研发（见图 9—32），包括：电磁式作动器、压电式作动器、单晶硅静电作动器、热—双压电晶片作动器和电热作动器等，特别是对作动器单元及其分布式阵列的控制进行了深入研究。其工作原理与生物学纤毛系统相同，即通过大量微型纤毛作动器的共同协调工作实现对远远大于单个纤毛单元的物体的移动。

采用该对接系统进行对接的过程分为两步：

1）自由飞行对接阶段，实现两颗卫星的初步物理接触；

2）精确对接阶段，实现两卫星对接位置的精确对齐（包括电连接器和光学标志的准确对齐等）。

在自由飞行对接阶段中，两颗卫星均为无约束 6 自由度飞行，直至实现初步的低精度物理对接。在精确对接阶段中，追踪星在对接平面内相对目标星进行 3 自由度平面运动，完成对接位置的精确调整。其中，精确调整由基于 MEMS 技术的微型纤毛作动器阵列实现，这也是该项目研究的对接系统的关键创新点。

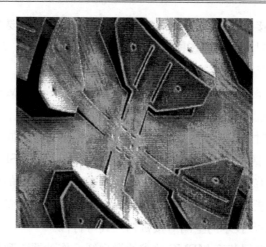

图9-32 单个微型纤毛作动器的电子显微镜观测图

该项目通过系列实验对微型纤毛对接系统进行了测试，包括：对接接触压紧力、微小卫星质量、对接相对速度、纤毛作动器频率、对接面材质以及作动器控制方式等对微型纤毛对接系统性能的影响。实验中，采用气浮台模拟微重力条件下的对接过程。气浮台为铝制平台，面积为8 in×6 in，装有3个可调螺杆，用于对平台面的倾斜度进行调整。微型纤毛作动器阵列的面积为4 cm²，具有为45 g微小卫星实施对接的能力。采用质量为40～45 g的方形铝块模拟对接卫星，其与作动器阵列的接触面积为2 cm²。调整台面使其向阵列面一端倾斜，以提供铝块与对接面之间的压紧力。通过调整倾斜度，可以改变该压紧力的大小，从而使该力的大小调整与实验铝块的质量无关。整个实验装置示意图和实物图如图9-33和图9-34所示。

在该项目实验中，纤毛作动器安装于铝制静电板上，由双层聚酰亚胺组成，包含钛钨合金加热循环系统和硅氮合物加固系统，其单元结构截面图如图9-35所示。由于每层聚酰亚胺的热膨胀系数（CTE）值不同（上层值大于下层），因此，在温度变化时，两层承受的热应力不同。温度较低时，纤毛结构弯曲并脱离固定底板；加热时，纤毛结构贴向底板。

纤毛结构的加热系统由夹在两层硅氮合物加固层和两层聚酰亚

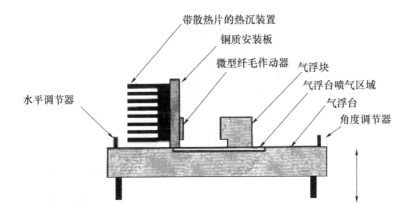

图 9－33 微型纤毛作动器气浮台实验示意图

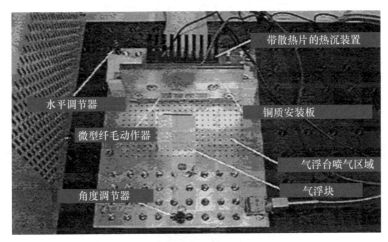

图 9－34 微型纤毛作动器气浮台实验装置实物

胺间的钛钨合金加热电阻器构成。通电时，电阻器温度升高，纤毛结构向底板偏转，从而引起纤毛顶端的纵向与横向的位置移动。通过纤毛阵列的协调控制，从而带动接触其上的物体移动。在实验中，分别采用了三步状态法和四步状态法进行物体的移动，四步状态法实现物体前进的过程如图 9－36 所示。

通过实验发现，实验中采用的阵列成功地对质量大于 40 g 的铝块进行了位置调整移动。由此估算，半径为 25 cm 的阵列足以能够

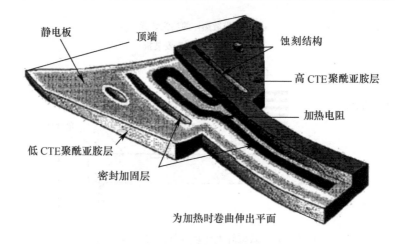

为加热时卷曲伸出平面

图 9—35　单个微型纤毛单元截面图

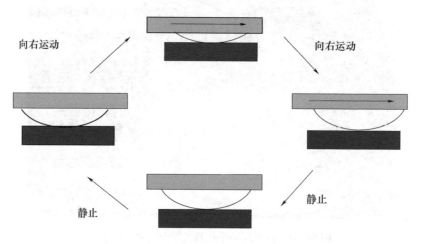

图 9—36　微型纤毛作动系统运行四步状态法示意图

实现对 40 kg 小卫星的位置调整移动。具体实验结果如下：

　　1）分别采用了 4 种不同的对接面材料进行对比实验，包括：陶瓷、聚苯乙烯、铝和硅。每种材料又分别进行了粗糙和光滑 2 种处理。实验发现，光滑陶瓷面能够获得最大的移动速度，光滑材质获得的移动速度高于粗糙材质。

　　2）通过调整气浮台倾斜度或铝块质量，测试不同接触压紧力条件下纤毛移动物体的速度。结果表明，接触压紧力越大，相对移动速度越小，因此，最佳的接触压紧力为刚好保持两星接触不分离的作用力。

3）实验发现，随着纤毛结构的频繁控制，在加热系统影响下，底板结构的温度也随之升高。当底板温度升至一定值时，加热系统无法在纤毛控制周期内使其温度高于底板温度，则通过温度控制纤毛运动的操作随之失效。同时，在该高温状态下，加热电路容易融化，聚酰亚胺层也易受损坏。因此，为了避免该极限情况的发生，必须降低纤毛控制频率。同时，设置该极限状态下的底板温度为临界值，当敏感系统测试达到该值时，就停止作动阵列的操作，使其冷却。

4）实验中所有纤毛作动器在平均 20 Hz 控制频率下均正常运行了 150 h 左右，相当于进行了 10.8×10^6 次控制运动。因此，纤毛作动器不存在寿命问题。

总之，实验证明该纤毛作动器阵列能够提供卫星对接位置调整所需的移动速度、作用力，以及稳健性和可靠性。

该项目在测试微型纤毛对接系统各项性能并验证其可行性的基础上，进一步对该系统在微小卫星对接中的应用进行了探讨。项目以在轨服务为应用背景，将该新型对接系统应用于微小服务卫星与大型目标星的对接过程中，如图 9-37 所示。

对接面的设置如图 9-38 所示。通过微型纤毛作动器阵列精确调整对接小卫星在对接面上的位置，实现服务星与目标星的燃料管路、数据和电路的准确连接。

综上所述，基于 MEMS 技术的微型作动器阵列对接系统可作为设计构建微小卫星对接系统的一个新选择，应用前景十分广阔。

（7）抓手－碰锁式对接机构

该对接机构具有结构简单、质量小的优点，但同时存在主被动组件必须成对使用、通用性不强的缺点，且对接范围小，有较大冲击，需要精确控制（见图 9-39）。

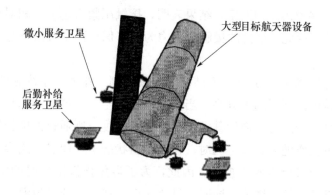

图 9-37　基于微型纤毛作动器对接机构的微小卫星任务想定图

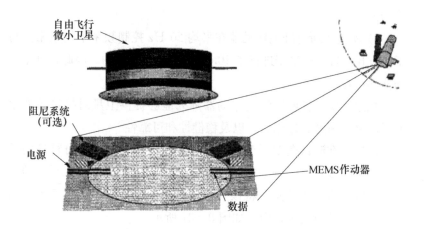

图 9-38　微小卫星微型纤毛作动对接系统应用概念示意图

对上述几种具有代表性的对接装置总结如下：

1) 电磁式对接机构是专门针对球形微型航天器对接和加注试验而设计的，对于小型、中型和大型航天器而言，由于很难屏蔽电磁干扰，因而不具有通用性。再者，这种对接方案不具备周向定位能力，也不适用于一般形状航天器的在轨对接。

2) 在软轴式对接方案中，由于空行程比较大，难以精确控制轴向相对位置，容易产生碰撞；冠状锁紧式对接机构必须根据目标卫

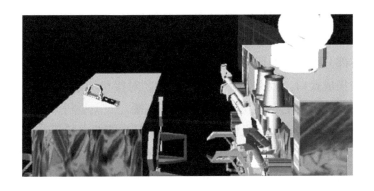

图 9－39 抓手—碰锁式对接机构

星的远地点发动机喷管喉部结构定制，不能重复使用。

3）三叉式在轨对接方案考虑得比较全面，是一种比较可行的方案，然而仍有许多问题需要研究，如对接装置的结构设计、快速准确的捕获技术、主被动组件对接过程中的非线性动力学行为、抑制冲击振荡的阻尼控制等。

4）异体同构中心式具有较强的通用性，且体积小、结构简单，适宜于小型航天器的安装要求。

5）基于 MEMS 技术的微型作动器阵列对接系统能够大大简化传统对接过程中用于接近阶段位置与姿态对齐的高精度复杂测量控制系统，但是由于该系统的对接位置精确调整是由纤毛作动器阵列完成的，因而阵列的准确控制以及对接状态的测量存在较大的复杂性。同时，由纤毛作动器完成对接卫星位置调整所需时间是否满足在轨服务快速对接的要求也有待考察。

总之，各种对接机构各有优缺点，对接机构的选择与具体的航天器总体设计有关，因此，需要结合具体的航天器总体方案，确定对接机构的任务和功能，进而选择合适的对接机构类型，并进行相应设计。

9.2.2.3 面向在轨服务的对接机构任务与功能

根据在轨服务的需求，要求对接机构具有通用性，以支持服务航天器能够一对多服务，客户航天器能够接受多个服务航天器的服务。

在部分模块更换服务任务中，对接机构同时还是模块与客户航天器的集成接口，因此，在该类任务中，对接机构还必须支持模块与航天器的机、电、热和数据信息标准连接。

根据通用快速对接机构的任务，确定其功能要求如下：

1）在接近捕获阶段，对接机构能够在一定冗余范围内对目标进行快速捕获；

2）在两航天器完成捕获进入接触状态后，对接机构能够顺利引导两航天器进一步调整直至达到预定接触或连接状态；

3）两航天器的连接达到预定状态后，对接机构能够根据指令进行锁紧操作，进一步完成两航天器的刚性连接；

4）完成刚性连接后，两航天器联合飞行，同时进行在轨服务操作，操作期间，对接机构提供可靠的机械连接；

5）完成服务操作，对接机构能够根据指令进行解锁，同时，能够提供一定的分离力，使两航天器平稳分离。

在对接和分离阶段，对接机构的操作应尽量降低对目标航天器和服务航天器的冲击影响，保证两航天器的姿态稳定运行。

除上述基本功能外，根据模块与航天器对接集成的任务以及服务航天器对目标航天器进行检测和软件更新等任务，还要求对接机构应具有以下功能：

1）能够提供模块与航天器的机械连接。在模块集成后，模块将作为航天器的一部分长期联合飞行，因此，对机械连接强度、刚度和可靠性提出要求。

2）能够提供模块与航天器的电源连接。对于无自带电源的模块，模块工作所需电源均从航天器获取；对于电源模块，模块将输出电源供航天器使用。因而对接机构需具备模块与航天器的电源接口，支持电源的连接传输。

3）能够提供模块与航天器的数据信息连接。航天器对模块下传控制指令、模块向航天器上传遥测等数据，均需要通过数据信息接口进行传输。

4）能够提供模块与航天器的热连接。模块一般自带有热控装置，但对于有特殊热控要求的模块，需要通过对接接口进行热传导（如传输导热流体等）进行温度控制，则对接机构必须支持传导介质的传输。

综上所述，要求对接机构具有快速、可靠的对接、连接和分离功能，以及具备航天器之间和航天器与 ORU 模块之间的机、电和数据信息的标准连接功能。

9.2.2.4　对接机构对航天器布局、结构与装配影响分析

从国外典型航天器对接方案可以看出，对接方式和对接机构的设计对航天器的总体设计和在轨对接操作有很大影响。特别对于中小型服务航天器和目标航天器，影响更为明显。由于小型航天器的体积小、结构紧凑，其外部可供安装的位置与空间十分有限，因此，对对接机构的布局提出了要求，具体包括：

1）对接机构的安装位置应避免与其他外部安装设备，如天线、太阳能帆板连接件、发动机喷管等的安装与布局发生冲突，或者影响其正常工作；

2）对接机构安装面上的其他外部设备不会对对接过程的正常进行造成影响；

3）在对接过程中，沿对接方向将不可避免地产生一定程度的冲击力作用，因此，在布局时应尽量降低该冲击可能对航天器内部设备和运行状态造成的影响。

除上述 3 条布局要求外，还需进一步考虑以下因素。

（1）姿态控制方案的影响

完成交会对接任务，要求目标航天器和服务航天器均采用三轴稳定的姿态控制方式。航天器在惯性空间定向才能够实现两个航天器的准确对接。两个航天器不仅对接前要求具有稳定的姿态，而且在对接过程中要能够保证姿态的相对稳定，一方面要求对接过程中

对两个航天器产生的冲击小，另一方面还要采取适当的控制措施来实现航天器在外部冲击条件下的稳定性。如果采取"软"对接方式，如采用机械臂抓捕后再进行对接，则对接过程中对航天器姿态影响可降到最小。

（2）仪器设备布局的影响

航天器的各种敏感元件、执行机构、贮箱、帆板等设备单元，都是在设备布局过程中需要首先考虑的，这些设备的正常工作需要对外部条件具有独特的要求，从而形成了布局过程中的约束条件，如：太阳、地球敏感器等元件要布置在其所需要捕捉的对象的方向，且不被遮挡；帆板的布局要留有足够的伸展和旋转空间；惯性元件要布置在中心以减小由于振动而引入的噪声影响等。因此，对接机构的布局要充分考虑上述约束进行设计。

（3）燃料泄漏的影响

进行在轨加注时需要在服务与接受服务航天器间建立可靠的液体管路连接，要求具有安全的对接接口及热防护措施。正常在轨加注后，管路内的残余燃料将会挥发及外泄，这一外泄可能对两个航天器，尤其是其上的电子设备及光学设备造成影响。可以通过两种方式减小这一影响：一是对于液体泄漏的管理，尽量减少加注后管路内的液体残留，通过设计可靠的连接减小传输过程中液体和气体的挥发与泄漏；二是使用隔离与保护装置，通过隔板等措施增大对接机构与关键及敏感元件的距离。实际的加注过程中，完全控制残留是不切实际的，因此，使用合理的防护手段将更具有可操作性。

（4）对接过程中的冲击影响

在轨对接可以通过两种方式实现：一种是"硬"对接，即保留相对速度并使用对接机构直接碰撞对接；另一种是"软"对接，即通过机械臂抓持等方式使两航天器相对速度接近于零，然后建立连接。两种对接方式的运动规划不同，对导航、轨道姿态控制方式、控制精度的要求也不同。如果采用硬对接方式，需要考虑对接过程中产生的冲击对仪器和设备的影响，将易损的设备远离冲击源或采取保护隔离措施。

（5）质量特性的影响

对接机构对于航天器的影响主要包括对整星质量的增加和整体惯量特性的改变两个方面。质量的增加改变了整体的质心位置，主要影响轨道调整与控制，惯量的改变将对姿态控制和调整产生影响。航天器在对接过程中通过姿态调整弥补初始的姿态偏差。对接机构的布局设计和航天器整体的质量、惯量特性分布要充分协调，对接机构的安装位置应相对于整体的质心有最小的旋转惯量，以利于对接过程中姿态的调整。

由上述分析可知，在小型航天器有限的安装空间条件下，对接机构的体积应越小越好，尽量降低对航天器的质量特性和布局的影响。中心式单点机械连接，如软轴式、三叉式和异体同构中心式等在小型航天器中具有较强的应用优势。

9.2.2.5　对接机构机、电、热、数据一体化设计技术

随着在轨服务内容的不断丰富，在轨服务任务对对接机构的机、电、热、数据一体化设计提出了需求，典型示例包括：

1）在部分在轨组装任务中，如多个航天器或多个模块通过对接组成新的航天器，对接机构在装配过程中成为各个子模块集成的关键。对接机构不但要求能够提供模块间的机械连接，还要承担模块间的电、热和数据连接，以实现模块的全面集成。特别是电连接与数据连接，是为模块工作提供电源的唯一方式，也是为模块下达控制命令、从模块获取信息的唯一途径，因此，电连接与数据连接是保障模块正常运行，进而保证整星正常运行的关键。由此可见，在通过航天器或模块对接进行组装的在轨装配任务中，要求对接机构能够同时支持机、电、热和数据信息的连接。

2）在服务航天器为目标航天器进行检查、校验、软件更新等维护任务中，要求服务航天器与目标航天器完成对接后，即可通过对接机构的连接实现服务航天器对目标航天器上的系统运行情况进行检查、诊断，或者软件校验、更新。这些操作的执行都是以对接机

构支持两航天器间的数据传输为基础。

3) 在部分在轨维护的模块增加与更换任务中，新增模块与目标航天器的连接通过对接机构完成。插入模块与目标航天器的集成完全通过唯一联系它们的对接机构实现。目标航天器与模块间的电源、数据、热流传递工作完全通过对接机构完成，因此，要求对接机构能够同时支持机、电、热的连接。

目前，机、电、热、数据一体化设计主要集中于实现机、电和数据的一体化设计。因为对接的各个模块或航天器各自独立进行热控，且在设计时充分考虑了降低模块与航天器间的热传递影响，所以解决热连接问题的紧迫性相对较弱。典型的机电一体化设计方案为：在对接机构的对接面上安装电连接接口，如连接片、插头等，以此支持电源和数据的传递。

美国麻省理工大学进行的一项在轨组装技术研究中，实现了对接机构的机、电一体化设计。其设计思路是：在对接机构的对接面上安装有两个电连接片，当两个航天器完成对接，对接面完全重合，则电连接片也形成了预定面积的接触，可以支持电流的传递。该对接机构结构如 9-40 左图所示，实物图如 9-40 右图所示。图中用方框所表示的部分即为电连接片，材质为铜。

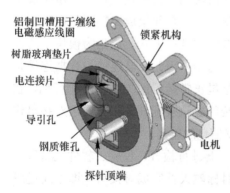

图 9-40　对接机构机电一体化设计示例

　　该对接机构的电连接片设计是实现电连接正常可靠运行的关键。电连接片的设计主要包括连接片材质、尺寸的设计。如图 9－41 所示，假设连接片在对接面紧密对接后的接触面长度为 0.5 mm，则要求通过合理的选择材质、连接片宽度，以保证在 24 V 电压下进行电流强度为 1 A 的电源连续传输 1 h，不会由于连接片温度升高而引起其周围的 PVC 绝缘体达到熔点。在该对接机构设计中，通过比较多种材质，最终确定铜质连接片方案。

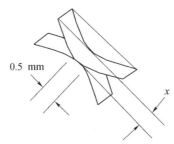

图 9－41　机电一体化对接机构的电连接片设计

　　总之，对接机构的机、电、热、数据一体化设计要充分考虑在轨服务任务的具体应用需求，对机械接口、电接口、热接口和数据接口进行合理设计，以最优实现在轨服务任务，满足任务要求。

9.3　在轨模块更换技术

　　航天器在轨模块更换需要考虑两方面的内容：更换模块来源；模块更换功能。

　　根据更换模块的来源不同，模块更换分为航天器自身更换和服务航天器外部更换两类。前者指航天器通过自身携带备份部件进行切换或系统重构实现。当系统模块出现故障时，通过逻辑切换电路实现故障模块和备份模块的切换。当不存在备份模块时，通过系统的重构取代被替换模块的功能或降级运行。后者则通过服务航天器对客户航天器进行模块拆卸和再插入实现模块更换。

根据模块更换功能的不同，模块更换分为同级更换、升级更换、降级更换和变功能更换。同级更换指在原模块故障已定性不可排除情况下，将原模块关闭或拆卸，更换相同的功能模块；升级更换指拆卸原模块，更换为同类更先进或能完成更多功能的模块；降级更换指当原有模块故障不能排除，也不能更换同类功能模块时，关闭此模块，应用其他模块功能组合，替代故障模块相应功能，此时系统性能可能会下降；变功能更换指更换掉原功能模块，重新接入其他功能模块，从而改变系统任务。

根据国内外在轨模块更换技术研究情况，目前在轨模块更换主要有 3 种方案：

方案 1——服务航天器模块更换；

方案 2——航天员在轨模块更换；

方案 3——航天器内部模块更换与重构。

方案 1 和方案 2 均属于在轨模块外部更换，方案 3 属于在轨模块内部更换。

在轨模块外部更换的实现主要有两种方式：模块移除替换式（Remove and Replace，R&R）和新增模块补加式（Plug and Stay，P&S）。

模块移除替换式也称为硬件替换式，其操作流程主要包括以下 5 步（见图 9—42）：

1) 服务航天器携带新模块发射入轨、机动变轨，与目标航天器交会对接；

2) 两航天器完成刚性连接后，服务航天器通过机械臂将目标航天器原有故障模块拔出，移置于服务航天器指定位置，以带离轨道；

3) 服务航天器通过机械臂将新模块安装于目标航天器的指定位置；

4) 新模块插入后，目标航天器对插入模块进行识别、集成与检测，检测正常，则模块替换成功；

5) 两航天器分离，完成在轨服务。

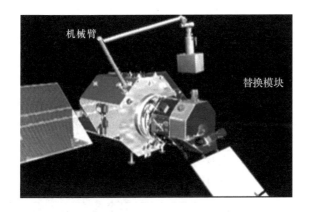

图 9-42   模块更换过程示意图

该模块更换方式的优点有：

1）目标航天器始终只包括有用的模块组件系统，不包含额外被替换组件；

2）在预定条件下，能够对 ORU 模块进行无限制的替换，不存在空间限制和质量限制的问题；

3）如果被替换模块与替换模块相同，则无须对相关软件进行更新。

存在的缺点有：

1）ORU 模块拆卸与安装的更换操作需要空间机械臂的协同操作才能完成，机械臂不仅在结构、质量和空间体积上增大了服务航天器的规模，而且在可靠性、技术成熟度方面也增大了难度；

2）服务航天器需要能够从空间位置上获取被替换 ORU，并且将其拆卸，因此，对目标航天器的设计提出了要求，包括模块化设计等；

3）被替换模块需要带离轨道处理。

新增模块补加式也称为功能替换式，即不从物理硬件上对组件进行替换，而是同时保留被替换组件和新增组件，只是从功能上关闭原有模块，并切换到新增模块，实现功能上的替换。其操作流程如下：

1）服务航天器携带新模块发射入轨、机动变轨，与目标航天器交会对接（见图9-43）。

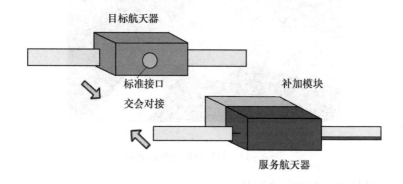

图9-43　模块补加式在轨服务方式——交会对接阶段

2）服务航天器与目标航天器完成对接。对接操作由目标航天器标准接口和服务航天器携带的新模块标准接口之间完成，最终实现两航天器的刚性连接（见图9-44）。

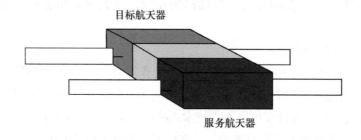

图9-44　模块补加式在轨服务方式——对接集成阶段

3）新模块通过标准接口与目标航天器集成，进行模块插入检测和综合测试。

4）测试正常，模块补加成功。补加模块与目标航天器永久连接，服务航天器与新模块分离（见图9-45）。

5）两航天器分离，完成在轨服务。

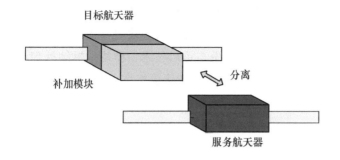

图 9-45　模块补加式在轨服务方式——完成分离阶段

模块补加式的一种特殊形式是服务航天器整体直接作为一个模块与目标航天器永久对接集成，取代目标航天器故障失效模块的功能，或者增加新的功能。

模块补加式在轨服务方式的优点有：

1）对目标航天器的结构没有特殊要求，对传统航天器也能进行该类服务；

2）能够通过标准接口为目标航天器增加新的模块，从而增加目标航天器的功能，提高整星性能；

3）新增模块与被替换模块能够同时在线工作；

4）不需要对被替换模块作离轨处理；

5）风险小。

存在的缺点有：

1）对标准对接口的设计要求较高；

2）能够支持新增模块与被替换模块的功能切换，因此，在电路设计上对目标航天器提出了要求，如功能模块化设计等；

3）改变了目标航天器的质量特性，需进行姿控软件的更新；

4）新增模块数量有限，根据对接口数量和对接模块是否支持在其上继续对接而定；

5）新增组件改变了目标航天器外形，可能增加目标航天器的特征截面积，从而加大轨道大气阻力，特别是对低轨卫星影响较大，对轨道控制提出了要求。

模块移除替换式与新增模块补加式各具有优缺点，应根据具体任务需求进行选择和确定。实现在轨模块更换需要解决的几个主要关键技术包括：模块的备份与重启技术、模块的拆卸处理和更换技术、在轨系统模块的软/硬件智能化更换技术等，本节重点对上述 3 项关键技术进行探讨。

9.3.1 典型实例

目前已经进行在轨自主模块更换飞行试验的典型项目计划主要有日本的 ETS-VII 项目和美国的轨道快车计划。在 ETS-VII 项目中，首次通过遥操作机械臂实现了服务航天器与目标航天器之间电池 ORU 模块和贮箱 ORU 模块的传递与更换，成为自主模块更换技术发展的里程碑。在轨道快车计划中，进行了不同自主级别的在轨模块更换试验。其中，在轨模块更换实现了电池 ORU 模块和姿控分系统控制计算机 ORU 模块的更换，任务操作包括 2 项（见图 9-46）：

1）通过机械臂从服务星 ASTRO 上取出 ORU 模块，将其转移并安装于目标星 NEXTSat 上。完成安装后，目标星对插入模块进行

图 9-46　轨道快车计划 ORU 模块更换示意图

检测、启用、校验和集成，确认其能够正常运行。

2）通过机械臂从目标星 NEXTSat 上取出 ORU 模块并将其装回服务星 ASTRO。操作过程与前述任务操作相反。

通过为 NEXTSat 插入新的电池 ORU 模块，提高了其电能储备量，使其能够降低保持对日定向姿态的时间要求，从而使其姿态控制具有更强的灵活性。

9.3.2 模块备份与重启技术

9.3.2.1 在轨更换模块的备份技术

在轨更换模块的备份包括两类：一类是航天器在进行模块更换前，对状态数据进行备份；另一类是通过自带备份模块或通过在轨服务外部更换模块与原有模块形成备份。

（1）数据备份

为了使在轨更换后的模块能够融入整个系统，恢复到更换前模块的工作状态，需在轨备份原模块的状态数据。

需要备份的状态数据包括：

1）故障模块的运行状态信息。如模块中 CPU 的软件运行模式、接口控制参数以及其他重要数据。

2）航天器整体运行状态信息。如航天器的当前所处飞行阶段、飞行任务、星载时间、控制参数等。

数据备份的方法有以下几种：

1）通过系统总线将数据传送到系统中的其他模块，在其他模块中备份。如：数管中心计算机软件将自身参数周期性地通过总线保存到多个远置单元。

2）如果模块内部自带备份的子模块，可通过模块内部的数据交换通道，将数据备份到模块内部的备份子模块中，数据交换通道可采用 422 接口或双口 RAM 实现。

（2）模块备份

模块备份包括航天器自带备份模块和在轨服务外部更换模块

两类。

① 航天器自带备份模块

自带备份模块指航天器的部分功能模块具有主、备份模块，可在轨自动更换模块的主份或备份模块。在主份模块出现不可恢复硬件故障的情况下，通过切换到航天器内部的备份可以恢复模块的功能。为了使模块在下一次出现不可恢复硬件故障的情况下，仍可通过切换到内部的备份模块以恢复模块功能，需通过在轨服务更换损坏的模块部分。

对于航天器中实现重要功能的设备，为了当模块在轨出现不可恢复硬件故障的情况下，模块的功能不丧失，需要进行自带备份模块设计，如姿轨控计算机、数管中心计算机等重要设备都需要进行模块自带备份设计，保证设备的高可靠性。模块自带备份设计的主要方法有：

1) 子模块备份，即模块中的某些功能模块有备份。如单机结构计算机模块中的 IO 接口模块设计冗余备份，程序存储器设计双区或多区的备份。

2) 双机备份，分为双机冷备份和双机热备份。双机热备份模块的工作状况是双机都处于加电状态，但只有当班单机能够输出控制信号。双机冷备份模块的工作状况是双机中只有主机处于加电状态，备份机处于断电状态。

3) 多机备份，主要指多机热备份，主要有三机热备份和四机热备份。

子模块备份在硬件复杂程度上最小，可以提高模块局部功能的可靠性，但是不能完全提高整个模块的可靠性，因此，重要模块自带备份设计不能只采用子模块备份。一般需采用双机备份或多机备份方案。对于模块中易出故障的子模块还可进行子模块备份设计，进一步提高模块的可靠性。

一般航天器在轨模块自带备份更换的实现过程如下：在轨信息系统或地面人员发现航天器在轨模块的不可恢复硬件故障后，通过模块内部自主切换、地面发指令切换模块的主备份，恢复在轨系统的功能。在模块的切换过程中，为保证系统的安全性，以及模块切换后功能可恢复。要求备份模块和主份模块之间的接口电路相互隔离，保证在有一部分出现故障的情况下不影响另一部分的可靠工作。

② 在轨服务外部更换模块

航天器中的模块设计往往受系统的功耗、质量和体积约束，不能对所有的模块进行备份。系统中功能实时性要求不高或功能丧失不会导致系统瘫痪的模块可采取单机设计方式。实时性要求不高指模块与外界数据交换无周期性，一段时间内系统没有此功能也能维持状态。当这些模块发生故障时，通过在轨服务可以将整个损坏的模块更换为备份模块。这种备份方式可以用于对系统可靠性要求不高、在一段时间内失去此项功能系统仍可以正常工作的模块。

9.3.2.2　在轨更换模块的重启技术

重启通常指将系统恢复到初始状态，从初始状态开始工作，恢复系统的功能。重启分为热启动（从故障点恢复所有功能）和冷启动（重新引导装入系统）。

通常重启包括以下3个过程：

1）状态保护。状态保护指的是在重启后软件的运行状态能恢复到重启之前的状态，该目标的实现主要基于重要状态参数的备份。

2）状态注入。状态注入一般指将保存于其他设备中的重要数据读取回来。取回时需进行数据校验，只有校验正确的数据才可用于恢复软件原有运行状态。如果从其他设备或分系统终端恢复状态失败，则需要地面通过指令将原有状态重新注入到在轨模块中。

3）同步衔接。将读取回来的重要数据配置到模块中对应位置，将模块恢复到故障前的工作状态。

在更换模块后，需要进行状态注入，并启动模块或整个系统，以保证在轨更换服务的顺利衔接。主要任务包括：

（1）重启模块

航天器新插入模块的重启途径与其备份方式关系密切。主要分为以下 3 种：

1）自带备份模块冷重启。冷备份模块在上电以后，信息网络需从其他节点设备中将保护的数据以及系统当前的实时信息通过总线注入到该备份模块，由备份模块完成重要数据的配置和模块的重启。

2）自带备份模块热重启。热备份模块在切换到当班状态以后，如果内部保存了故障模块的状态数据，则通过配置备份的状态数据，并由信息网络注入系统的实时信息，完成模块的重启。如果内部没有保存状态数据，则与冷备份模块重启过程相同。

3）外部更换模块重启。通过在轨服务外部更换模块接入后的重启方式与自带备份模块的冷重启方式相同。

从模块的重启过程可以看出，模块重启需要信息系统的支持，要求信息网络的每个节点可配置和启动运行，网络中具备信息存储能力的节点存储状态数据。考虑到模块在轨更换的高可靠性要求，在模块重启过程中还需实时监测模块的状态，确保融入信息系统的模块是可靠的。

（2）重启航天器信息系统

在特殊情况下，有可能要求航天器信息系统快速重启。为保证航天器任务和安全运行，可由信息网络的主控节点对所有节点的状态参数和系统飞行与控制参数进行备份，远程启动其他节点，该模式需要由地面测控人员分析和决策出发最终重启指令。

9.3.3　模块拆卸、处理和更换技术

对可接受在轨服务航天器进行模块更换主要包括接口的拔插、工作模式的切换等任务。

在更换之前，必须根据模块的重要性、位置、相互间的关系等，确定模块的更换次序；同时，由于服务航天器通过机械臂自主进行更换操作，因此，在更换过程中需要根据更换模块所处位置的不同设计更改机械臂的运动路径，以避免与周围设备发生碰撞。根据模

块所处位置不同，更换过程中的具体操作步骤有所不同。

1）对于处于目标航天器外部的模块。首先通过机械臂上的摄像机配合机械臂的运动找到需要更换的模块。由于外部模块的连接关系较为简单，且接口标准化程度高，因此，一般可以通过机械臂直接将其获取，使其与目标航天器分离，然后将其转移到服务航天器上的预定位置并固定。最后机械臂将用于更换的模块取出，安装到目标航天器上。

2）对于处于目标航天器内部的模块。首先需要通过机械臂上的摄像机找到更换模块所对应的舱门，并通过机械臂将其打开，在某些情况下还需剥开表面涂层等；然后将机械臂伸入航天器内部，通过摄像机找到待更换模块，并根据目标航天器内部环境决定机械臂的运动路径，使其移动到待更换模块；然后，通过机械臂将模块从目标航天器上卸下，按原路径移出，并将模块放置到服务航天器上；机械臂将用于更换的模块取出，按原路径移入目标航天器，将其插入接口；最后，关闭舱门，恢复表面涂层，完成更换。

某些航天器模块更换后需要进行校准操作，如：更换敏感器时，需要知道敏感器在航天器本体坐标系中的方位；更换镜头模块时，可能需要调整对焦。

9.3.4　模块自主检测与识别技术

为实现航天器的在轨模块更换，需要航天器信息系统具备支持 ORU 插拔、自主检测与识别的能力，可以自动检测和识别新插入或更换的硬件设备，进行系统的重构，以实现原有功能或进行功能升级。

（1）ORU 拔除时的自主检测与识别技术

整个航天器系统应该能在某一个 ORU 被拔除时做到连续工作，使得 ORU 的拔除不影响系统其他 ORU 的正常工作。这里分两种情况考虑：

1）如果被拔除的 ORU 是非主控中心，例如一个试验设备或一个被控设备。那么在 ORU 被拔除时，航天器的主控中心（例如数管中心计算机）需要能自主检测到 ORU 被拔除，其工作状态或工作方式需要做相应改变，以适应 ORU 被拔除后对整个系统的影响。

2）如果被拔除的 ORU 是航天器的主控中心，例如 1553B 总线控制器或 1394 根节点，此时由于该 ORU 被拔除，整个航天器可能处于不可控状态。为了支持航天器的主控中心 ORU 拔除，需要提供额外的软硬件支持，如可以在主控中心 ORU 之外设计有一个降级的主控设备，该主控设备会定期检测主控中心 ORU 的工作状态，一旦检测到主控中心 ORU 不在线或工作不正常时能自动接替主控中心 ORU 的任务，完成少量的控制任务，直到主控中心 ORU 更换完成并恢复正常工作为止。

（2）新 ORU 插入后的自主检测与识别技术

新 ORU 插入后的自主检测与识别技术与移除时的自主检测与识别技术有很大区别，主要包括以下几方面：

1）为了保持更换 ORU 模块运行状态的连续性，需要将故障 ORU 备份的状态数据注入新插入的 ORU 模块，使其恢复原模块的工作状态；

2）作为支持新 ORU 模块插入运行的主控中心（例如数管中心计算机），需具备智能化检测与识别技术，能自主检测新 ORU 设备的插入并按照新 ORU 设备的特性进行功能重组、系统重构。

（3）软件更新技术

新 ORU 插入后可能需要进行软件更新才能支持模块的正常运行，如：新插入 ORU 功能是原 ORU 功能的升级版，为支持该 ORU 更换后的新功能，需要首先对主控中心的软件进行更新，以满足新插入 ORU 模块的运行要求。软件更新主要通过在轨注入及重构技术实现，下面分别进行说明。

① 在轨注入技术

在轨注入技术可以实现以下几个级别的软件更新：

1）软件参数更换。在航天器的在轨运行期间，由于种种原因，软件的控制参数可能需要重新修改才能满足控制任务的要求。因此，可通过地面注入新的控制参数，对所有的控制参数进行修改。

2）函数更换。当航天器应用软件中的某个函数或某几个函数需要修改时，可以只注入这几个函数并替换原有函数。该技术的主要实现方案有 2 种：一种是对应用软件每个模块（或函数）定义一个函数的指针，初始时将这些函数的指针指向其对应的函数，一个函数在调用另一个函数时通过调用指向该函数的指针实现。当需要修改某个函数时，将该函数编译后的代码上载至内存中的空闲区域，然后通过内存修改指令，把指向该函数的指针对应的函数地址修改为新上载的函数地址即可。另一种是在 RAM 的一个空闲区将新函数的代码上载，原有函数代码保持不变。然后将所有包含该被调用函数的代码块全部重新上载，因为所有调用被修改函数的函数必须使用新上载的函数地址。第一种方案的好处是修改一个函数只需在上载代码后，修改指向该函数的指针值即可，而不用去修改所有调用该函数的函数代码。缺点是需要对每个函数都定义一个指针，比较繁琐。第二种方案的优缺点刚好和第一种相反，应用软件比较简洁，但修改时上载的数据量比较大。

3）软件全部替换。航天器在轨运行期间，可能需要按照新的需求实现新的控制和管理任务，需要替换原来大部分（甚至全部）的功能模块，此时通过部分软件参数或者部分软件模块的修改和替换无法满足新需求。因此，需要在软件的设计上提供一种全覆盖的在轨注入方式。可以采用的方法是在计算机硬件中设计两个存储区，一个为应急程序存储区，另一个为正常运行程序存储区。当需要进行在轨软件全部更换时，可以切换至应急程序存储区运行应急模式，该模式只包含简单的遥测遥控功能。通过遥控注入新的软件到正常运行程序存储区，检查完毕后再切换到正常运行程序存储区，运行新的软件。

② 在轨软件重构技术

在一个使用软件合成技术设计的系统中，修改某些软件模块的调用参数或修改软件模块的组织结构产生新的应用功能的过程，就是软件重构。软件重构技术研究利用可重用的软件模块进行合理的组合，构造新的应用，它有两个目的：一是在硬件配置不变的情况下通过修改、增加、删除系统内的软件模块，产生新的功能以支持 ORU 的更换；二是隔离系统内出现运行错误的软件模块，使系统更稳定地运行。

某些操作系统如 WindRiver 公司的 VxWorks 操作系统可以自主识别新加入的模块并且与系统中已有的模块动态链接并进行软件重构。

9.4　在轨加注技术

航天器在轨加注的概念最早提出于 20 世纪 60 年代，指通过航天飞机、飞船等服务航天器对在轨运行航天器的推进剂等耗费品进行在轨补给。最初的在轨加注主要指通过推进剂的直接传输实现补给，即推进剂直接通过配套设备从服务航天器传输到目标航天器。随着技术的发展，在轨加注的方式也不断拓展，出现了通过推进剂贮箱更换实现推进剂补给的方式，以及直接将整个推进系统模块进行更换的方式。因此，从广义上讲，在轨加注是指通过直接传输或者模块更换等多种方式的在轨操作，使目标航天器重新具有正常的推进系统功能。该功能的实现既可以通过对目标航天器推进剂的补给使其恢复原有推进系统的功能，也可以通过集成或更换新的推进模块使其替换原有推进系统实现指定功能。

在轨加注的应用需求主要体现在以下 4 个方面：

1）增强航天器机动能力。航天器的在轨机动能力很大程度上受限于推进剂的携带量。如果能够进行推进剂的在轨补给，则可以大大提高航天器的轨道机动能力，并增强其执行任务的灵活性，如：使侦察卫星能够根据对地观测的要求灵活调整地面覆盖区域和观测时间，或机动变轨跟踪监视目标航天器，从而实现灵活部署侦察与监视卫星的能力，满足空间攻防对抗的要求。同时，通过提高航天器的轨道机动能力，能够大大降低被敌方航天器攻击的概率，从而提高己方航天器的存活率。

2）深空探测航天器的中途"加油站"。对于深空探测航天器，根据飞行任务要求往往需进行系列的大范围机动变轨，因此，对推进剂的携带量要求较高。但是，推进剂携带量又同时受到发射条件的限制。有效解决该矛盾的途径之一就是先将航天器发射进入地球停泊轨道，在此接受推进剂在轨加注，然后再出发进行星际飞行。

3）大型空间平台的常规维护要求。对于空间站、大型空间探索观测卫星（如 Hubble 望远镜）等大型空间平台，其在轨运行需要进行推进剂等耗费品的常规补给，因此，在轨加注是维持平台正常运行的基本要求。

4）延长在轨航天器的工作寿命。推进剂是航天器的"血液"，是实现轨道机动、轨道保持以及姿态控制（对于通过推进系统进行调姿的航天器）的基础。但是，由于发射条件与成本、航天器结构与质量等限制，推进剂的携带量十分有限，一般通过飞行任务和在轨运行要求进行估算，以满足航天器的在轨运行与寿命要求。但是，如果航天器提前耗尽推进剂，则会缩短在轨工作寿命；或者当航天器达到设计工作寿命时，除推进剂等耗费品需补充外仍具有正常工作的能力。由此提出通过推进剂的在轨补给，从而实现延长航天器工作寿命的需求。由此可以大大降低航天器全寿命周期费用，具有十分显著的经济效益。

总之，航天器通过接受推进剂在轨加注，能够大大提高轨道机动能力，增强执行任务的灵活性，延长在轨工作寿命。正是由于在轨加注巨大的应用前景和重要的战略意义，许多航天大国都相继展开了相关项目研究。

9.4.1　典型实例

9.4.1.1　空间站在轨加注

早在 20 世纪 70 年代，俄罗斯的进步号飞船向空间站成功执行了液态推进剂（N_2O_4 和 UDMH）的传输任务。推进剂供给贮箱为隔膜式贮箱，通过隔膜实现推进剂的两相分离，并通过对贮箱气体进行加压为推进剂传输提供动力。接受推进剂注入的贮箱首先通过高压氮气进行排空，然后密封开始进行推进剂注入。注入过程中，通过压气机将该贮箱中的氮气不断压缩至配套的高压气瓶中，从而降低贮箱气压，保证传输的顺利进行。该系统简单可靠，但由于隔膜材料与推进剂的相容性限制，因此，存在隔膜寿命较短的缺点。该传输系统多次应用和平号空间站和国际空间站的在轨传输任务。

9.4.1.2　航天飞机在轨加注试验

美国 NASA 从 20 世纪 60 年代开始展开了大量的在轨加注相关研究工作，如：对加注贮箱和加注接口性能进行研究、对低温液体推进剂贮箱压力管理系统进行研究、对贮箱通过射流混合实现流体热平衡和压力控制（Tank Pressure Control Experiment，TPCE）的特性进行研究、对在指定压力下提高传输速率的有效手段进行研究等。在轨加注技术的早期研究主要通过地面落塔试验展开，随着航天飞机的成功飞行，为在轨加注提供了更多的飞行试验机会。具有代表意义的航天飞机在轨加注试验主要有以下一些：

1) 1984 年的 STS－41G 飞行任务中，对在轨推进剂补给系统（Orbital Refueling System，ORS）进行了在轨试验，进行了 6 次共计 142 kg 的肼推进剂传输。推进剂供给贮箱为皮囊式贮箱，通过皮囊结构实现推进剂的两相分离，并通过对贮箱气体的温度进行调节来加压，进而为推进剂传输提供动力。

2) 1985 年的 STS-51G 飞行任务中，对可存储液体推进剂管理设备（Storable Fluid Management Device，SFMD）进行了在轨试验。推进剂供给贮箱为隔膜式贮箱，通过隔膜实现推进剂的两相分离，并为推进剂传输提供动力。加注过程中接受加注的贮箱保持排气阀打开通气。接受推进剂注入的贮箱内下半部分安装有 4 个通道式表面张力液体收集器，上半部分安装有系列钻孔挡板，以避免液体推进剂从排气阀泄出。最大传输速率为 1 加仑/分钟（4.546 升/分钟），此时获得最大加注充满率 85%。

3) 在 1992 年的 STS-53 飞行任务中，进行了液体推进剂获取与传输加注试验（Fluid Acquisition and Resupply Experiment，FARE）的第一次在轨试验，即 FARE-I。其中，接受推进剂注入的贮箱由 SFMD 中的下半部分安装液体收集器改进为全箱体内安装 4 个通道式表面张力液体收集器，实现对液体推进剂的位置保持和气液两相分离。在注入口装有入射流挡板，降低入射流体的速度，减小推进剂液体的激荡影响。加注过程中与地面加注相同，始终保持排气阀打开通气，从而保证接收贮箱内的气压低于传输气压，实现传输过程的顺利进行。由于表面张力液体收集器的作用，始终能够保持贮箱内的气液分离，因此，排气阀不会排出注入的推进剂液体。液面上升到接触排气口并开始排出时，关闭排气阀，完成加注过程。通过飞行试验表明，贮箱的推进剂充满率与加注速率、排气阀位置和排气管深入贮箱的长度有关。传输速率过低或过高都会降低充满率，在中等传输速率条件下，充满率能达到 80%。在该次飞行任务中，同时还运用相同的系统进行了密封式加注试验，即在传输开始前将接收贮箱排真空，然后关闭排气阀开始传输。随着推进挤的注入，贮箱内气压升高，直至其与供给贮箱的气压相等，停止传输。试验结果为贮箱加注充满率能够达到 98% 至 99%。

4) 在 1993 年的 STS-57 飞行任务中，进行了 FARE 的第二次在轨试验，亦即 FARE－II 试验。在该试验中，接收推进剂贮箱中的液体收集器由 FARE－I 中的网式表面张力结构改为叶片式表面张力结构。加注试验过程与 FARE－I 相同，获得了 60％至 80％的充满率。在该次飞行任务中，还进行了空间超流氦在轨补给系统（The Super Fluid On-Orbit Transfer，SHOOT）的演示试验。进行了网式表面张力贮箱和叶片式表面张力贮箱两种供给推进剂贮箱条件下的超流氦传输试验，对低温流体的在轨传输关键部件和技术进行了演示验证。

5）在 1996 年的 STS－77 飞行任务中，进行了排气式加注试验（Vented Tank Resupply Experiment，VTRE），对叶片式表面张力推进剂管理设备（Propellant Management Device，PMD）技术进行了在轨试验，并对其在航天器加速条件下的液体位置恢复能力进行了测试。结果表明，在航天器主发动机点火 15 s、提供 $7 \times 10^{-4} g$ 加速度的条件下，该叶片式 PMD 约 30 s 能够恢复液体推进剂的位置。最大传输速率为 2.73 加仑/分钟（12.41 升/分钟），此时获得最大加注充满率 90％。

9.4.1.3　轨道快车在轨加注试验

2007 年 3 月轨道快车计划发射在轨服务卫星 ASTRO 和客户星 NEXTSat，成功进行了两星之间肼推进剂在传输泵系统和压力传输系统两种不同传输机制下的往返传输，单次最大传输量达到 60 lb（27.2 kg）。

9.4.1.4　空间飞行器寿命延长系统

美国轨道复原有限公司正在开展空间飞行器寿命延长系统 SLES 的研究，重点对轨道延寿航天器 OLEV 进行研制。该航天器通过与运行在地球同步轨道的通信卫星的远地点发动机喷管进行对接实现两星的永久刚性连接，然后由该航天器作为对接后组合体的推进单元进行轨道与姿态控制。这是在轨加注实现的新途径，即通过整个航天器作为推进模块与目标星对接集成，替换目标星原有的推进剂已耗尽的推进模块，进行轨道和姿态控制。该航天器预计能够为干重2 500 kg以内的地球同步轨道三轴稳定商业卫星提供推进、定位与导航服务，使目标星延长 10 年寿命。

9.4.1.5　赫耳墨斯计划

欧空局、德国宇航中心（DLR）以及研发商 Kosmas Georing 服务公司正在研讨一项赫耳墨斯（Hermes）飞船计划。赫耳墨斯计划与 SLES 项目相似，包括一个重 350 kg 的实用代理（Utility Agent）飞行器，可将在站点保存的燃料转移给位于地球静止轨道的通信卫星，或为目标航天器安装一个火箭发动机实现再次推进入轨。Kosmas 公司称，实用代理飞行器可为 3 颗卫星加注燃料。卫星的燃料加注需要一个特殊的耦合设备，一部分在发射前安装在用户卫星的燃料阀上，另一部分安装于实用代理飞行器上。该飞行器还可以将 Kosmas 公司研发的 Kinitron 火箭发动机安装到用户卫星上，将其送入轨道。每个发动机可重新加注燃料重复使用。

综上所述，在轨加注技术通过几十年的研究发展，已经取得了很大进步，特别是空间站等大型平台的在轨加注技术已经比较成熟。但是随着应用需求的发展，在轨加注的服务对象也向卫星等更大范围的航天器拓展，在轨加注方式也向多样化发展，如：除传统推进剂直接传输加注方式外，出现了模块化推进系统/贮箱更换加注模式、整星对接更换推进系统方式等。因此，对多种在轨加注方式及其相关核心技术需要进行进一步研究，对各种加注方式的应用范围和经济效益也需进行进一步探讨。

9.4.2　在轨加注方式

根据在轨加注研究进展的综述可知，在轨加注方式主要分为两大类：燃料直接传输加注式和推进系统更换式。对于推进系统更换方式，根据更换硬件和更换方式的不同，又可具体细分为若干子类，如图 9—47 所示。

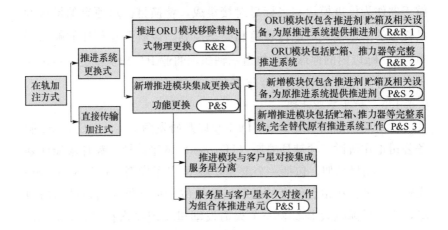

图 9-47　在轨加注方式分类图

9.4.3　直接传输加注关键技术

推进剂直接传输是指通过标准接口和传输系统（见图 9-48），实现推进剂从服务航天器贮箱向目标航天器贮箱传输的操作。目前已经进行了一系列的空间流体传输试验，并多次成功应用于空间站的在轨推进剂补给，充分证明了以流体传输的方式实现在轨加注可储存推进剂的技术可行性。

推进剂直接传输加注流程主要包括以下 5 步（见图 9-49）：

1）服务航天器携带补加推进剂发射入轨、机动变轨，与目标航天器交会对接；

2）两航天器完成刚性连接后，进行推进剂传输接口的连接，检测接口、管路等系统的气密性及其他相关参数，做好推进剂传输准备；

3）推进剂开始传输，监测传输状态；

4）推进剂传输至预定要求，停止传输，检测接口和管路系统，做好接口分离准备；

5）传输接口分离，两航天器分离，完成加注。

图 9-48　推进剂直接加注传输接口连接示意图

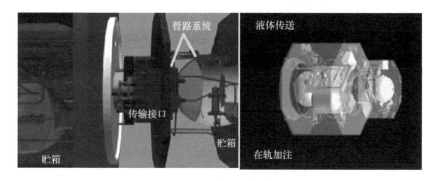

图 9-49　推进剂直接加注传输过程示意图

存储该加注方式的关键技术包括：

1）供给贮箱的推进剂存储和高效排放技术。如果推进剂采用亚临界低温存储，则会出现气液两相共存的情况。在空间微重力条件下，无法确定和保持气液分布状态，因此，供给贮箱需采用相应途径进行两相分离实现液体推进剂的无气泡排放传输。采用隔膜式或皮囊式贮箱在实现技术上相对简单，但由于推进剂与隔膜和皮囊材料的相容性问题，使其存储寿命受到较大限制。表面张力贮箱亦可实现两相分离功能，但需对表面张力液体收集器及其安装布局作深入研究，保证在受航天器加速或振动的扰动条件下气液分离的有效性。还需进行供给贮箱在加注过程中的压力/传输动力管理与控制技术的研究。对于低温推进剂，还包括对长期储存技术，如汽化损耗管理等技术进行研究。

2）管路密封、漏率检测和低阻传输技术。

3）接收推进剂贮箱的推进剂管理设备 PMD 技术和压力管理技术。PMD 主要指用于进行气液分离并保持液体推进剂定向和定位功能的表面张力设备，这在实现同地面加注过程类似的接收贮箱排气阀开启的加注方式（vented fill）中十分重要。由于表面张力装置维持气液分离状态的稳定性与推进剂性质、表面张力装置、推进剂入口尺寸、注入流体的速度相关，因此，应充分研究各个因素之间的关系和相互影响，提高保持接收贮箱气液分离稳定状态下的最大传输速率。对于无排气阀开启的加注方式（no-vent fill），贮箱压力管理技术包括传输前的降压操作技术（抽真空操作）、传输中的压力测量与控制技术（如低温推进剂通过射流混合实现流体热平衡和压力控制）等。

4）传输过程中由于质心变化或接收贮箱排气引起姿态扰动的控制技术。

5）航天器加速/扰动条件下的传输管理技术等。

该加注方式的优点在于：只需目标航天器和服务航天器具备相应支持在轨加注的接口和管路系统，不会对航天器总体布局方案造成大的影响。加注前后不会引起目标航天器质量特性大的改变。同时，直接加注系统具有可重复使用的特点，服务航天器可以对多个目标或对一个目标进行多次在轨加注。

该加注方式的难点在于：对贮箱设计、加注密封系统设计以及加注控制系统的设计要求很高，管路系统和控制系统相对复杂，高可靠性设计存在较大困难。

9.4.4　模块更换加注关键技术

推进系统更换式是在轨加注方式的拓展。根据更换硬件和更换方式的不同，可划分为推进 ORU 模块移除替换式和新增推进模块集成更换式两大类。

9.4.4.1　推进 ORU 模块移除替换式

该方式亦称为物理更换，与在轨服务模块更换中的模块移除替换式（Remove and Replace，R&R）对应，即首先拆卸移除原有推进 ORU 模块，然后插入集成新的推进模块，从而在硬件上实现推进 ORU 模块的完全替换。替换的推进 ORU 模块既可以是由推进剂贮箱及其配套设备封装的模块，也可以是包括推力器等在内的整个推进分系统单元。为便于表述，此处将前者称为 R&R－1 加注方式，后者为 R&R－2。

推进模块移除替换式加注流程主要包括以下 5 步：

1）服务航天器携带推进模块发射入轨、机动变轨，与目标航天器交会对接；

2）两航天器完成刚性连接后，服务航天器通过机械臂将目标航天器原有推进模块拔出，移置于服务航天器指定位置，以作带离轨道处理；

3）服务航天器通过机械臂将替换推进模块安装于目标航天器原有推进模块位置或其他指定位置；

4）替换推进模块插入后，目标航天器对插入模块进行识别、集成与检测，检测正常，模块替换成功；

5）两航天器分离，完成加注。

该加注方式的关键技术包括：

1）目标航天器的模块化设计技术。供给航天器需要能够从空间位置上获取被替换 ORU，进行拆卸和安装操作，因此，目标航天器必须采用模块化设计方法，并且在模块布局方面充分考虑 ORU 的可获取性。同时，模块化设计能够支持 ORU 的热插拔和即插即用，从而支持 ORU 的灵活拆卸和安装，以及 ORU 插入后的识别与集成。

2）ORU 标准化模块设计技术。ORU 模块应进行标准化、系列化设计，以实现在轨加注服务的通用性和广泛性。同时，ORU 模块设计应充分考虑功能/构型的可集成性，如模块自身的热控管理、遥测/遥控及数据的管理及其与目标航天器的集成，模块构型的可安装性等。在此基础上，还需充分考虑技术的可继承性，如推进 ORU 的改进升级。

3）标准化模块集成接口技术。模块与目标航天器间的集成关键通过连接二者的接口实现。接口应进行标准化设计，以实现模块集成的通用性。接口应支持机械、电、热、数据的标准连接，实现模块的无缝集成。

4）R&R－2 方式下，贮箱 ORU 与目标航天器之间的接口应支持推进剂的传输，因此，需要进行相应的管路和流体控制设计。

5）先进空间机械臂技术。轨道 ORU 模块拆卸与安装的替换操作，需要灵活的空间机械臂的协同操作才能完成。同时，应具有先进的机械臂动力学控制系统，以保证机械臂操作过程稳定可靠的进行。

该加注方式的优点在于：目标航天器和服务航天器无须安装复杂的加注管路系统，只需在机械臂的支持下进行 ORU 模块的拆卸和更换即可。更换前后，目标航天器的构型布局和质量特性不会发生大的改变。

该加注方式的难点在于：空间机械臂在结构、质量和空间体积上增大了服务航天器的规模，在可靠性、技术成熟度方面增大了难度。在 R&R－1 方式中，需要将整个推进系统封装为一个 ORU 模块，则模块的设计和布局十分困难。同时，被替换模块需要作离轨处理，增加了成本。

9.4.4.2　新增推进模块集成更换式

该方式亦称为功能更换，对应于在轨服务模块更换中的新增模块补加式（Plug and Stay，P&S），即在不拆卸移除原有分系统模块的基础上，插入集成新的模块，然后关闭原有模块，启动新插入模块，使其从功能上替换原有模块。该方式的实现具体包括以下两类：

1）新增模块为一颗服务航天器整星，它与目标航天器永久对接，作为组合体的推力系统装置进行姿态和轨道控制。2）新增模块是由推进剂贮箱及其配套设备封装而成的模块，或者包括推力器在内的完整推进分系统单元。服务航天器携带更换模块使之与目标航天器完成对接集成后，服务航天器与之分离。为便于表述，将第 1）类称为 P&S-1，第 2）类中的前者称为 P&S-2，后者称为 P&S-3。

该加注方式的关键技术包括：

1）对于 P&S-2 和 P&S-3 方式，目标航天器具有支持模块的即插即用功能，即对插入模块的识别与集成。

2）对于 P&S-2 和 P&S-3 方式，需对更换模块及其接口进行标准化设计，具体要求同 R&R 方式所述。

3）新增模块集成前后目标航天器的结构特征和质量特性将发生较大改变，对原有卫星的热源结构（增加热源）和散热结构（如散热面的遮挡）也造成较大影响。因此，姿轨控和热控分系统均应充分考虑接受新增模块前后的结构和质量特性变化，能够支持结构改变前后的多模式控制运行。

该加注方式的优点在于：在轨操作简单，无须机械臂协助即可完成新增模块与目标航天器的对接集成，可靠性高。在 P&S-1 方式中，对目标航天器无任何特殊设计要求，只需其具有能够与服务航天器实现可靠刚性连接的装置即可。因此，传统设计的航天器也可以通过该方式接受在轨加注和延长寿命。在 P&S-2 和 P&S-3 方式中，在新增模块与目标星完成对接集成后，服务航天器只需与模块分离即可完成整个服务操作，无须携带废弃模块离轨。

该加注方式的难点在于：新增模块的集成对目标航天器的结构特征和质量特性将产生较大影响，为姿态和轨道控制以及热控制带来困难。如 R&R 中的实现难点所述，在 P&S-2 方式中，需要将整个推进系统封装为一个 ORU 模块，模块的设计和布局具有很大的难度。同时，支持增加模块的数量取决于接口布局和数量。随着模块的增加，将为控制带来较大困难，因此，新增模块数量受到较大限制。由于废弃模块没有进行拆除，因此，其将与目标航天器一起继续在轨运行，在控制方面降低了工作效率。

将上述各个加注方式的特点进一步总结对比如表 9-3 所示。

表 9-3　在轨加注方式比较

加注方式	关键技术与难点	优点	缺点	研究进展
推进剂直接加注式	• 推进剂存储和排放技术 • 管路传输技术 • 推进剂和压力管理技术 • 传输过程中的扰动控制技术	• 对航天器总体布局方案影响不大 • 加注前后目标航天器质量特性改变不大 • 具有可重复使用性	• 系统设计复杂 • 高可靠性设计难度大	飞行试验、空间站应用、轨道快车演示试验
ORU 移除替换式	• 目标航天器模块化设计技术 • ORU 模块标准化设计技术 • 标准化模块集成接口技术 • 先进空间机械臂技术	• 无管路系统 • 更换前后对目标航天器影响不大	• 空间机械臂技术难度大 • 被替换模块需作离轨处理	R&R-1 通过 ETS-Ⅶ飞行演示试验 R&R-2 无相关研究报道
新增推进模块集成更换式	• 更换前后姿轨控和热控系统的多模式控制运行 • 更换模块标准化设计 • 标准化模块集成接口技术	• 在轨操作简单 • 对目标航天器设计要求低 • 可靠性高	加注前后目标航天器结构特征和质量特性变化较大	研究中

综合比较上述 3 种加注方式的优点和技术难点，结合前文对在轨加注目标特性的分析与总结，可以得出以下结论：

1) 推进剂直接加注式和推进模块补加式更具有技术可实现性。航天器只需配备相应的贮箱、管路传输系统和接口等设备，即可进行推进剂的直接传输。或者只需配置相应的标准接口和管理软件，即可支持推进模块的补加和集成。特别是推进模块补加式，模块在轨补加操作简便可靠，具有很强的可行性。

2）推进剂直接加注式和推进模块补加式更具有应用广泛性。无论是传统设计航天器还是新型模块化航天器，只需做不大的适应性修改即可支持推进剂直接加注式和推进模块补加式的在轨加注任务的完成。特别是推进模块补加式，对接受加注航天器的总体设计方案影响很小，易于推广应用。

第 10 章　航天器在轨服务技术发展展望

10.1　在轨服务技术发展的路线图

从 20 世纪 70 年代首次实现有人在轨服务以来，以美国为首的航天大国已经完成了多次在轨服务任务，并充分证明了在轨服务的技术可行性和具有的巨大经济效益。

从国外的发展经验来看，无论是有人在轨服务还是自主在轨服务，其发展的路线图均可以分为 4 个阶段。

（1）概念探索研究阶段

在这一阶段，主要探索研究在轨服务概念、分析评估在轨服务效益和风险、分解剖析关键技术、演示验证概念合理性与技术可行性。

自 20 世纪 60 年代航天员上天以来，以美苏为代表的航天大国就开始展开有人在轨服务的概念研究，并对航天员出舱活动（EVA）的关键技术展开了初步研究。

20 世纪 70 年代初，提出了自主在轨服务的概念，对自主在轨服务的应用需求进行了分析，对在轨服务的自主级别进行了分类，并对服务航天器进行了初步概念设计。

（2）关键技术研究与演示验证阶段

在这一阶段，主要进行关键技术的研究和攻关，并进行原理演示验证和飞行试验。原理演示验证主要在地面进行，包括通过试验系统进行演示试验和通过计算机进行仿真，飞行试验用于集成演示验证技术和设备的可行性。在该阶段主要通过政府和工业部门制订项目计划，引导相关技术的研究和硬件设备的研制。

20 世纪 70 年代至 80 年代初，进行了大量的有人在轨服务关键技术研究与演示验证，包括进行 EVA 在轨服务工具与硬件设备的研制、EVA 航天员训练、面向在轨服务的工程师培训等，并通过多次航天员 EVA 飞行试验验证技术的可行性，包括在空间站进行的大量出舱行走和对操作工具进行的应用试验等。

20 世纪 90 年代以来，展开了大量的自主在轨服务关键技术研究，包括自主交会对接技术、模块化航天器设计技术、先进星务系统技术、先进机械臂技术、在轨加注技术等。同时制订了相关飞行计划进行演示试验，以日本的 ETS－Ⅶ、美国的 XSS 系列、DART、轨道快车计划、德国的 ROTEX 计划等为典型代表。

（3）初步应用阶段

在这一阶段，在轨服务技术进入初步应用，并通过具体的项目应用进行相关服务技术的研究与发展。在该阶段主要深化增强技术的研究，提高硬件设备的质量，并在政府等相关部门的引导下，通过全国性的项目计划支持，实现在轨服务从概念阶段向初步应用阶段的过渡。

20 世纪 80 年代至 90 年代初，有人在轨服务进入初步应用阶段，以 1984 年 Palapa－B2 和 Westar－6 的回收、SMM 卫星的维修、1985 年 Syncom－Ⅳ 的回收和部署、1990 年 LDEF 卫星的回收以及 1992 年 Intelsat－Ⅵ 的维修为典型代表。

自主在轨服务的关键技术目前已经得到很大的突破发展，特别是轨道快车计划集成演示了在轨服务的基本任务，其飞行试验的巨大成功成为标志自主在轨服务技术走向成熟的里程碑。同时，该项目的研究计划之一就是以该系统为基础，实现由概念原理系统向初步应用系统的过渡。因此，可以预计，在不远的将来将迎来自主在轨服务的初步应用阶段。

（4）全面应用阶段

在这一阶段，在轨服务进入全面应用时期。在轨服务技术、硬件设备设施都得到成熟发展，在轨服务体系得到构建与完善，能够全面服务于政府、军用、民用和商用的各类航天器。

　　20 世纪 90 年代以来，有人在轨服务进入全面应用阶段，以多次成功执行哈勃空间望远镜的在轨维修、国际空间站的在轨组装和维修维护为典型代表。

　　为进一步对目前在轨服务技术的发展成熟度进行总结，采用工程上常用的技术成熟度判别标准（见表 10－1）对在轨服务的关键技术进行衡量，总结如表 10－2 所示。

表 10－1　技术成熟度判别标准

级别	技术成熟度判别标准
9	真实系统通过连续使用得到飞行检验
8	完成真实系统研制，并通过试验或演示验证得到飞行认证
7	系统技术样机在真实环境中得到验证
6	系统或分系统技术模型或样机在相关环境（地面或空中）中得到验证
5	部件或试验板在相关环境中得到验证
4	部件或试验板在相关的实验室环境中得到验证
3	关键功能或特性获得分析及试验验证
2	形成技术方案或应用方式
1	研究并报告基本原理

表 10－2　在轨服务技术成熟度

		关键技术	技术成熟度	备注
有人在轨服务		舱外活动航天服与生命支持系统	9	有人在轨服务已经多次成功执行服务任务
		空间载人机动装置	9	
		舱外维修工具	9	
自主在轨服务	服务目标航天器	模块化设计与布局	7	
		ORU 模块设计	8	
		先进星务管理系统	6	系统智能化技术有待深入研究

续表

		关键技术	技术成熟度	备注
自主在轨服务	服务航天器	总体设计与布局	8	
		先进推进系统和姿控系统	8	
		先进机械臂技术	7	只限于进行简单的操作，操作灵巧与精确程度有待深入研究
	在轨服务操作技术	自主交会对接技术	7	多次进行飞行试验
		在轨模块更换技术	7	
		在轨加注技术	7	

从表 10－2 中可以看出，有人在轨服务技术已经成熟，自主在轨服务的主要关键技术成熟度都介于 6～8 之间，从工程上来说，通过相关项目研究牵引是可以实现的。因此，随着技术的发展进步，预计自主在轨服务将在 2015 年后进入全面应用的阶段。

综合上述对在轨服务技术发展阶段的划分及技术成熟度的分析，对在轨服务技术的历史发展路线和将来发展趋势总结如图 10－1 所

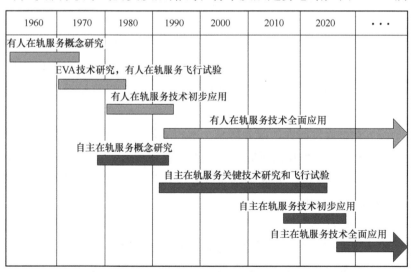

图 10－1　在轨服务技术发展路线图

示。由图可以看出，预计在 21 世纪 20 年代后，有人和无人在轨服务
技术都将进入全面应用阶段，在轨服务系统将具备实用服务能力、灵
活执行任务能力和快速响应能力，实现在轨服务的完全实用和广泛
应用。

10.2　在轨服务体系的发展规划

如第 1 章所述，由于各种类型的服务航天器均有其作用范围
（或称服务包络），其技术发展的要求与难度也不一样。显然，利用
同一种服务航天器同时完成 LEO，MEO 和 GEO 轨道的各种航天器
的在轨服务是不太现实的，因此，必须对所面临的在轨服务任务进
行详细分析，合理地进行整个在轨服务体系的顶层规划，尽量做到
各类服务航天器的功能互补，使整个在轨服务体系科学合理平衡
发展。

从美国制定在轨服务体系发展规划的经验来看，为使在轨服务
体系的发展规划较为科学合理，必须考虑以下 10 个因素。

（1）费用

1）在轨服务必须能够休现经济效益优势，且技术可行；

2）服务费用模型需要在客户航天器设计之前就确定，以供客户
系统进行综合衡量决策，确定是否接受在轨服务以及接受服务的方
案，并进行相应设计；

3）在全面发展在轨服务体系、取得在轨服务效益之前，需要政
府进行前期投入和开创研究，攻克核心技术难点，验证在轨服务概
念和技术的可行性，完成基础设施建设，为在轨服务的进一步全面
深入发展奠定基础。

（2）服务位置

1）首先实现小倾角近地轨道航天器的在轨服务。

2）服务对象的轨道位置随技术的发展而扩展，逐渐实现为极地
轨道、大倾角高轨道的航天器提供服务。为这些航天器提供服务一

方面需考虑技术的可行性问题，另一方面还要考虑服务航天器机动运行到这些轨道提供服务的高成本问题。

3) 在大型服务平台上执行服务操作，前提是客户航天器能够自主机动到平台接受服务，或者有轨道运输系统接送客户航天器往返于服务平台和客户航天器轨道，使其能够在服务平台接受服务。

（3）服务功能

1) 在轨服务包括所有在轨进行的组装、维护、维修、补给、升级、航天器在轨释放或回收等操作；

2) 上述任意服务任务的执行都要根据技术水平、硬件设备可用性、任务响应能力要求、服务位置、服务任务费用与经济效益等诸多因素进行综合衡量。

（4）后勤

1) 备用模块和补给气、液需要提前加注到服务航天器，运输到服务平台或后勤物资存储平台。

2) 后勤系统的构建、后勤物资的可补给能力需要在服务体系的构建初始就得到充分考虑。

3) 后勤物资的补给与后勤系统的维护所需的费用需要在服务任务的预算中充分考虑。

（5）通用硬件设备

服务操作所需的硬件设备、工具和设施的研制尽量考虑通用性原则，减少针对具体任务操作要求而进行配套工具的单独开发，由此降低服务任务的费用与风险。

（6）运输系统

1) 可实用的在轨服务系统必须与现有的运载器和轨道转移飞行器等运输系统的航天器相适应。

2) 轨道转移飞行器是在轨服务体系不可或缺的组成部分。

3) 发射运载能力需要提高，同时运载费用需要降低，以提高进出空间的灵活性。

（7）标准化设计

1) 服务航天器与可接受在轨服务的客户航天器的对接接口、航天器内部可更换单元的安装接口、在轨加注接口等都应采用标准化设计。

2) 在轨可更换单元 ORU 采用标准化、系列化设计。

（8）操作技术

1) 安全因素是制订服务计划和任务执行方案需要考虑的重要因素。

2) 服务航天器和可接受在轨服务航天器的设计应充分考虑相容性要求，尽量通过配合设计降低服务操作难度，并以此促进自主服务的实现。

3) 通过地面仿真和试验，优化在轨服务操作方案和流程，提高服务效率。

（9）支撑技术

1) 在轨服务的实现需要发展的关键支撑技术主要包括：服务航天器设计技术、可接受在轨服务航天器设计技术、服务任务操作技术、服务硬件设备和设施的研制等。

2) 在轨服务技术的发展需要以地面测试、仿真和试验为基础。

（10）发展潜力

1) 在轨服务体系的系统组成和基础硬件设施能够随着服务任务需求的发展而发展。

2) 在轨服务体系的各个系统组成部分（如航天飞机、空间站、轨道转移飞行器、空间机器人等）能够随着技术的进步而使自身得到不断发展，从而更好地应用于在轨服务任务。

10.3　在轨服务技术的研究途径

对于在轨服务技术，从研究途径来看，大致可以分为 3 个阶段，即先期概念研究，地面的仿真、测试与演示试验以及飞行试验。下面以美国的在轨服务技术研究为例。

10.3.1　先期概念研究

对于在轨服务技术，先期概念研究是非常重要的，通过先期概念研究，将确定该项技术研究的必要性、研究方案等。针对在轨服务的关键技术选择，美国确定了先期概念研究的若干准则：

1）该项技术必须是美国航空航天局、空军或其他特定部门所需的；

2）该项技术将可以支持一系列任务，而不是单一功能；

3）该项技术必须支持或增强在轨服务体系的建设；

4）该项技术对于长期任务必须具有较大的应用潜力；

5）在当前进行该项技术的演示验证必须在经济上是可承受的；

6）在进行该项技术演示时所采用的硬件必须是目前的技术可支持的。

10.3.2　地面仿真、测试与演示试验

通过地面仿真、测试和演示试验，能够对在轨服务技术的研究进行及时的测试和可行性验证，从而降低技术研究与开发的风险和成本。

美国 NASA 有许多地面设施和设备支持在轨服务技术研究、测试和集成演示。最为出名的试验中心包括戈达德航天中心 GSFC（Goddard Space Flight Center）和约翰逊航天中心 JSC（Johnson Space Center）。在 JSC，有全尺寸动力学实物模型进行遥操作试验、航天员舱外活动训练和操控人员的训练。在 GSFC，设置有在轨服务遥操作测试系统，支持新型航天器的设计、研制和集成，支持服务操作硬件和软件的测试，以及支持在轨航天器的异常模拟和分析。GSFC 的机器人实验室也支持自主在轨服务遥操作技术的研究与测试试验。将应用于遥操作在轨服务的设备与工具都可以通过该实验室进行测试与评估。美国一些大学也搭建了在轨服务的试验系统，

如马里兰大学的水浮试验系统，麻省理工大学和海军研究生院的气浮系统等，都支持在轨服务的地面集成演示验证。

总之，在轨服务技术地面试验系统的搭建一方面需要考虑多项服务任务的地面集成演示需求，同时还需考虑演示试验的展示度，为原理演示和关键技术验证提供科学有效的手段。

10.3.3　飞行试验

飞行试验的方案制定需要充分考虑在轨服务的任务要求、整体发展规划、试验费用和风险等多种因素，具体包括如下原则：

1) 效费比高，能够及早转化为效益；

2) 能够验证关键技术的可行性，降低进一步研究的风险；

3) 能够综合演示多项试验任务；

4) 演示试验的硬件设备能够转化应用于实用系统中。

根据上述要求制订飞行计划，可以优先考虑支持以下服务任务的关键技术进行飞行试验：

1) 航天器延寿。包括推进剂等气液加注和耗费品补给、故障维修等。

2) 功能更换与升级。包括功能模块的更换、升级与重构，软件的重新注入与升级等。

3) 在轨组装。包括多个航天器的组合、多个模块的整星组装等。

上述多项关键技术可以集成于一次飞行任务进行演示验证，以降低成本。如：美国轨道快车计划在进行飞行演示验证时，同时进行了自主交会对接试验、ORU模块在轨更换试验和推进剂传输试验。

10.4　对我国在轨服务技术发展的启示

我国的航天器在轨服务技术目前尚处于起步阶段，载人航天工程的顺利实施为我国的有人在轨服务奠定了坚实的基础，而空间机器人的部分先期研究也为我国发展自主在轨服务确定了重要的发展方向。

国外在轨服务技术发展 30 多年的经验与教训，对我国在轨服务技术的发展有重要的借鉴意义。

（1）加强自主在轨服务技术的研究，实现我国在轨服务技术的跨越式发展

美、苏两国在轨服务技术的发展，都是以有人在轨服务技术的发展为先导。其原因主要为：首次执行在轨服务是在 20 世纪 80 年代，当时的自主服务技术还未得到发展与成熟，而载人航天飞行却已经多次成功进行，并实现了航天员出舱活动。因此，航天员出舱活动顺理成章地成为当时执行在轨服务任务的首选方案。特别是在美国航天飞机的大运载能力、大机动能力和先进机械臂系统的支持下，同时结合航天员的灵活决策和操作能力，EVA 能够执行航天器在轨组装、回收、释放、维修等多种操作，充分满足了当时的任务要求，因此，EVA 得到极大的发展和应用，并创造了显著的效益，以哈勃空间望远镜的在轨维护为典型代表。

但是，EVA 执行在轨服务并不是在轨服务发展的必经阶段。随着科学技术的进步，遥操作、遥感知、人工智能、空间机器人等技术都得到了迅速发展，因此，在此基础上发展自主在轨服务成为新的发展趋势。以德国、日本为代表的航天大国直接致力于发展空间机器人无人自主服务技术，并通过飞行试验进行了演示验证，为推动自主在轨服务的发展开创了新局面。

在当前的科学技术条件下，德、日等国家的在轨服务发展路线有较强的借鉴意义。我国在发展航天员舱外活动技术、航天员维修服务操作技术等技术的同时，应当大力加强自主在轨服务技术的研究，形成有人在轨服务与自主在轨服务并重的局面，以实现在轨服务技术的跨越式发展。

（2）注重服务航天器与可接受在轨服务的目标航天器的配套发展

在轨服务的执行是通过服务航天器和目标航天器的配合操作来实现的。特别是在轨加注、模块更换等操作，需要目标航天器进行配合设计，如支持模块插拔的模块化设计、支持推进剂加注的接口和管路系统等。因此，在轨服务能力的实现需要以服务航天器和目标航天器的同步研发为基础。一方面，两者的同步研究能够支持相关设备和技术的配合试验，从而能够完整全面地对在轨服务概念和关键技术进行演示验证。另一方面，两者的配合设计能够使服务操作降低难度，从而降低研制费用和风险。

（3）对在轨服务体系的各个组成系统进行合理安排，从整体上推进在轨服务能力的进步

在轨服务任务的完成必须依靠体系来完成，除服务航天器和目标航天器之外，还需要依托运输系统、在轨存储系统、测控与指挥系统等多个辅助系统的配合支持才能顺利实现。

运输系统是服务航天器进出空间的基本保障。对于部分大倾角高轨道客户航天器，需要通过运输系统辅助服务航天器进行轨道转移才能够实现与目标航天器的交会对接。运输系统还是物资输运、为服务航天器和后勤平台提供物资补给的关键途径。因此，运输系统的发展是构建在轨服务体系的基础。一方面需要发展一次性使用或可重复使用的运载器，满足低成本、低风险、快速响应的进出空间要求，同时还需要发展大运载、大机动能力的轨道运输航天器，满足对物资的在轨运输和对目标航天器的轨道转移的要求。

在轨存储系统是为服务航天器提供物资基础以进行服务操作的系统。对于只能一次性使用的服务航天器，无须对其进行后勤补给。但是对于可重复使用的服务航天器，特别是需要在轨进行维护、加注以执行多次服务任务的航天器，则需要从后勤系统获得补给，既包括对自身的补给，也包括对服务所需物资的补给。对于在轨服务发展的起步阶段，关键技术研究主要集中于能够演示在轨服务概念和任务操作的核心技术，因此，从发展紧迫性角度来看，后勤系统，特别是在轨运行的后勤物资存储平台等系统，不是起步阶段发展的

首要关键。但是随着服务技术的发展，后勤系统的构建和完善是进一步提高服务能力的必需步骤。

测控与指挥系统是实现地面与航天器进行通信连接，地面对航天器运行状态进行掌握、对其在轨操作进行控制的关键系统。虽然目前的地面测控网已经得到很好的发展，能够在一定程度上满足一定轨道范围内的测控要求，但是对于在轨服务，特别是无人自主遥操作在轨服务，对信息的上下传递速率和时效性有很高要求，因此，还需要发展天基测控系统，如中继卫星系统，以全面支持在轨服务所需的信息传递要求。在在轨服务发展的初级阶段，主要进行近地轨道的服务演示验证，因此，对天基测控系统的发展还没有紧迫需求。但随着在轨服务技术和应用需求的提高，同时结合其他航天任务的运行要求，天基测控系统必将成为整个测控与指挥系统不可或缺的组成部分。

（4）合理制定关键技术研究的优先顺序和发展路线，循序渐进推进在轨服务技术发展

考虑技术难度，在轨服务的对象也应从低轨航天器向高轨航天器发展。同时，在轨服务任务也应从易到难逐渐过渡。如：在轨模块更换任务可以首先实现简单的补加式更换方式，然后向需要机械臂支持的复杂更换方式发展；在轨加注首先从简单的单组元液体传输开始，然后逐渐向双组元推进剂、高压气体、致冷剂等难度较大的气液传输发展。

在轨服务关键技术发展优先顺序的确定，一方面要考虑上述由易到难的思路，另一方面还要考虑该技术在实现在轨服务任务中的重要性、通用性和应用价值。如：交会对接是所有在轨服务任务执行的首要条件，因此，该技术必然是需要首先研究的技术。在轨模块更换技术是实现故障模块更换、功能升级等维护操作的核心技术，同时该技术可以对客户航天器进行推进剂贮箱的更换，从而支持在轨加注任务。因此，该技术具有很强的应用价值，并且在在轨维护和在轨加注中具有很强的通用性，因此，也是需要优先发展的关键

技术。

（5）遵循"先期概念研究—地面仿真、测试和试验—飞行试验—建设实用系统"的发展思路，稳步推进在轨服务技术的发展

任何航天技术的研究和设备的研制，在上天飞行以前都需要经过地面的测试、仿真与演示，在其可行性得到验证后方可进行飞行试验。通过飞行试验可以对在轨服务技术进行全面的测试和验证，并对其进行进一步完善，为最终迈向实用化奠定基础。总之，先期概念研究，地面仿真、测试和试验，飞行试验是在轨服务技术发展的几个必经阶段。通过合理制定地面和飞行的试验方案和演示计划，将能够有效地提高研究效率，并实现在轨服务技术的稳步发展。

参 考 文 献

[1] DONALD M, WALTZ. On-Orbit Servicing of Space Systems [M]. Krieger Publishing Company, Malabar, Florida, 1993.

[2] ANDREW LONG , DANIEL HASTINGS. Catching the Wave: A Unique Opportunity for the Development of an On-Orbit Satellite Servicing Infrastructure [J]. In: Space 2004 Conference and Exhibit, San Diego, California, AIAA2004—6051, 2004.

[3] ANDREW MICHAEL LONG. Framework for Evaluating Customer Value and the Feasibility of Servicing Architectures for On-Orbit Satellite Servicing [D]. Department of Aeronatics and Astronautics, Massachusetts Institute of Technology, 2005.

[4] RUD V, Moe , HARVEY J. In space servicing accommodations: architectural and mission implications[C]. In: Aerospace Conference, 2003, IEEE Vol. 8—3979: 3979—3991.

[5] CAROLE JOPPIN. On-Orbit Servicing for Satellite Upgrades [D]. Department of Aeronatics and Astronautics, Massachusetts Institute of Technology, 2004.

[6] Gary A P, HORSHAM. Envisioning a 21st Century, National, Spacecraft Servicing and Protection Infrastructure and Demand Potential: A Logical Development of the Earth Orbit Economy [R]. NASA/TM — 2003 — 212462, 2003.

[7] DAN KING. Hubble Robotic Servicing: Stepping Stone for future Exploration missions [C]. In: 1st Space Exploration Conference: Continuing the Voyage of Discovery, Orlando, Florida. AIAA 2005—2524, 2005.

[8] MITSUSHIGE ODA. Experiences and Lessons Leaned from the ETS—VII Robot Satellite [C]. In: IEEE International Conference on Robotics and Automation, San Francisco, 2000.

[9] AUSTIN R A, KOLODZIEJCZAK J J. Advanced X-ray Astrophysics Facili-

ty (AXAF)-Overview [C]. In: AIAA 1995 Space Programs and Technologies Conference, Huntsville. AIAA 95—3746, 1995.

[10]　CHARLES F, Lillie. On-Orbit Servicing for Future Space Observatories [R]. AIAA 2005—6609, 2005.

[11]　MARCELLO ROMANO, JASON HALL. A Test Bed for Proximity Navigation and Control of Spacecraft for On-orbit Assembly and Reconfiguration [R]. AIAA 2006—7519, 2006.

[12]　DORGLAS ZIMPFER, PETER KACHMAR, SEAMUS TUOHY. Autonomous Rendezvous, Capture and In-Space Assembly: Past, Present and Future [C]. In: 1st Space Exploration Conference: Continuing the Voyage of Discovery, Orlando, Florida. AIAA2005—2523, 2005.

[13]　STEPHEN J,LEETE. Satellite Servicing in Mission Design Studies at the NASA GSFC [C]. In: Aerospace Conference, 2003, IEEE Vol. 8—3957: 3957—3966.

[14]　VLADIMIR A,CHOBOTOV. Orbital Mechanics[M],Third Edition. 2002.

[15]　PITKIN E T. A General Solution of the Lambert Problem[J], The Journal of the Astronautical Sciences, Vol15,1968,pp. 270—271.

[16]　LANCASTER E R,BLANCHARD R C. A Unified Form of Lambert's Theorem, NASA Technical Note D—5368,1969.

[17]　HERRICK S. Astrodynamics, Vol. 1, Van Nostrand, 1971.

[18]　BATTIN R H. An Introduction to the Nathematics and Methods of Astrodynamics, AIAA, New York, 1987.

[19]　R H Gooding. A Procedure for the Solution of Lambert's Orbital Boundary-Value Problem, Celestial Mechanics and Dynamical Astronomy, 48, 1990, pp. 145—165. 6.

[20]　Prussing J E, Conway B A. Orbital Mechanics[M]. Oxford University Press, 1993.

[21]　BERREEN T F,CRISP J D. An Exact and a new First-Order Solution for the Relative Trajectories of a Probe from a Space Station, Celestial Mechanics, Vol. 13,1976. pp. 75—88.

[22]　PRUSSING J E. Optimal Multiple-Impulse Orbital Rendezvous[D]. Massachusetts Institute of Technology, Cambridge, MA,1967.

［23］　PRUSSING J E,CHIU J H. Optimal Multiple-Impulse Time-Fixed Rendez-vous Between Circular Orbits. Journal of Guidence, Control and Dynamics, Vol. 9, Jan. -Feb. 1986,pp. 17－22.

［24］　CHIU J H. Optimal Multiple-Impulse Nonlinear Orbital Rendezvous ［D］. Univ. of Illinois at Urbana- Champaign,Il,1984.

［25］　HOLADAY B H, SWAIN R L. Minimum-Time Rescue Trajectories Be-tween Spacecraft in Circular Orbits, Journal of Spacecraft and Rockets, Vol. 13, July 1976,pp/393－399.

［26］　PRUSSING J E,CLIFTON R S. Optimal Multiple-Impulse Satellite Avoid-ance Maneuvers, AAS Paper 87－543, Aug. 1987.

［27］　WELLNITZ L J, PRUSSING J E. Optimal Trajectories for Time-Con-strained Rendezvous Between Arbitrary Conic Orbits. AAS Paper 87－539, Aug. 1987.

［28］　MIRFAKHRALE K,CONWAY B A,PRUSSING J E. Optimal Coopera-tive Time-Fixed Impulsive Rendzvous. AIAA Paper 88 － 4279－ CP,Aug. 1988.

［29］　C A Larson,J E Prussing. Optimal Orbital Rendezvous Using High and Low Thrust. AAS Paper 89－354, Aug. 1989.

［30］　戴维·J·谢勒. 太空出舱［M］金勇,潘腾,译. 北京:中国宇航出版社,2007.

［31］　Report of the Grou p Task Force on Satellite Rescue and Repair ［R］. NASA－TM－108713, 1992.

［32］　Dan King. Hubble Robotic Servicing: Stepping Stone for future Explora-tion missions ［R］. In: 1st Space Exploration Conference: Continuing the Voyage of Discovery, Orlando, Florida. AIAA2005－2524, 2005.

［33］　JOSEPH C,PARRISH,BROOK R,Planning for The Ranger Telerobotic Shuttle Experiment On-Orbit Operations ［C］. In: AIAA Space 2000 Con-ference & Exposition, Long Beach, CA. AIAA2000－5291, 2000.

［34］　David L,AKIN, BRIAN ROBERTS. Robotic Augmentation of EVA for Hubble Space Telescope Servicing ［C］. In: Space 2003, Long Beach, Cal-ifornia. AIAA2003－6274, 2003.

［35］　Andrew M,G Long, Matthew Richards. On-orbit servicing: a new value proposition for satellite design and operation. Journal of Spacecraft and Rockets. (44), 2007,4.

[36] NASA. Satellite Servicing. A NASA report to Congress. NASA Office of Space Flight, Washington, DC, March 1, 1988.

[37] ERICA LYNN GRALLA. Strategies for Launch and Assembly of Modular Spacecraft [D]. Department of Aeronatics and Astronautics, Massachusetts Institute of Technology, 2006.

[38] MATTHEW G, RICHARDS. On-Orbit Serviceability of Space System Architectures [D]. Department of Aeronatics and Astronautics, Massachusetts Institute of Technology, 2006.

[39] STEPHEN A, MOYNAHAN, SEAMUS TOUGY. Development of a modular on-orbit serviceable satellite architecture [C]. In: Digital Avionics Systems, DASC, 20th Conference, 2001.

[40] DEBORAH M, WESTLEY, JEFFERSON GRAU. Modular Spacecraft Standards: Supporting Low-Cost, Responsive Space [C]. In: Space 2004 Conference and Exhibit, San Diego, California. AIAA 2004—6098, 2004.

[41] AARON ROGERS, GLEN CAMERON, Luis Jordan. SCOUT: A Modular, Multi-Mission Spacecraft Architecture for High Capability Rapid Access to Space [C]. In: 17th Annual AIAA/USU Conference on Small Satellites, USA, SSC03 VIII—5.

[42] CHARLES M, REYNERSON. Spacecraft Modular Architecture Design for On-Orbit servicing. In: AIAA Space Technology Conference & Exposition, Albuquerque, NM. AIAA—99—4473, 1999.

[43] FRED COHEN, PENNI J, DALTON. Space Station Nickel-Hydrogen Battery ORU Test [R]. AIAA—94—3870—CP, 1994.

[44] STEVEN P, JORDAN, SCOTT TEXTER. The Science Instrument Module for the AXAF Observatory [C]. In: AIAA 1994 Space Programs and Technologies Conference, Huntsville. AIAA94—4565, 1994.

[45] ODA M, KIBE K, YAMAGATA F. ETS—VII, Space Robot In-Orbit Experiment Satellite [C]. In: IEEE International Conference on Robotics and Automation, Minneapolis, Minnesota, 1996.

[46] NORIYASU INABAM, MITSUSHIGE ODA. Autonomous Satellite Cap-

ture by a Space Robot [C]. In: IEEE International Conference on Robotics & Automation, San Francisco, 2000.

[47]　SWATI MOHAN. Reconfiguration Methods for On-orbit Servicing, Assembly, and Operations with Application to Space Telescopes [D]. Department of Aeronatics and Astronautics, Massachusetts Institute of Technology, 2007.

[48]　TCHORYK P, HAYS A, PAVICH J. Autonomous Satellite Docking System [C]. In: Space 2001 Conference and Exposition, Albuquerque, New Mexico. AIAA—2001—4527, 2001.

[49]　DAVID MELLER. A Docking System for Microsatellite Based on MEMS Actuator Arrays [C]. In: 42nd AIAA/ASME/ASCE/AHS/ASC Structures, Structural Dynamics, and Materials Conferenceand Exhibit , Seattle, WA. AIAA2001—1504, 2001.

[50]　PETER B TCHORYK ANTHONY, HAYS, JR , PAVLICH. Dynamic simulation and validation of a satellite docking system [J]. SPIE, 2003, Vol. 5088: 77—88.

[51]　SHANE STAMM, PEJMUN MOTAGHEDI. Orbital Express Capture System: concept to reality [J]. SPIE 2004, Vol. 5419: 78—91.

[52]　PEJMUN MOTAGHEDI, SHANE STAMM. 6 DOF Testing of the Orbital Express Capture System [J]. SPIE 2005, Vol. 5799: 66—81.

[53]　TIEN Q NGUYEN. Analysis and Testing of a Cryogenic Feedsystem For Non-Toxic OMS/RCS Shuttle Upgrade[C]. In: 34th AIAA/ASME/SAE/ASEE/Joint Propulsion Conference & Exhibit, Cleveland, OH. AIAA 98—35563, 1998.

[54]　DANIEL R, SAUTER, JOHN I. Computational Modeling of Cryogenic Propellant Resupply[C]. In: 44th AIAA Aerospace Sciences Meeting and Exhibit, Reno, Nevada. AIAA2006—984, 2006.

[55]　DOUGLAS R, RICHARDS, DANIEL J. Flow Network Analyses of Cryogenic Hydrogen Propellant Storage and Feed Systems[R]. AIAA97—3223, 1997.

[56]　DOMINICK S, DRISCOLL S. Fluid Acquisition and Resupply Experiment (FARE I) Flight Results[C]. In: 29th AIAA/ASME/SAE/ASEE/Joint Pro-

pulsion Conference & Exhibit, Monterey, CA. AIAA93—2424. 1993.

[57] WILLIAM F, FARRELL, Jr. Fluid Quick Disconnect Coupling for International Space Station Alpha[C]. In: 31st AIAA/ASME/SAE/ASEE/ Joint Propulsion Conference & Exhibit, San Diego, CA. AIAA95—2353, 1995.

[58] MITCHELL BURNSIDE CLAPP. In-Flight Propellant Transfer Spaceplane Design and Testing Considerations[C]. In: 31st AIAA/ASME/SAE/ASEE/ Joint Propulsion Conference & Exhibit, San Diego, CA. AIAA95-2955, 1995.

[59] HEARN H C. Investigations into Tank Venting for Propellant Resupply [C]. In: 38th AIAA/ASME/SAE/ASEE Joint Propulsion Conference & Exhibit, Indianapolis, Indiana. AIAA2002—3982, 2002.

[60] DAVID J, CHATO. Low Gravity Issues of Dee PSpace Refueling[C]. In: 43rd AIAA Aerospace Sciences Meeting and Exhibit, Reno, Nevada. AIAA2005—1148, 2005.

[61] DOMINICK S, TEGART J. Orbital Test Results of a Vaned Liquid Acquisition Device[C]. In: 30th AIAA/ASME/SAE/ASEE/Joint Propulsion Conference, Indianapolis, IN. AIAA94—3027, 1994.

[62] DAVID J, CHATO. Technologies for Refueling Spacecraft On-orbit[C]. In: AIAA Space 2000 Conference and Exposition, Long Beach, CA. AIAA2000—5107, 2000.

[63] DAVID J, CHATO, TIMOTHY A. Vented Tank Resupply Experiment-Flight Test Results[R]. NASA—TM—107498, 1997.

[64] 吴文跃. 空间站的在轨推进剂再加注问题[J]. 推进技术, 1988, 2: 50—56.

[65] DENNIS RAY WINGO. Orbital Recovery's Responsive Commercial Space Tug For Life Extension Missions[C]. Space 2004 Conference and Exhibit, San Diego, California. AIAA2004—6118, 2004.

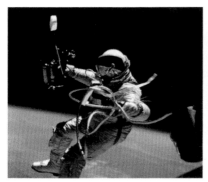
1965年美国航天员进行的首次太空行走

1984年美国航天员对太阳峰年任务卫星的在轨维修

1992年奋进号航天飞机航天员对国际通信卫星6号进行在轨捕获和维修

2002年为哈勃空间望远镜在轨维修并更换其太阳能电池阵

1999年哈勃空间望远镜的第三次在轨维修

航天员在微型自主舱外机械照相机协助下进行舱外活动

2006 年国际空间站的在轨组装

2008 年国际空间站的在轨维修

2006 年国际空间站的在轨维修，机械臂在航天员遥操作卜搬运安装组件

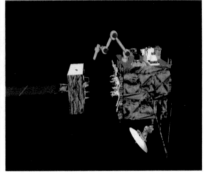

1997 年日本 ETS—Ⅶ计划，演示空间机器人遥操作在轨服务

2007 年美国轨道快车计划，演示空间机器人自主目标捕获、模块更换和在轨加注等在轨服务

轨道快车计划中服务航天器 ASTRO 与接受服务航天器 NEXTSat 距离 14 米时拍摄的图片

计划中的欧洲轨道寿命延长系统计划（SLES），将支持航天器延寿和在轨营救

计划中的欧洲赫耳墨斯（Hermes）计划，将支持在轨加注和辅助变轨

在轨维修

在轨加注

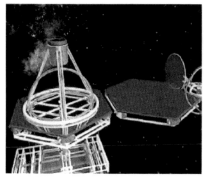

在轨组装

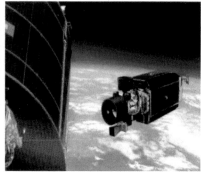

在轨监视

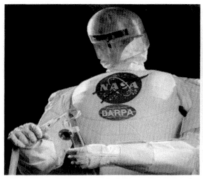
美国 NASA 的空间机器人航天员 Robonaut

德国 DLR 的空间机器人灵巧手

美国劳伦斯·利弗莫尔国家实验室进行的微
小卫星自主追踪与接近目标地面试验

美国 NASA 马歇尔航天飞行中心进行的在轨
组装地面试验

美国麻省理工学院进行的 SPHERE 微小航天
器伴飞与自主对接地面试验

美国马里兰大学进行的自由飞行机器人"巡
逻兵"零浮力飞行器 RNBV 的地面水浮模拟
试验